U0210840

砂卵石地层大埋深高水压
盾构隧道掘进关键技术

黄昌富　李少华　李鹏飞　李建旺◎编著

中国建筑工业出版社

图书在版编目（CIP）数据

砂卵石地层大埋深高水压盾构隧道掘进关键技术 /
黄昌富等编著. -- 北京：中国建筑工业出版社, 2024.
8. -- ISBN 978-7-112-30359-5

Ⅰ. U455.43

中国国家版本馆 CIP 数据核字第 2024TE8957 号

责任编辑：刘颖超
责任校对：芦欣甜

砂卵石地层大埋深高水压盾构隧道掘进关键技术

黄昌富　李少华　李鹏飞　李建旺　编著

*

中国建筑工业出版社出版、发行（北京海淀三里河路 9 号）
各地新华书店、建筑书店经销
国排高科（北京）人工智能科技有限公司制版
北京圣夫亚美印刷有限公司印刷

*

开本：787 毫米×1092 毫米　1/16　印张：15　字数：367 千字
2024 年 11 月第一版　2024 年 11 月第一次印刷
定价：**78.00** 元
ISBN 978-7-112-30359-5
（43717）

编 委 会

主　　编：黄昌富　李少华　李鹏飞　李建旺

副 主 编：李　冰　李文兵　姚铁军
　　　　　祁文睿　李凤伟　周建军

编　　委：王建秀　李　杰　杨　云　苏　栋
　　　　　牛得草　刘汝辉　江玉生　王　帆
　　　　　童彦劼　王　闯　刘中欣　郜军才
　　　　　张庆军　栾焕强　彭元栋　王树英
　　　　　李新龙　辛松鹤　郭志峰　贾优秀
　　　　　王延玲　秦国强　刘军伟　王　涛
　　　　　张万里　李江峰　邱立光　丁银平
　　　　　沈　翔　周祝彪　刘生虎　王　震
　　　　　赵　璐　王龙飞　张家琪　王　浩
　　　　　张玉龙　杨　璐　李万春　郭鹏飞

主编单位：中铁十五局集团有限公司
　　　　　北京工业大学

参编单位：同济大学
　　　　　盾构及掘进技术国家重点实验室
　　　　　石家庄铁道大学
　　　　　万家寨水务控股集团有限公司
　　　　　中铁十二局集团有限公司
　　　　　深圳大学

FOREWORD
前　言

在众多地下工程中，隧道工程尤为关键，它不仅实现了城市各部分的互联互通，还极大地提高了交通的便捷性和效率。盾构法依靠高度的自动化技术，在确保施工安全的前提下，能够快速完成隧道掘进。由于地质条件的复杂性，盾构在推进过程中难免会对周围环境产生影响，特别是在砂卵石地层等特定地质条件下，施工难度和风险急剧增加。本书专注于研究砂卵石地层的特殊且复杂力学性质，并针对这些挑战形成了一套理论和技术体系，在多个重点工程中成功应用。

砂卵石地层因其颗粒松散、含水量高、地层不均匀等特性，在盾构施工中具有极高的技术要求。这种地层大幅增加了盾构机的磨损程度，掘进稳定性的控制难度以及防水问题。因此，深入研究和解决砂卵石地层盾构隧道掘进的关键技术，对于保证隧道工程的安全、提高施工效率及降低成本具有重要意义。全书共7章：第1章介绍了砂卵石地层盾构隧道工程的基本情况，包括工程背景、地质特征及工程挑战。展示了盾构法施工在不同地质条件下的应用情况，为后续的技术讨论奠定了基础。第2章详细讨论了盾构机选型的全因素分析方法，并对高水压盾构机主轴承密封和管片密封技术进行了深入研究。第3章重点讨论了泥浆成膜性能的优化、废泥浆的环保处理与再利用技术，展示了这些技术在实际工程中的应用效果及环保价值。第4章基于力学基本原理和土体力学分析，详细讨论了大埋深高水压砂卵石地层中开挖面的稳定性控制方法。第5章介绍了滚刀在不同地质条件下的磨损特性和维护策略，为实际操作提供了科学依据和技术指导。第6章针对高水压卵石层"滚动降水＋盾构"的组合工法原理和方案进行研究，制定高水压卵石层"滚动降水＋盾构"的组合施工方案。第7章建立了盾构施工智能化管控平台，通过后台对运行的工程项目的运行过程进行远程、实时、动态监控。

本书作者长期从事盾构隧道工程一线工作，具备丰富的理论基础和实践经验。本书采用广泛的文献调研、理论分析、数值模拟和现场试验等方法，结合作者在盾构隧道工程领域的多年研究和实践经验，系统地讨论了大埋深高水压砂卵石地层盾构隧道掘进的关键技术。全书内容涉及盾构机选型与设计、密封系统优化、泥浆处理技术以及开挖面稳定性分析、滚刀维护与降水工法等方面，旨在为隧道工程技术人员提供全面的技术参考和实操指南。

最后，衷心感谢各位同仁在百忙之中对本书的编写给予宝贵建议，并向在撰写过程中提供支持的专家、学者和技术人员致以诚挚的谢意。本书力图展示先进的工艺、技术手段以及最新的研究成果，希望能够为砂卵石地层大埋深高水压盾构隧道掘进关键技术的未来发展与实践提供有益的参考和借鉴。书中难免存在不足和疏漏之处，恳请广大专家及读者批评指正，以帮助我们不断改进和提升。

CONTENTS
目　录

第 1 章

绪　　论

1.1　砂卵石地层盾构工程概况

1. 工程背景一：山西省小浪底引黄工程（深埋富水砂卵石地层）

山西省小浪底引黄工程位于山西省运城市，北依吕梁山与临汾市接壤，东峙中条山和晋城市毗邻，西、南与陕西省渭南市、河南省三门峡市隔黄河相望。工程总体走势为东南—西北向，是自黄河干流上的小浪底水库枢纽工程向山西省涑水河流域调水的大型引水工程。工程南依黄河与河南省隔河相望，北及涑水河与临汾市接壤，东与晋城市相连，涵盖了运城市中东部的大部分地区。地理位置处于东经 110°00′～111°45′，北纬 35°10′～35°40′，是一项覆盖面广阔的大型调水工程。工程调度区包含山西省运城市的盐湖区、夏县、闻喜县、绛县、垣曲县五县区（图 1-1）。

山西省小浪底引黄工程的任务是解决运城市的盐湖区、夏县、闻喜县、绛县、垣曲县五县区农业灌溉、工业及城镇生活、生态用水问题。年引水量为 2.47 亿 m^3，其中农业灌溉 1.16 亿 m^3，工业和城镇生活供水 1.16 亿 m^3，生态用水 0.15 亿 m^3，设计流量 20m^3/s，灌溉面积 63.58 万亩。

由中铁十五局集团承建的施工Ⅶ标，是全线唯一一个采用盾构法（盾构机掘进）施工的标段，盾构隧道全长 5514.5m，最大埋深为 120m，最大水头高度为 105m，是国内同类规模（同直径、同埋深、同水头）盾构施工中压力最大的项目，是世界上 3 个最高压力的项目之一，被界定为全球最高水压砂卵石盾构工程。

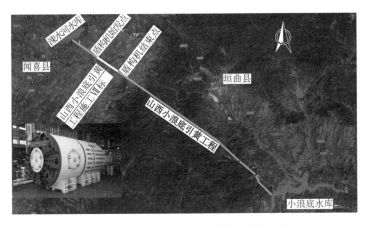

图 1-1　山西省小浪底Ⅶ标段路线规划图

小浪底工程Ⅶ标沿线场地广泛分布卵石土、圆砾土，土质不均匀，隧道范围内不均匀地分布大小不一的漂石，具有成分不均、孔隙率大、透水性强等特点。这样的土层抗剪强度较低、扰动后松散、渗透性大，属于对盾构施工不利的土层。本层在水平方向上分布广泛，沿线地段均有揭露；在垂直方向上分布不均匀。

受中条山大断裂（F11）的影响，K47＋350～K47＋390地段存在基岩不均匀风化现象。基岩不均匀风化主要是由于受断裂构造的影响使得同一种岩石在不同部位由于节理裂隙发育程度不一而具有不同的抗风化能力所致。在强风化混合岩（碎裂岩）中，存在中、微风化混合花岗岩风化球，风化球体大小15～50cm，最大可达6.9cm，对盾构施工带来非常不利的影响。另外构造带裂隙发育，富水性较强，可能会产生突水、涌水现象，盾构施工时应注意构造带地下水对施工的不利影响。

根据区域水文地质资料及本次勘察工作可知，场地地下水类型以及赋存方式有以下两种：

（1）第四系孔隙水

主要分为赋存于冲洪积粉土、粉细砂、圆砾及卵石层中，粉质黏土为隔水层，地下水具有高承压性。

（2）基岩风化裂隙水

主要赋存于强、中等风化岩中的风化裂隙之中，含水层无明确界限，其透水性主要取决于裂隙发育程度、岩石风化程度和含泥量。风化程度越高、裂隙充填程度越大，渗透系数则越低。基岩裂隙水埋深大，为承压水。

2. 工程背景二：成都地铁5号线工程（浅埋、深埋砂卵石地层）

成都地铁5号线一、二期工程为南北走向轨道交通枢纽，线路全长49km，其中地下线42.25km，高架线6.45km，过渡段0.3km。工程多数区间主要穿越地质以砂卵石为主，卵石含量55%～70%，最大粒径40cm（可能存在大粒径卵石），除卵石外，个别区间还存在强、中风化泥岩，强度最大8.51MPa。古柏站—泉水路站—洞子口站—福宁路站—五块石站采用4台盾构机施工。其中，古柏站—泉水路站区间采用盾构法施工，底板埋深15.62～24.45m。洞子口站—福宁路站区间采用盾构法施工，线路轨面埋深16.06～16.35m。

根据成都区域水文地质资料及地下水赋存条件，地下水主要是第四系砂、卵石土层的孔隙潜水。场地卵石土层较厚，且成层状分布，局部夹薄层砂，其间赋存有大量的孔隙潜水，其水量较大、水位较高，大气降水和区域地表水为其主要补给源。卵石土层中孔隙水形成贯通的自由水面。

（1）地下水的补给、径流与排泄

区段地下水的补给源主要为大气降水和地表水补给，第四系孔隙潜水主要向附近河谷或者地势低洼处排泄。

（2）地下水的动态特征

根据区域水文地质资料，成都地区丰水期一般出现在7、8、9月份，枯水期多为1、2、3月份。本区段丰水期地下水位埋深一般2～3m，水位年变化幅度2～3m。勘察期间为丰水期，测得地下水埋深一般7～10m，部分地段稍深，综合分析认为，造成水位变化较大的原因是受目前城市建设中部分建筑施工时大面积降低地下水的影响。沿线卵石土层渗透系数约为 20m/d，水量较丰富。

3. 工程背景三：广州市轨道交通 18 号线（浅埋富水砂卵石地层）

广州市轨道交通 18 号线（南沙快线）起于南沙区万顷沙枢纽，经明珠湾区、番禺广场、琶洲电商区、珠江新城，止于广州东站枢纽，线路快速连接南沙新区及广州东站，沿线串联南沙区、番禺区、海珠区及天河区，连接万顷沙、广州东站等大型铁路枢纽，与广深铁路、肇顺南城际、穗莞深城际南延线等多条铁路接驳，并与广州轨道交通 1 号线、3 号线、7 号线、8 号线、11 号线、13 号线、15 号线、17 号线、19 号线、22 号线换乘。

车站位置属滨海冲积层地貌，根据初勘地质资料显示，横沥站场地地质从上至下依次为：①填土层、②$_{1A}$ 淤泥土层、②$_{1B}$ 淤泥质土层、②$_2$ 淤泥质粉细砂层、②$_3$ 淤泥质中粗砂、⑤$_{H2}$ 砂质黏土层、⑥$_H$ 全风化花岗岩、⑦$_H$ 强风化花岗岩、⑧$_H$ 中风化花岗岩及⑨$_H$ 微风化花岗岩。基底主要位于全风化花岗岩及强风化花岗岩，局部位于中风化花岗岩及微风化花岗岩（强度 29.7～151MPa，平均 95.3MPa）。

总体地质特点为：表层淤泥层及淤泥质覆盖层深厚，淤泥厚度达 16m，基底有⑧$_H$ 中风化、⑨$_H$ 微风化花岗岩硬岩凸起倾入基坑底，岩石强度高，平均厚度达 5.72m，地层上软下硬，总体地质条件较差。万横区间（232m）及横沥站—HP1 盾构井区间（137m）均存在长距离的上软下硬地层，岩石强度最高达到 145MPa。在该类地层掘进时，一是进度慢，刀具的磕碰磨损及偏磨现象较为严重，预计进度指标只能达到 60m/月，无法保证工期目标。二是盾构机姿态较难控制，容易造成隧道轴线偏移和地面的沉降超限。

1.2 本书主要内容

本书主要依托山西小浪底引黄工程等，以问题为导向、需求为牵引，以"理论研究—装备研制—技术突破—平台开发"为主线，采用调研、理论分析、数值模拟、室内试验、工艺试验、现场试验、测试开发以及示范验证等方法，系统开展了以下内容的研究（图 1-2）。

（1）砂卵石地层盾构隧道开挖面稳定性控制理论

建立了砂卵石盾构隧道开挖面稳定性控制理论体系，解决了水、土压力量化计算难题。针对排水条件下隧道开挖面稳定性的现有分析方法中的不足之处，深入开展了排水条件下盾构隧道开挖面稳定性研究，根据开挖面的水压力情况，将开挖面的总极限支护力分成有效支护力、水压力和渗透力三部分组成，分三种情况（开挖面水压力为零、开挖面水压力介于零和初始静水压力之间、开挖面水压力为初始静水压力）对开挖面稳定性展开分析，得到开挖面主动破坏时总极限支护力的分析方法，并与数值解进行了对比验证。

（2）盾构选型、设计与泥浆成膜检测技术

提出了盾构机选型与地层改良双向适应机制，发明了泥浆成膜性能检测方法和设备。创建了盾构设备智能化选型系统，构建了高水压盾构定向设计与地层改良双向适应机制；研发了滚刀磨损几何尺寸视觉测量方法，实现了滚刀磨损的精准预测；建立了泥浆成膜性能检测方法与携渣能力计算模型，提出了废弃泥浆再利用解决方案。

（3）高水压砂卵石地层盾构长距离掘进技术体系研究和智能化管控平台

研发了高水压砂卵石地层盾构长距离掘进技术体系和智能化管控平台。提出了孤石、漂石精准快速联合物探方法和破碎循环系统，建立了泥浆脱水筛二次隔振优化方法；创建了"滚动降水＋盾构"组合工法技术体系，实现了高水压砂卵石地层盾构施工月进尺新纪录；研发了"盾构工程安全风险管理智能决策平台"和"泥浆处理系统智能化管控平台"。

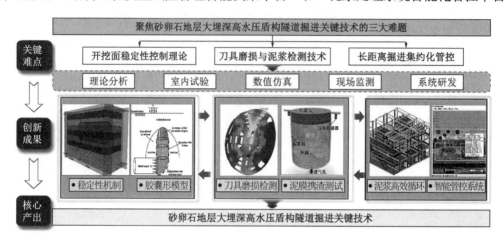

图 1-2　研究总体技术路线

第 2 章

盾构设备智能化选型与密封设计

工程上一般主要采用类似工程借鉴的方法进行盾构机选型，如何通过具体的指标、严谨的模型、有效的方法、科学的评价体系选择一台符合工程预期的盾构机至关重要。本章利用量化的工程类比法和层次分析法，找到盾构机选型的不同因素的权重，提出盾构机选型方法，并基于数量化理论，综合考虑影响盾构机选型适应性的定性因素和定量因素，建立盾构机适应性评价数学模型，形成了盾构机选型评价指标体系；探索在以高水压、卵石层为代表的特殊地层，仅从改造机械的方向并未实现良好的施工效果，并且在大埋深情况下有着很大施工风险，提出改造地层降低盾构机适应性难度的概念，通过滚动降水来实现高水压地层水压的降低，从而提高盾构机对地层的整体适应性，降低工程风险和难度。

2.1 盾构机选型全因素分析

根据多年来的盾构施工经验，以盾构机自身机具配置、工程地质情况、施工成本控制、技术发展水平、辅助施工要求等为主要的盾构机选型影响因素，又可分成各个方向不同的全因素，都会对盾构选型产生不同的影响。

1. 盾构机设备因素全分析

（1）刀盘面板类型

盾构机的面板目前主要有三种：辐条式刀盘（图 2-1）、面板式刀盘和辐板式刀盘（图 2-2）。王振飞认为辐条式刀盘开口率一般可以做到 65% 左右，能够很好地满足大粒径地层掘进中对于大粒径孤石、漂石排出的要求，但是很难维持掌子面的稳定，中途换刀面临很大风险；面板式刀盘，对于开挖掌子面能形成较好的支撑能力，中途换刀安全性好，可配置滚刀，对于不同地质适应性和安全性都高，但是开口率一般在 15% 左右，对于大粒径碎石排出能力不足，刀具安装配置复杂，并且容易在刀盘中心位置结泥饼；辐板式刀盘结合前两者的优点，尽量把开口率做得相对大一点，但同时能安装滚刀，保持开挖面土体良好的稳定性，但是在工艺和造价方面要高于前两者。

（2）刀具组合类型

杨磊的相关研究认为，盾构机的刀具主要分为两大类：切刀（图 2-3）和滚刀（图 2-4）。切刀主要用来切削土体。一般是固定在刀盘上，随着刀盘转动产生轴向剪切力和径向切削力对开挖面土体切削，并辅助搅拌把掌子面上切削下的渣土输出，保护滚刀的二次磨损，但是切刀的破岩作用有限，无法对大粒径尤其卵石造成挤压破坏，硬岩长时间磨损还会造成刀具损伤、崩刃等问题。滚刀工程上一般分为单刃滚刀和双刃滚刀。在盾构掘进时，随着刀盘旋转公转时本身也旋转，通过挤压和剪切破碎掌子面硬岩和大粒径的碎石，但滚刀在软土类地层中容易堵塞转轴，在大颗粒卵石地层中容易造成偏磨损伤，而且滚刀一般质量比较大，一旦发生损坏换刀程序复杂且有一定危险。

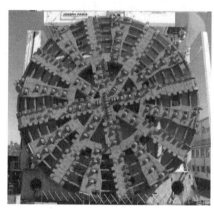

图 2-1　辐条式刀盘　　　　　　　图 2-2　辐板式刀盘

图 2-3　切刀　　　　　　　　　　图 2-4　滚刀

（3）换刀方式

盾构机在掘进过程中尤其在砂卵石地层刀具会产生磨损，必要时需要更换刀具。换刀主要有带压换刀和常压换刀两种，刀具磨损量公式见式(2-1)。常压换刀对于施工人员安全影响较小，但是对于维持开挖面的压力稳定效果一般。带压换刀，可以保持开挖面的压力稳定，但是需要专业人员带压进仓换刀，会对换刀人员身体健康产生一定的影响，而且每次工作时间有限，风险很大，成本很高。

$$S = \frac{K \times \pi \times D \times L \times N}{V} \tag{2-1}$$

式中，K 为磨损系数；D 为盾构刀盘外径；L 为掘进距离；N 为刀盘转速；V 为掘进速度。

（4）卡刀处理方式

盾构机在掘进过程中出现卡刀盘状况是很严重的问题。盾构机在设计时考虑到这种情况，会有盾构机脱困能力指标：脱困扭矩。但是，地下工程充满了未知，卵石层的轴心抗压强度大，且卵石含量高，开口排出卵石的能力不足时，极容易造成盾构机卡刀盘问题。高水压环境中一旦出现卡刀盘情况，掌子面的压力稳定会变化，盾尾密封处面临漏水挑战，时间久了会造成压力失衡，开挖面坍塌，严重时盾构机会被埋入其中，会威胁到盾构操作人员，盾构机需要进行开挖挽救或者直接报废。

（5）千斤顶推力

砂卵石地层中，由于卵石粒径较大，千斤顶（图 2-5）要提供足够的推力，尽可能保证刀盘有足够的力量破碎无法排出的卵石，并顺利推进；砂卵石地层结构松散，要合理控制推力，防止推进过快，引起掘进前方土体堆积，造成地面隆起。

图 2-5　千斤顶

（6）开口率

刀盘开口率主要影响两个方面，即开挖面渣土的排出和开挖面的稳定。在砂卵石地层中，开口率越大，切削下的渣土排出的能力越强，刀具的磨损相应越小，施工效率和进度越快，然而位于高水压卵石环境中，开口率必须要控制在一定范围内，一方面保证刀盘的强度，不至于变形，另一方面要确保掌子面的有效压力平衡。但是开口率大，相应各类型刀座数量减少，对于复杂地层的处理能力相应就会下降，对于辐条的抗变形能力有很高要求。

（7）主轴

轴承对于盾构机的影响主要考虑两个因素，一是承载力问题：盾构机主轴扭矩承担着盾构机掘进时切削土体的主要推力，必须满足正常掘进时功率需求，同时要确保承担刀盘掘进切削时足够的扭矩和卡刀盘时的反转脱困扭矩，使盾构机在卡刀盘时能够安全脱出；二是在高水压地层中，主轴必须做好防水措施，尤其在地层不均匀时，刀盘受力不均，主轴出现偏磨，严重影响盾构机密封性，要避免泥水击穿主轴进入盾构机内部，影响机械的使用寿命和安全性。

（8）盾尾防水能力

在盾构隧道中，盾尾的密封是一项非常重要的工作。在高水压环境中尤为重要，如果密封不及时或者密封不到位，会出现盾尾渗水的情况，在盾构继续掘进的过程中，管片未安装区域出现渗水，甚至脱落影响后续管片的拼装和施工安全。

（9）泥浆

对于泥水平衡盾构而言，泥浆是显著性特点。泥浆主要作用有两个，一个是在开挖掌子面形成有效泥膜，形成开挖面的压力平衡，保持开挖稳定性，这也使得泥水平衡盾构在高水压环境下有着不可比拟的优势；二是在掘进过程中，刀盘切割、破碎土体形成掘进渣土，通过泥浆裹挟输出洞外。同时，在砂卵石地层泥浆的渗透会不会影响地下水环境也是需要考虑的。废渣处理形成的泥饼、废浆的处理、泥浆场地的占用也决定泥水平衡盾构的施工成本要高于同规格土压平衡盾构。泥浆最大粒径对泥膜形成效果影响很大，根据土层渗透系数K的不同，泥浆最大粒径D也不同，二者之间必须相互匹配，其关系如表 2-1 所示。

D-K 匹配表 表 2-1

土层名称	土层渗透系数K/（cm/s）	泥浆最大粒径D/mm
粗砂	$(1\sim9)\times10$	$0.84\sim2$
中砂	$(1\sim9)$	$0.42\sim0.84$
细砂	$1\times10^{-2}\sim9\times10^{-1}$	$0.074\sim0.42$
粉砂	$(1\sim9)\times10^{-3}$	<0.074

（10）推进功率

在高水压卵石地层中，砂卵石的轴心抗压强度比较大，而地层松散，刀盘旋转研磨需要有足够的推力配合才能有较好的效果，否则极易出现卡刀盘、偏磨等问题。在高水压卵石地层中，要控制推进功率，在泥浆室的压力过小时，由于高水压作用，开挖掌子面无法形成有效的泥膜保护层，会造成坍塌卡机。当泥浆室压力过大于外界水压时，由于地层松散，泥浆会渗透到周围土体一定深度，也会降低泥膜效果，并且会造成污染。

（11）运输效率

泥水平衡盾构的渣土通过泥浆管道输送至泥浆处理区，由于依赖掌子面的泥膜来维持开挖面的稳定，泥浆输送管道（图 2-6）需要承受一定的压力；土压平衡盾构采用皮带运输机将废渣运输到洞内运输车（图 2-7）上，能够满足废渣的及时排出，确保掌子面的废渣不堆积，减少刀盘结泥饼的概率，降低刀具的研磨时间，减少损耗。

图 2-6　泥浆输送管道

图 2-7　渣土运输车

（12）隧道直径

根据相关文献统计，目前国内直径最大泥水盾构机是中国铁建重工生产的直径 16.07m

的"京华号"盾构机。对于盾构机而言，直径是反映其先进性的一个重要指标。直径越大，刀具的安装需要考虑得就越全面，刀盘的开口率就要越合理，主轴的承载力、千斤顶的推力、掘进功率的控制越要精细，盾尾的密封、管片的拼装防渗难度越大，开挖掌子面的压力平衡越难维持，相应的成本也越高，面临的施工挑战也越大。

2. 工程地质因素全分析

（1）掘进段地质分布

工程开始前要进行工程地质勘察，地层分布通常是不均匀的。卵石层的分布段长度占比大时，盾构机在掘进过程中要长时间接触卵石，要考虑盾构机在掘进的过程中对刀具的磨损、换刀频率、换刀方式。对于高水压卵石地层地质情况，采用泥水平衡盾构，通过改变刀具材质、增加耐磨条等方式解决刀具问题，降低换刀频率，并在进入卵石层前进行刀具检验，尽量减少在卵石层的换刀次数，避免松散卵石层开挖面的失稳。当卵石层段长度占比较小时，可以将其作为影响因子考虑，那么盾构机在选型时，泥水平衡盾构机的成本要高于土压平衡盾构机 20% 左右，在成本控制上不具优势；非卵石层段地层的岩性，主要考虑盾构机在掘进地层改变时，该地层的强度大小和粒径情况。若出现强度大的孤石、漂石，最好采用孤石、漂石专项处理方案，避免盾构机直接接触，如出现砂土层，结构较为松散，则需要改变泥浆的稠度，保持开挖面稳定，并防止压力过大造成掌子面被击穿，泥浆外流污染环境。

（2）断面卵石层复合比率

在盾构掘进的过程，断面的卵石层复合比率影响刀盘开口率：复合比率大，组合复杂，容易造成刀盘结泥饼，堵塞排渣口，开口率要尽量偏大。断面的卵石层复合比率影响刀具选择：卵石含量单一，开口率能满足大部分卵石排出，通过颚式破碎机破碎，则刀具的布置以刮刀为主，泥水平衡盾构机需要提高排浆能力，土压平衡盾构需要改良膨润土效果，提高渣土的流动性。卵石含量成分复杂丰富，要求刀具具有足够的强度，增强耐磨性能，高水压地区换刀，要辅助降水等措施；断面卵石层复合比率影响刀盘布置：卵石含量单一，如果开口率满足卵石处理排出要求，刀盘对应以刮刀为主，如果开口率不能满足排出要求，要提高刀具破碎能力。断面卵石层复合比率影响推进千斤顶推力。断面卵石层复合比率大时，开口率大能满足卵石排出要求，千斤顶推力要持续稳定控制，开口率不能满足卵石排出要求时，刀盘要破碎卵石，千斤顶推力要适当控制，防止盾构机掘进姿态发生偏斜。断面卵石层复合比率影响刀盘扭矩，复合比率大，刀盘切削掌子面扭矩增大，合理控制扭矩保持开挖面土压力稳定。

（3）地层颗粒级配

级配是根据土的粒径划分的，同一级配卵石不同岩性，强度、成分、岩石纹路等性质是不同的，对于盾构机的选型影响主要在轴心抗压强度。在高水压卵石层中卵石轴心抗压强度大，在掘进过程中，卵石破碎难度大，开口率满足大粒径卵石排出时，要提高颚式破碎机的破碎能力；开口率不能满足大粒径卵石排出时，要提高刀具的强度和耐磨性能，降低推进速度，避免孤石、漂石随刀盘前进，造成地面隆起。对于大块径且强度较高无法通过刀盘破碎或者对刀具破坏性太大的石块，要考虑通过专门孤石、漂石处理方案，通过钻爆法或者进仓人工破碎，在高水压地层进仓有极大的安全风险，要考虑通过辅助地表降水等方法降低水压，或注浆加固，防止掘进前方土体变形而影响开挖环境。

（4）孤石、漂石粒径及出现概率

孤石、漂石粒径影响刀盘开口率和刀具，要做好工程地质勘察工作。孤石、漂石粒径大，出现概率大，则影响对该地层的性质判断，要通过刀盘的研磨破碎，提高开口率，因此要对刀具的耐磨性能、刀具的布置形式进行科学优化，合理控制推进速度；如若孤石、漂石粒径较大，出现频率低，可通过专门孤石、漂石处理方案进行处理，通过地面钻孔进行预爆破或者根据超前地质预报，进行提前停机进仓处理。

（5）水压

根据相关文献的研究，盾构隧道水压力分级建议值如表2-2所示。土压平衡盾构通过开挖掌子面的土压力、水压力，以及土仓压力形成动态平衡后进行掘进施工，如果水压力过高，螺旋输送机很难形成土塞效应，在螺旋输送机排土闸门处易发生渣土喷涌现象，引起土仓中土压力下降，导致开挖面坍塌，采取辅助降水、增加螺旋输送机长度或者保压泵等措施需要制定专门方案，否则会提高施工成本；泥水平衡盾构通过向泥浆室注入泥浆，在掌子面形成泥膜，通过泥浆室的压力调节可以维持很高的开挖面压力，在高水压环境中其较土压平衡盾构有着天然的优势。在高水压环境中，泥水平衡盾构需要合理地控制泥浆室的压力，注意控制掘进速度；如果刀盘开口率不能满足大粒径的卵石排出要求，要通过刀盘研磨破碎或者进行孤石、漂石处理，由于压力变化可能造成开挖面的不稳定，安全风险因素巨大。

水压力分级建议值　　　　　　　　　　　　　　　　　表 2-2

水压力分级	水压力值/MPa	出水状态描述
低水压	≤ 0.3	潮湿或水滴渗水
中等水压	0.3～0.6	线状、淋雨或小股出水
高水压	> 0.6	股状或涌流状出水

（6）渗透系数

盾构隧道一般情况下都处于地下水位以下，土层渗透系数大，盾构掘进就要考虑隧洞涌水的情况，开挖掌子面的压力平衡就很难达到，对于需要进仓的孤石、漂石处理或者换刀的安全性都会造成威胁。关于颗粒粒径对于选型的影响如图2-8所示。

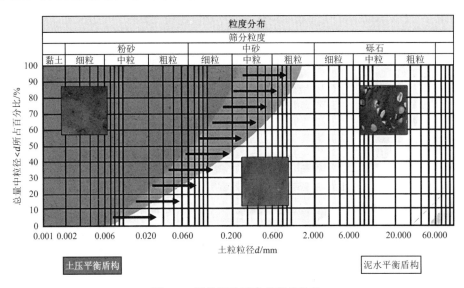

图 2-8　盾构机选型参考颗粒粒径

（7）地面沉降要求

盾构在掘进过程中会扰动开挖附近的土体，如果开挖面坍塌，可能造成地面下陷，周围建筑物不均匀沉降，严重影响已有建筑物的安全；随着隧洞的掘进，地下水会随之变化，造成孔隙水压力减小，引起地表塌陷，而施工中产生的浆液也可能随着进入地下水系，造成水污染。

2.1.1　盾构机选型主因素分析

1. 工程风险控制因素分析

（1）孤石、漂石处理：盾构机在开挖过程中遇到孤石、漂石处理的方法一般有三种：直接研磨打碎排除、开仓人工取出、爆破。这三种方法分别会造成刀具磨损崩盘、进仓人员身体伤害、影响开挖隧洞稳定性的安全问题。

（2）纵坡率：盾构机在掘进过程中，纵坡率过大时，会发生推力不均，掘进方向偏移，盾尾漏水，严重影响盾构施工安全。

（3）地面沉降：在盾构掘进施工区，在靠近古建筑、已有铁路或者人口密集的居民区等对沉降控制要求比较严格的地方，需要合理控制开挖速度，尤其在粉砂土层，要避免掌子面坍塌、反渗水引发的大面积沉降。

（4）水压：在实际工程中，盾构机遇到高水压地层会对工程的安全性造成影响。一方面，水压过高会导致掌子面无法达到稳定压力，出现坍塌现象；另一方面，高水压地层带压进仓难度增加，对施工人员安全造成损害。

2. 环境风险控制因素分析

（1）掌子面坍塌：盾构机在掘进过程中的掌子面稳定至关重要。泥水平衡盾构依靠泥浆在刀盘切削土体形成泥膜，能抵抗相对较高的掌子面压力。土压平衡盾构依靠刀盘与开挖面的土塞效应保持稳定，掌子面稳定性较差。掌子面无法稳定，会造成压力失衡，堵塞刀盘，严重时会埋住盾构机。

（2）地面沉降：对比而言，泥水平衡盾构机的泥膜效应造成的土体扰动较小，地面的沉降影响要小于土压平衡盾构。在盾构隧道穿越重要建筑物或者密集人口居住区时，地面沉降会严重影响地面建筑物的安全。当穿越江、河、湖、海时，开挖造成的地面沉降会引起地表水入侵开挖隧道造成严重的施工事故影响施工安全。而对于熔岩、含气层穿越，危险性更大。

（3）地下水污染：盾构机在地下掘进时，与地下水系产生连接时，要考虑泥水平衡盾构的泥浆外流造成的地下水污染。

3. 工程造价控制因素分析

（1）机械本身造价：由于泥水平衡盾构需要专门的泥浆制备场地和泥饼环保无害化处理，同等条件下相对于土压平衡盾构造价要高 20%，仅从经济角度考虑，土压平衡盾构更有优势。

（2）更换设备造价：对于盾构机而言，刀具的损耗与更换是常见现象，因此选型前要根据地质条件，制定相应的刀具处理方案，不论是根据地质情况强化或者优化刀具形状、材料或是安排在一定长度区域进行刀具更换，采用自动换刀还是人工换刀，其带来的成本的改变是不同的。

（3）辅助工法：盾构施工时，当掘进掌子面无法形成稳定压力时，要考虑地面降水辅助施工；在卵石层掘进时，卵石粒径较大，无法通过盾构机破碎，则需要地面打孔爆破或人工进仓处理，均需考虑经济成本。

4. 环境影响控制因素分析

（1）地下水污染控制：对于土压平衡盾构而言，其掌子面稳定性差，对地层扰动大，尤其在浅层河湖下穿时，要合理控制掘进，避免地层扰动大，造成地面沉降引起涌水事故；对于泥水平衡盾构而言，掌子面稳定靠其泥浆形成的封闭泥膜，在渗透性大的土层或高水压地层中，泥浆容易发生渗流，造成地下水的污染。

（2）废渣处理控制因素：土压平衡盾构机通过传送带将切削的土体输送到运输车，运输到专门场地进行建筑垃圾处理；泥水平衡盾构通过泥浆包裹切削碎渣排到泥浆池进行泥浆沉淀，分离后泥浆循环使用，废渣加工成泥饼，需要进行无害化环保处理。

根据收集和整理的 100 个盾构工程选型案例，对于盾构机选型参考因素进行统计，各工程选型时考虑因素出现频率如图 2-9 所示。

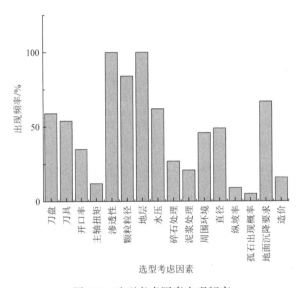

图 2-9　选型考虑因素出现频率

根据收集的案例整理发现，在实际工程中对于盾构机的选型主要从渗透性、地层、颗粒粒径、地面沉降要求、水压考虑，而对于主轴扭矩、纵坡率和造价之类因素，则很少或者由于工程某些方面局限性较大较少考虑。

2.1.2　盾构机选型方法与影响因素权重

1. 定量工程类比法

（1）理论因素

工程类比法是工程中常用的且行之有效的方法，是一种由特殊过渡到特殊的思维方法，但是缺乏将定性转换为定量的可靠手段，通过结合模糊数学给出相关类比相似度，可以对盾构选型起到很好的类比辅助作用。原则上与盾构机选型有关的因素都属于相似分析对象，由盾构机选型主因素分析可知，主要包括：地层、颗粒强度、渗透性、水压、沉降要求、场地大小，具体如表 2-3 所示。

工程类比法影响因素分析表　　　　　　　　　　　　　表 2-3

因素分类	因素	代表量	类型	因素考虑
工程类比	地层	E_1	a 软	地层影响刀具和刀盘布置，是必须考虑的因素，以不同强度土层数量 2～3 层作为分界
			b 硬	
			c 复合	
	颗粒强度	E_2	a 弱	颗粒强度是影响刀具的重要因素，以轴心抗压强度 60MPa 分界
			b 强	
	渗透性	E_3	a 低	渗透性是选型的决定性因素之一，以 10^{-7}cm/s 和 10^{-4}cm/s 作为分界值
			b 中	
			c 高	
	水压	E_4	a 低	水压是决定盾构机选型的决定性因素之一，以 0.3MPa 和 0.5MPa 作为分界值
			b 中	
			c 高	
	沉降要求	E_5	a 较严格	掘进时要考虑地面沉降，是选型必须考虑的因素
			b 严格	
	场地大小	E_6	a 小	泥浆制备需要足够的场地，是选型必须考虑的因素
			b 大	

（2）相似度计算

相似度 C 的确定必须以工程实际情况为基础，上述 6 个基础因素求和集中反映了定性评价与定量评价相结合的全面的综合评价方案，则表达式可列为：

$$C = E_1 + E_2 + E_3 + E_4 + E_5 + E_6 \qquad (2-2)$$

$$\sum_{i=1}^{n} (E_{\max})_i, \ (i = 1,2,3,4,5,6) \qquad (2-3)$$

$E_{\max}$ 是代表量的最大值，要求满足式(2-3)，根据施工经验成果参考相关规范，对 $E_{\max}$ 进行权重分配：$E_1 = 0.1$，$E_2 = 0.1$，$E_3 = 0.3$，$E_4 = 0.25$，$E_5 = 0.15$，$E_6 = 0.1$；e 为 E 影响系数，根据现场的实际情况考虑和专家打分，影响系数的取值如表 2-4 所示。

影响系数 e 的取值　　　　　　　　　　　　　表 2-4

代表量	完全相同	ab	bc	ac
E_1	1	2	3	5
E_2	1	2	4	×
E_3	1	2	3	10
E_4	1	2	3	10
E_5	1	2	5	×
E_6	1	2	10	×

影响参数E的确定方法满足式(2-4)。

$$E_i = \frac{(E_{\max})_i}{e_i} \tag{2-4}$$

将上述$E_{\max}$与e代入式(2-4)，经数值软件计算按结果分布，得到相似性的相似度划分标准如表2-5所示。

相似度划分　　　　　　　　　　　　　　　　　　　　　　　表2-5

相似度C	$1 \geqslant C > 0.75$	$0.75 \geqslant C > 0.6$	$0.6 \geqslant C > 0.44$	$0.44 \geqslant C > 0.2$	$0.2 \geqslant C > 0.115$
相似性	强	较强	中等	一般	弱
类比性	可类比		一般类比	不可类比	

（3）理论应用

根据小浪底引黄工程的地层、颗粒强度、渗透性、水压、沉降要求、场地大小条件，收集国内相似工程案例，通过相似度计算得到参考类比性如表2-6所示。

小浪底引黄工程类比工程　　　　　　　　　　　　　　　　表2-6

工程	e_1	e_2	e_3	e_4	e_5	e_6	相似度C	相似性	类比性
成都地铁1号线	2	1	1	10	5	10	0.515	中等	一般类比
北京地铁8号线	3	1	1	10	5	10	0.495	中等	一般类比
兰州地铁黄河隧道	1	1	1	3	2	1	0.75	较强	可类比

由工程类比结果可知，山西省小浪底引黄工程盾构机选型可以参考兰州地铁黄河隧道采用的泥水平衡盾构机，两个工程对比情况如表2-7所示。

工程类比情况表　　　　　　　　　　　　　　　　　　表2-7

工程	兰州地铁黄河隧道	小浪底引黄工程隧道
隧道直径	6.48m	5.22m
掘进长度	1.9km	5.5km
盾构机埋深	约27m	约105m
地层	位于七里河断陷盆地内，巨厚状砂卵石地层，砂卵石含量在55%～75%	受区域断裂带构造影响，沿线场地广泛分布卵石土、圆砾土，砂卵石含量在63%
颗粒强度	平均强度为90MPa	平均强度为78.6MPa
渗透性	6.9×10^{-2}cm/s	2.6×10^{-3}cm/s
水压	0.38MPa	0.77MPa
沉降要求	穿越黄河对地面沉降要求严格	位置偏僻地面沉降要求一般
场地大小	能满足泥浆场地需求	能满足泥浆场地需求

由工程类比图可以看出，小浪底引黄工程与兰州地铁黄河隧道的工程情况相似度较高，可以选择和类比工程一种类型的盾构机，但是也可以看到相比较兰州地铁黄河隧道，小浪底盾构隧洞埋深远大于黄河隧道埋深，故小浪底采用一台盾构机掘进整条隧洞的方式，而且水压也高于黄河隧道接近2倍，刀具的磨损和换刀面临极大挑战，所以，小浪底引黄工程初步选择泥水平衡盾构，但需对盾构机抗压、防渗等方面进行针对性优化和加强。

2. 层次分析法

（1）理论因素

对于盾构机选型，不同的选型影响因素的重要程度是不同的。在本项目利用层次分析法建立的指标层有相对两个，即 B 为 A 的指标层，C 又为 B 的指标层。所谓权重就是一个准则层 B 对目标层 A 的影响程度和另一个指标层 C 对准则层 B 的影响程度。因此，指标权重对评估结果的准确性和合理性至关重要。为更好地提高各指标的准确性，本项目采用主观赋权法和客观赋权法相结合的方法确定指标权重，即对盾构机选型影响因素的权重确定采用专家打分和实际工程客观评价相结合，对于盾构机选型影响因素各项指标进行赋权，具体计算步骤如下：

由于指标层、准则层和目标层三者之间存在着互相影响，故利用这种互相影响规则可以把研究的抽象关系转化成多个组成因素之间，不同分层的不同因素互相影响的、自上而下的递阶研究层次网络，如图 2-10 所示。

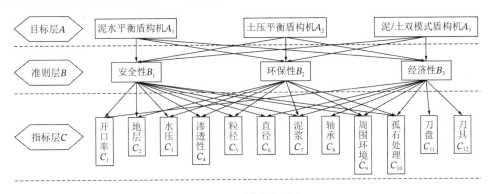

图 2-10　层次分析法

构造判断矩阵可以通过对上一层次某因素，对目前层次与之相关的各因素之间的相对重要性进行表示，而各因素之间的相对重要性会随着所采用的比较标度的不同而发生变化。根据各个因素的重要性不同采用 "1～15" 共 9 个标度，其重要性等级如表 2-8 所示。

层次分析法标度图　　　　　　　　　　　　　　　　　表 2-8

序号	重要性等级	C_{ij} 赋值
1	i，j 两元素同等重要	1
2	i 元素比 j 元素稍重要	3
3	i 元素比 j 元素较重要	5
4	i 元素比 j 元素更重要	7
5	i 元素比 j 元素特别重要	9
6	i 元素比 j 元素明显重要	11
7	i 元素比 j 元素十分重要	13
8	i 元素比 j 元素极端重要	15
9	以上两种判断中间值	2，4，6，8，10，12，14

各因素之间的相互重要性表示出来之后，根据各级影响因素内的因子对上一层次的

重要性进行两两比较，并将其转化为矩阵，根据盾构领域专家对盾构机选型时考虑不同因素打分结合实际工程考虑进行赋值，构建判断矩阵见式(2-5)，然后求取判断矩阵的最大特征根及其对应的特征向量，将求得的特征向量作归一化处理，得到各影响因子的权重组成向量，再根据求得的一致性比例系数，若一致性比例系数小于 0.1，则表明判断矩阵满足一致性检验标准，得到相应权重，否则不具有一致性，需重新构建判断矩阵，直至一致性系数小于 0.1，最后将各级别评价权重相乘，从而得到各个评价因子的综合权重。

（2）构造分析

根据其量化结果构造判断矩阵如下：

$$B = \begin{pmatrix} b_{11} & \cdots & b_{1n} \\ \vdots & \ddots & \vdots \\ b_{m1} & \cdots & b_{mn} \end{pmatrix} \tag{2-5}$$

以B_1-A安全性为例，根据专家打分构造判断矩阵为：

$$B_1 = \begin{pmatrix} 1 & 2 & 1/3 \\ 1/2 & 1 & 1/4 \\ 3 & 4 & 1 \end{pmatrix} \tag{2-6}$$

根据判断矩阵采用算术平均法计算权重：

$$\lambda = \sum_{i=1}^{n} \frac{[MW]_i}{nW_i}_{\max} \tag{2-7}$$

M为判断矩阵中各列元素占各列总和的比例，即权重；W为M在矩阵中每一行的平均值。

一致性检验。所谓一致性检验是指对B确定不一致的允许范围，如表 2-9 所示。

一致性检验 R_I 值 表 2-9

阶数	1	2	3	4	5	6	7	8
R_I	0	0	0.52	0.89	1.12	1.26	1.36	1.41

代入数值经计算$\lambda = 3.061$，根据一致性检验R_I表得 3 阶矩阵$R_I = 0.52$。

$$C_I = \frac{(\lambda - n)}{(n - 1)} \tag{2-8}$$

根据矩阵数值代入计算得$C_I = 0.031$。一致性检验：

$$C_R = C_I / R_I \tag{2-9}$$

根据上式代入数值得$C_R = 0.060 < 0.1$，通过检验。

同理，经检验B_2-A的$C_R = 0$、B_3-A的$C_R = 0.076$ 一致性均满足要求。则目标层与准则层、指标层与准则层权重如表 2-10、表 2-11 所示。

准则层权重表 表 2-10

W	安全性B_1	环保性B_2	经济性B_3
泥水平衡盾构机A_1	0.24	0.14	0.23
土压平衡盾构机A_2	0.14	0.57	0.65
泥/土双模式盾构机A_3	0.62	0.29	0.12

指标层权重表　　　　表 2-11

W	开口率 C_1	地层 C_2	水压 C_3	渗透性 C_4	粒径 C_5	直径 C_6	泥浆 C_7	轴承 C_8	周围 环境 C_9	孤石 处理 C_{10}	刀盘 C_{11}	刀具 C_{12}
安全性 B_1	0.02	0.12	0.3	0.23	0.09	0.08	0.11	×	0.02	0.03	×	×
环保性 B_2	×	0.12	0.14	0.28	0.02	×	0.35	×	0.06	0.03	×	×
经济性 B_3	0.08	×	×	×	×	0.33	0.34	0.02	0.02	0.03	0.13	0.05

（3）理论应用

山西省小浪底引黄工程盾构隧道，最大地下埋深约 105m，最大水压约为 0.77MPa，盾构机主要穿越卵石地层，盾构掘进过程中面临极大施工安全风险，因此从安全性角度考虑，可以选择泥水平衡盾构和双模式盾构，作为引水隧洞，并结合上一节工程类比使用的泥水平衡盾构机，小浪底引黄工程要从安全角度进行泥水盾构机优化，根据指标层权重表可知，当选型以安全性作为主要考虑的准则时，其影响因素权重最大的是水压，其次为渗透性和地层，故需要采用相应的措施在提高盾构机抗压性能或者抽水泄压改变地层，自身或者改变施工环境两个方面解决这个问题。

2.1.3　盾构机选型适应性评价方法

1. 数量化理论

数量化理论是多元分析的一个分支，可以将尽可能多的定量变量和定性变量综合分析，研究对象之间的规律性和联系性，按其研究问题目的不同，可分为数量化理论Ⅰ、Ⅱ、Ⅲ、Ⅳ。本项目采用数量化理论Ⅰ建立盾构机选型适应性评价模型。数量化理论中，把定性变量称为项目，把定量变量的"取值"称为类目，如土层复合程度为项目，而单一软弱层、单一坚硬层、软硬复合层就是这个项目的类目。数量化理论Ⅰ的数学模型为：对于一个确定的计算模型而言设有 $X_1, X_2, \cdots, X_m$ 个项目对定量的基准变量 Y 进行预测，设第一个项目 X_1 有 r_1 个类目 $C_{11}, C_{12}, \cdots, C_{1r_1}$；第二个项目 X_2 有 r_2 个类目 $C_{21}, C_{22}, \cdots, C_{2r_2}$；第 m 个项目 X_m 有 r_m 个类目 $C_{m1}, C_{m2}, \cdots, C_{mr_m}$；总共 P 个类目 $P = r_1 + r_2 + \cdots r_m$。假定观测了 n 个样本，Y_i 是因变量 Y 在第 i 个样本中的测定值，称为项目的类目在第 i 样本中的反应，采用特殊的"0-1"变量，即：

$$\delta_i = \begin{cases} 1 & \text{当样品} j \text{项目的定性数据为} k \text{类目时} \\ 0 & \text{否则} \end{cases} \tag{2-10}$$

由所有的构成 m 阶反应矩阵，记为：

$$X = \begin{bmatrix} \delta_1(1,1) & \cdots & \delta_1(1,r_1) & \delta_1(2,1) & \cdots & \delta_1(m,r_m) \\ \delta_2(1,1) & \cdots & \delta_2(1,r_1) & \delta_2(2,1) & \cdots & \delta_2(m,r_m) \\ \delta_3(1,1) & \cdots & \delta_3(1,r_1) & \delta_3(2,1) & \cdots & \delta_3(m,r_m) \\ \vdots & \cdots & \vdots & \vdots & \cdots & \vdots \\ \delta_n(1,1) & \cdots & \delta_n(1,r_1) & \delta_n(2,1) & \cdots & \delta_n(m,r_m) \end{bmatrix} \tag{2-11}$$

假定基准变量与各项目、类目的反应间遵从线性模型：

$$Y_i = \sum_{j=1}^{m} \sum_{k=1}^{r_j} \delta_i(j,k) b_{jk} + \varepsilon_i \tag{2-12}$$

式中，b_{jk} 为依赖于项目类目的常系数；ε_i 为第 i 次抽样中的随机误差。

由最小二乘法原理寻求系数 b_{jk} 的最小二乘估计，使下式达到最小值。

$$q = \sum_{i=1}^{n} \varepsilon_i^2 = \sum_{i=1}^{n} \left[y_i - \sum_{j=1}^{m} \sum_{k=1}^{r_j} \delta_i(j,k)b_{jk} \right]^2 \tag{2-13}$$

为此，求 q 关于 b_{uv} 的偏导数并令其等于 0，得到：

$$\frac{\partial q}{\partial b_{uv}} = -2\sum_{i=1}^{n} \left[y_i - \sum_{j=1}^{m} \sum_{k=1}^{r_j} \delta_i(j,k)b_{jk} \right] \delta_i(u,v) \tag{2-14}$$

式中，$u = 1,2,\cdots,m$；$v = 1,2,\cdots,r_j$。因为这是极小值点的必要条件，若使 q 达到最小值 b_{jk} 应为 $\widehat{b_{jk}}$，且用下式求得：

$$\sum_{j=1}^{m} \sum_{k=1}^{r_j} \left[\sum_{i=1}^{n} \delta_i(j,k)\delta_i(u,v) \right] \widehat{b_{jk}} = \sum_{i=1}^{n} \delta_i(u,v)y_i \tag{2-15}$$

式中，$u = 1,2,\cdots,m$；$v = 1,2,\cdots,r_j$。改用矩阵来表述，

$$X'X\hat{b} = X'y \tag{2-16}$$

式中，$y = (1,2,\cdots,y_n)$；$\hat{b} = (\widehat{b_{11}}, \widehat{b_{12}} \cdots \widehat{b_{1r_1}}, \widehat{b_{21}}, \widehat{b_{22}} \cdots \widehat{b_{2r_2}} \cdots \widehat{b_{m1}}, \widehat{b_{m2}} \cdots \widehat{b_{mr_m}})$。

2. 模型建立

盾构机的选型受到土层、地下水和地面沉降控制要求综合影响。通过研究分析国内盾构隧道盾构机选型考虑因素，对各因素进行筛选和甄别，与高校、科研单位及施工一线工作人员就盾构机选型进行咨询交流，并进入盾构隧道一线场地走访、调研，对现场如岩石轴心抗压强度进行室内试验，结合指标选取的难易程度，选取了地层复合程度、水压、地层颗粒粒径、地层颗粒强度、渗透性、地面沉降控制要求 6 个指标建立评价模型，见表 2-12。

基于现场资料调查分析，将盾构机的适用性设定为基准变量。在应用中，将其划分为 Ⅰ～Ⅳ级，对应的适应性评价为：优、良、中、差见表 2-13。

盾构机选型适用性评价指标 表 2-12

一级指标	二级指标	评判标准
地层复合程度 X_1	X_{11}：单一软弱层	只有一种或几种强度接近且强度较小的地层
	X_{12}：单一坚硬层	只有一种或几种强度接近且强度较大的地层
	X_{13}：软硬复合层	含有两种或几种强度不同的地层
水压 X_2/MPa	X_{21}：低水压	水压 < 0.3
	X_{22}：中水压	0.3 < 水压 < 0.5
	X_{23}：高水压	水压 > 0.5
地层颗粒粒径 X_3	X_{31}：细颗粒	粒径小于 2mm 的颗粒含量超过全重 50%
	X_{32}：中颗粒	粒径在 20～200mm 的颗粒含量超过全重 50%
	X_{33}：大颗粒	粒径大于 200mm 的颗粒含量超过全重 50%

一级指标	二级指标	评判标准
地层颗粒强度X_4/MPa	X_{41}：软	30 < 饱和单轴抗压强度标准值
	X_{42}：硬	30 < 饱和单轴抗压强度标准值< 60
	X_{43}：坚硬	60 < 饱和单轴抗压强度标准值
渗透性X_5/（cm/s）	X_{51}：弱	地层渗透系数 < 10^{-7}
	X_{52}：中	10^{-7} < 地层渗透系数 < 10^{-4}
	X_{53}：强	10^{-4} < 地层渗透系数
地面沉降控制要求X_6	X_{61}：严格	掘进地表附近无河流、已有建筑物等要求沉降控制的设施
	X_{62}：较严格	掘进地表附近有沉降要求的小片设施或引起隧道进水的河道
	X_{63}：极严格	隧道处于特殊沉降控制要求的建筑物

盾构机评价指标表　　　　表 2-13

级别	特征描述	评价	参数值
Ⅰ	盾构机适用工程地层，不需要借助辅助施工方案，增加预算，连续掘进，不出现卡刀盘、严重漏水现象，施工产生废料循环无害化处理，不在施工过程中和结束后污染环境，地面沉降控制在要求范围以内，严格按照工期顺利掘进贯通	优	1
Ⅱ	盾构机基本适用工程地层，不需要全过程借助辅助施工，能连续掘进，不出现严重卡刀盘、漏水现象，地面沉降可控，偶尔需要人工辅助更换零件，工期和预算在控制范围内	良	2
Ⅲ	盾构机能贯通隧洞，需要定期更换刀具等零件，需要借助降水、改良地质等辅助施工方案，在追加预算的基础上能保证完工	中	3
Ⅳ	盾构机各部件勉强能进行工作，需要全过程辅助施工改变地质条件，人员频繁进仓处理机械维修，地面出现塌陷情况	差	4

通过选取国内近年来在不同地质条件下、不同环境要求、不同施工考虑的 45 个盾构隧洞工程作为样本（表 2-14），依据数量化理论对 6 个项目下的各类目进行反应表达，构成反应矩阵。遵循基准变量与各项目、类目的反应间线性模型，运用数值分析软件编制程序，建立盾构机选型适用性评价模型为：

$$\begin{aligned}
Y = {} & 0.2951 \cdot \delta(1,1) + 0.5256 \cdot \delta(1,2) + 0.6088 \cdot \delta(1,3) - \\
& 0.2023 \cdot \delta(2,1) + 0.3568 \cdot \delta(2,2) + 1.0749 \cdot \delta(2,3) + \\
& 0.2571 \cdot \delta(3,1) + 0.4789 \cdot \delta(3,2) + 0.4935 \cdot \delta(3,3) + \\
& 0.2291 \cdot \delta(4,1) + 0.3059 \cdot \delta(4,2) + 0.6945 \cdot \delta(4,3) + \\
& 0.0005 \cdot \delta(5,1) + 0.0907 \cdot \delta(5,2) + 0.2392 \cdot \delta(5,3) - \\
& 0.145 \cdot \delta(6,1) + 0.3811 \cdot \delta(6,2) + 0.9933 \cdot \delta(6,3)
\end{aligned} \tag{2-17}$$

预测结果见表 2-15，实测值与误差绝对值大于 1 的只有 4 个案例，样本的复相关系数 $r = 0.8178$，说明模型预测误差较小，模型评价准确性较高：

$$r = \frac{\widehat{\sigma_y}}{\sigma_y} = \sqrt{\frac{\sum\limits_{i=1}^{n}(\hat{y}_i - \overline{y})^2}{\sum\limits_{i=1}^{n}(y_i - \overline{y})^2}} = 0.8178 \tag{2-18}$$

工程实例样本 表 2-14

项目	1	2	3	4	5	6	7	8	9
工程	南京地铁10号线	汕头海湾隧道	徐州地铁1号线	岳阳越江隧道	望京隧道13号标段	天目湖—环城北路工程	郑州站城际铁路工程	长沙地铁6号线	常德沅江越江隧道
项目	10	11	12	13	14	15	16	17	18
工程	福州地铁2号线	厦门轨道交通2号线	沈阳地铁10号线3标段	昆明地铁4号线	成都地铁18号线	成都地铁1号线	合江套湘江隧道	福州地铁5号线	苏埃海底盾构隧道
项目	19	20	21	22	23	24	25	26	27
工程	成都地铁6号线	上海长江路越江通道	长沙地铁3号线	武汉地铁8号线	长沙地铁3号线	沈阳地铁10号线1标段	北京地铁8号线	京沈高铁望京隧道	苏通GIL综合管廊工程
项目	28	29	30	31	32	33	34	35	36
工程	广州地铁18号线	狮子洋隧道	闽江过江通道工程	兰州地铁1号线	湛江湾海底隧道	杭州博奥隧道	京张铁路清华园隧道	扬州瘦西湖隧道	南宁地铁3号线
项目	37	38	39	40	41	42	43	44	45
工程	沈阳地铁4号线	小北山1号隧道	北京地铁7号线	南京纬三路隧道	南昌轨道交通1号线	南宁轨道交通5号线	珠海兴业快线工程	深圳春风隧道	南京和燕路隧道

预测值与实测值对比 表 2-15

项目	1	2	3	4	5	6	7	8	9
预测值	1.2979	4.3071	3.6324	2.7258	3.3927	2.4692	3.6512	2.6181	2.4376
实测值	1	4	3	1	3	3	4	2	2
误差	−0.2979	−0.3071	−0.6324	−1.7258	−0.3927	0.5308	0.3488	−0.6181	−0.4376
项目	10	11	12	13	14	15	16	17	18
预测值	2.6746	2.9476	2.7037	2.5978	2.3707	2.2456	2.8284	1.6173	0.9772
实测值	3	4	3	2	3	2	2	2	1
误差	0.3254	1.0524	0.2963	−0.5978	0.6293	−0.2456	−0.8284	0.3827	0.0228
项目	19	20	21	22	23	24	25	26	27
预测值	3.3362	1.685	1.4265	1.8372	2.1527	3.1251	2.7869	0.9004	1.0728
实测值	4	2	2	2	2	3	3	1	1
误差	0.6638	0.315	0.5735	0.1628	−0.1527	−0.1251	0.2131	0.0996	−0.0728
项目	28	29	30	31	32	33	34	35	36
预测值	2.3354	0.9207	1.8716	1.9761	1.5033	1.5363	2.0059	1.5217	2.2544
实测值	2	1	2	3	1	1	2	1	2
误差	−0.3354	0.0793	0.1284	1.0239	−0.5033	−0.5363	−0.0059	−0.5217	−0.2544
项目	37	38	39	40	41	42	43	44	45
预测值	3.2456	2.6746	3.1144	2.7116	2.9673	2.2295	2.131	1.6319	0.55
实测值	4	4	4	2	3	2	2	1	1
误差	0.7544	1.3254	0.8856	−0.7116	0.0327	−0.2295	−0.131	−0.6319	0.45

根据模型方程中各系数对预测值的贡献，经归一化处理后可得影响盾构机选型适用性因素的各评价因子的权重如表 2-16 所示。

盾构机适应性影响因素权重统计　　　　表 2-16

评价因子	权重	评价因子	权重
地层复合程度X_1	0.0595	地层颗粒强度X_4	0.0955
水压X_2	0.2853	渗透性X_5	0.2331
地层颗粒粒径X_3	0.1333	地面沉降要求X_6	0.1933

水压影响是盾构机选型首要考虑的因素；渗透性决定了在开挖过程中地下水的影响及掌子面的稳定，与高水压同时出现时，对盾构掘进的密闭性和安全性具有很大挑战，是盾构选型的重要考虑因素；在掘进时，尤其在穿越历史建筑、磁悬浮路线等对沉降要求十分严格的地区，要考虑盾构掘进过程中对土体扰动造成的地面沉降；地层的颗粒粒径影响盾构机刀盘的开口率和掌子面稳定性。在进行盾构机选型时，应主要考虑以上四个因素。

3. 模型应用

根据山西省小浪底引黄工程的地层复合程度、水压、地层颗粒粒径、地层颗粒强度、渗透性、地面沉降控制要求 6 个指标的反应矩阵，将其代入盾构机选型适应性评价数量化数学模型之中，得到预算结果：

$$\Upsilon = 0.6088 \cdot \delta(1,3) + 1.0749 \cdot \delta(2,3) + 0.4789 \cdot \delta(3,2) + 0.3059 \cdot \delta(4,3) +$$
$$0.2392 \cdot \delta(5,3) - 0.145 \cdot \delta(6,1) = 2.5627 \tag{2-19}$$

利用数量化评价模型评价打分表，评价其盾构机适用性等级为Ⅲ级，中等适应性。依据盾构机适应性影响因素权重表，需要进一步提高小浪底引黄工程盾构机对水压、渗透性和地层颗粒度的适应性。

2.2　高水压卵石层盾构机对地层双向适应机制

根据以上一节研究可知，以小浪底为代表的高水压卵石层隧道，由于面临水压高、埋深大、渗透性强、颗粒粒径大且强度高等问题，在施工选择上只能采用泥水平衡盾构机，但根据本项目建立的盾构机选型适应性评价指标体系和实际使用效果可知，在该地层的泥水平衡盾构机掘进时，出现卡刀盘、刀具损坏速度快、孤石、漂石处理困难、带压进仓压力过高、停机时间过长等问题，这也就意味着，在高水压卵石层盾构隧道施工中，仅依赖于通过改善盾构机的零件去适应地层来追求工程的高效与安全是不够的。

1. 优化设备提高盾构机适应性

根据施工现场地质情况，可以从盾构机的类型和部件进行盾构机选型和优化提高盾构机对地层的适应性，泥水平衡盾构机对高水压卵石地层适应性措施如表 2-17 所示，土压平衡盾构机对高水压卵石地层适应性措施如表 2-18 所示。

泥水平衡盾构机对高水压卵石地层适应性措施　　　　表 2-17

遇到问题	高水压	卵石层
机械解决措施	（1）刀盘：开口率控制小一些 （2）主轴：提高主轴密封性和掘进速度，避免刀盘偏转 （3）泥浆：增加泥浆相对密度和泥浆泵送压力，提高泥膜封闭性 （4）盾尾：增加盾尾刷数量，提高盾尾密封效果	（1）刀具：增强刀具材质和形状提高耐磨性能 （2）刀盘：增大开口率，安装可换刀支座，允许灵活换刀 （3）破碎机：提高颚式破碎机破碎能力和施工效率 （4）千斤顶：提高千斤顶推力，保证有足够支撑前进破碎能力 （5）运输机：提高螺旋输送机管道耐磨性和输送效率

土压平衡盾构机对高水压卵石地层适应性措施　　　　表 2-18

遇到问题	高水压	卵石层
机械解决措施	对于高水压环境，除在封闭性较好的土层使用加气土压平衡盾构外，绝大多数情况下是无法使用的	（1）刀具：安装合金材质耐磨性好的滚刀和刮刀，能排则排，不排再破 （2）刀盘：开口率做得相对大一些，安装可灵活换刀支座 （3）千斤顶：提供足够的推力，保证掌子面的土塞效应 （4）运输机：提高运输机的运输效率

由表 2-17 和表 2-18 分析可知，对于高水压地层泥水平衡盾构有着天然的优势，但也只能从刀盘、主轴、泥浆和盾尾四个机械方面进行优化，而在卵石层中，又要求在开口率增加和泥浆相对密度控制在保证卵石的顺利排出下，这和高水压条件下的要求相矛盾；而对于土压平衡盾构机而言，为保证施工的安全，很少在高水压环境中掘进，但是土压平衡盾构机可以采用辐条式刀盘能做到更大的开口率，对于大粒径卵石的排出和破碎优势更加明显，但是在高水压卵石地层中使用困难。

2. 改善地层提高盾构机适应性

工程上盾构隧道通常采用部分开挖、洞外降水等措施，解决在掘进过程中地质因素对掘进的影响。改善高水压卵石地层，提高盾构机的适应性措施如表 2-19 所示。

高水压卵石地层对盾构机的适应性措施　　　　表 2-19

遇到问题	高水压	卵石层
解决措施	辅助洞外降水：采用井管法进行抽水，将施工区域水位降到控制范围	1. 开挖：通过勘探，确定卵石层分布情况，对于浅埋区域进行开挖处理 2. 钻探爆破：对于大粒径卵石通过钻探爆破成小块处理

由表 2-19 可知，通过洞外降水可以将高水压地层的水位控制在要求以内，从而实现水压的影响，水压降低之后，通过增大开口率和泥浆相对密度，盾构机对地层的适应性矛盾就会解决，但是盾构掘进长度一般在 1km 以上，全线降水需要大量的设备，并且会造成大范围地下水位变化，地面沉降问题严重。

3. 盾构机对地层双向适应性

通过工程地质初步对盾构机进行类比选型和针对性优化，依据施工要求对工程地下水进行降水减压，实现地层的改善，降低盾构机适应难度，从而提高盾构机对地层双向适应性，组合工法的整体适应性如表 2-20 所示。

高水压卵石层盾构机对地层的双向适应性效果　　　　　表 2-20

遇到问题	高水压	卵石层
解决措施	1. 利用盾构机选型方案，选取和优化盾构机抗水压能力 2. 通过洞外降水实现降水减压	1. 根据影响因素优化刀具材质 2. 水压降低，可调整开口率，提高卵石的排出数量，降低对刀具的磨损，也可进行更安全常压换刀 3. 水压降低后，对于大粒径可常压进仓处理

由表 2-20 可知，通过洞外降水改造地层实现降水减压，降低对盾构机设备的性能要求，通过选取合适的盾构机，实现部分区域降水而不产生过度范围的抽水影响，从而降低了应对高水压的挑战，并能通过更多方式进行卵石处理，换刀和孤石、漂石处理也可由高压变成更安全的常压环境进行，降低施工难度，提高了安全性。

综上所述，提出高水压卵石层降水区域跟随盾构掘进滚动向前的组合施工方案，实现降水区域具体化。盾构机科学选型适应地层和改变地层降低了盾构机适应难度，提高盾构隧道盾构机对地层的适应性，增强施工整体性，降低施工难度。

2.3　高水压盾构主轴承密封设计研究

1. 盾构主轴承密封系统简介

图 2-11 所示的是一种盾构机主轴承密封结构简图，整个大的密封腔室由刀盘法兰、主轴承外圈、主轴承内圈、主轴承密封压环和密封衬套组成，该密封腔室为开放式、刀盘法兰和主轴承密封压环之间预留一些凹槽，装配后形成迷宫密封。

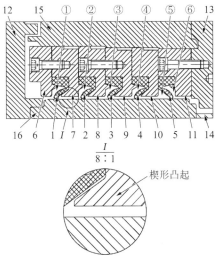

①～⑥.第一至第六密封腔室；1～5.第一至第五唇形密封圈；
6～11.第一至第六密封圈保持架；12.刀盘法兰；13.主轴承外圈；
14.主轴承内圈；15.主轴承密封压环；16.密封衬套

图 2-11　盾构主轴承密封结构简图

5 道唇形密封圈和 6 个密封圈保持架将整个大的密封腔室分隔成 6 个相对独立的小密封腔室，其中第一密封腔室与迷宫密封结构相通，需要承受土仓或泥水仓的压力。该密封腔注入高黏度特种压力油脂，如 HBW 油脂，在压力作用下，HBW 油脂不断沿迷宫密封缝隙溢出，将渣土和泥水阻挡在外面，另一方面迷宫密封自身的结构特点也能阻挡大颗粒的渣土进入第一密封腔。第二、三、四密封腔注入中等黏度的油脂，如 EP2 油脂。第五密封腔室作为泄漏测试腔，用以测试主轴承的密封性能；第六密封腔室注入齿轮油进行冲洗润滑，同时将主轴承滚柱所在的腔室与外密封腔隔开，保证滚柱腔体密封润滑可靠。

假设外界土仓或者泥水仓压力为 p_0，第一至第六密封腔的压力分别为 p_1，p_2，p_3，p_4，p_5，p_6，它们之间的关系一般为：$p_1 > p_2 > p_3 > p_4 = p_5 = p_6 > p_0$，每个密封腔室的压力是可量测的。

另一种盾构机主轴承密封结构简图如图 2-12 所示。图 2-11 和图 2-12 中两种主轴承密封结构相似，都采用了 5 道唇形密封圈，形成 6 个相对独立的密封腔室，但两者都有自己的特点：图 2-11 中密封结构中密封衬套不可调，密封圈唇口与其接触区固定，图 2-12 中的密封衬套是可调的，当其表面有一定的磨损后，可调节密封衬套的位置，使其与密封圈重新保持良好的接触；图 2-11 中唇形密封圈保持架有楔形凸起，该凸起位于前一道密封圈的低压区，图 2-12 中的密封圈保持架无楔形凸起。两种密封结构中，第一道唇形密封圈承受的压力是最大的。

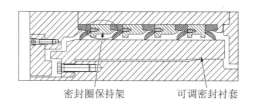

密封圈保持架   可调密封衬套

图 2-12　带可调密封衬套的盾构主轴承密封结构图

2. 唇形密封圈材质及分析模型

根据《旋转轴唇形密封圈橡胶材料》HG/T 2811—1996 可知，唇形密封圈一般采用以丁腈橡胶、丙烯酸酯橡胶、硅橡胶和氟橡胶为基的橡胶材料，其材料特性如表 2-21 所示。

唇形密封圈材料参数　　　　　　　　　　　　　　　　　表 2-21

物理性能	橡胶材料类别						
	A			B	C	D	
	XA I 7453	XA II 8433	XA III 7441	XB 7331	XC 7243	XD I 7433	XD II 8423
硬度（IRHD 或邵氏 A）/度	70 ± 5	80 ± 5	70 ± 5	70^{-4}_{-8}	70^{+5}_{-4}	70 ± 5	80 ± 5
橡胶组成	丁腈橡胶为基			丙烯酸酯橡胶为基	硅橡胶为基	氟橡胶为基	

某隧道工程预计需要承受的最大水压为 1.7MPa，由盾构主轴承密封系统结构可知，第

一道唇形密封圈承受的压力最大，需要能够抵抗 1.7MPa 的最大水压，取安全系数为 1.2，则需要抵抗的设计水压为 2.04MPa，根据密封作用的原理，当密封接触面的最大接触压力大于设计压力时，即可起到密封作用。

分析第一道唇形密封圈的受力情况，分别建立的分析模型如图 2-13 所示。

(a) 保持架带楔形凸起　　　　(b) 保持架无楔形凸起

图 2-13　唇形密封圈分析模型

当第一密封腔和第二密封腔之间压力差较大时，密封唇将会产生变形，同时在接触面上将产生一定的接触压力，当二者的压力差为 0.6MPa 时，密封唇变形的趋势和变化量是不同的。保持架带楔形凸起的密封圈的密封唇呈现"逆时针"的变形趋势，变形量为 1.53mm；保持架无楔形凸起的密封圈的密封唇呈现"顺时针"的变化趋势，变形量为 6.27mm。

从接触应力分布情况来看，高压差情况下，两种密封结构的密封圈唇口的接触应力分布都呈现"山峰"状，但是保持架带楔形凸起的密封圈呈现的"山峰"更加陡峭，峰值大，接触应力分布更加集中，而保持架无楔形凸起的密封圈唇口呈现的"山峰"较为平缓，峰值小，分布区域较大。而取得最佳密封效果的理想情况是：尽量采用最小径向力得到最尖锐"峰值"压力分布，而且在产生较好密封效果的同时，保持架带楔形凸起的密封圈与密封衬套接触面积较小，减缓了密封圈磨损，延长了使用寿命。因此，在高压差情况下，保持架带楔形凸起的密封结构密封性能优于保持架无楔形凸起的密封结构。

3. 唇形密封圈密封性能变化规律分析

分别分析当唇形密封圈两侧的压力差为 0.1MPa、0.2MPa、0.3MPa、0.4MPa 和 0.5MPa 下两种不同结构的密封圈受力和接触情况，如表 2-22 所示。

不同压力差下的两种结构的密封圈受力和接触情况　　　　　　　　　　表 2-22

压力差 p/MPa	保持架带楔形凸起的密封圈			保持架无楔形凸起的密封圈		
	变形 x/mm	等效应力 p_e/MPa	接触应力 p_c/MPa	变形 x/mm	等效应力 p_e/MPa	接触应力 p_c/MPa
0.1	0.76	1.78	1.99	0.76	1.16	1.97
0.2	1.08	1.77	2.32	1.79	2.03	2.68
0.3	1.15	2.11	2.69	2.95	2.89	2.99
0.4	1.25	2.35	2.82	4.11	4.29	3.03
0.5	1.38	2.59	2.95	5.24	5.53	2.75
0.6	1.53	2.81	3.11	6.27	6.75	2.61

得到关于压力差与密封圈受力及接触情况的曲线分别如图 2-14～图 2-16 所示。从图中可以看出，在总变化趋势上，随着唇形密封圈两侧的压力差逐渐增大，两种结构的密封圈

变形、等效应力和接触应力都呈现增大趋势，但各自具有不同的变化特点。从图 2-14 和图 2-15 中可以看出，尽管随着压力差的增加，两种结构的唇形密封圈的变形有所增大，但增幅是不同的。压力差增大到 6 倍时，对于保持架带楔形凸起的密封圈，其变形量从 0.76mm 增加到 1.53mm，增大了约 1 倍，等效应力从 1.78MPa 增加到 2.81MPa，增大了约 0.58 倍；而对于保持架无楔形凸起的密封圈，其变形量从 0.76mm 增加到 6.27mm，增大了约 7.25 倍，等效应力从 1.16MPa 增加到 6.75MPa，增大了约 4.82 倍。这说明保持架上的楔形凸起存在与否影响着唇形密封圈的结构受力情况，楔形凸起的存在改善了密封圈的受力结构，提高了结构稳定性，使其不随着外界压力差的变化而剧烈变化，避免了密封圈在高压差下产生大的变形量和等效应力，延缓了其老化的速度，提高了使用寿命。

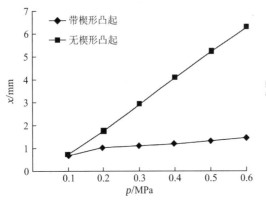

图 2-14　压力差与密封圈变形的关系曲线　　图 2-15　压力差与密封圈等效应力的关系曲线

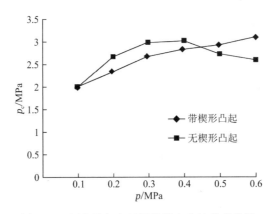

图 2-16　压力差与密封圈接触应力的关系曲线

从图 2-16 中可以看出，随着压力差的增大，两种结构的唇形密封圈的接触应力呈现不同的变化规律，其增幅也是不同的。压力差增大到 6 倍时，对于保持架带楔形凸起的密封圈，其接触应力从 1.99MPa 增加到 3.11MPa，增大了 0.56 倍；而对于保持架无楔形凸起的密封圈，其接触应力先增后减，最终从 1.97MPa 增加到 2.61MPa，增大了 0.32 倍。在整个变化过程中，当压力差小于 0.45MPa 时，保持架无楔形凸起的密封圈的接触应力大于保持架带楔形凸起的密封圈，当压力差大于 0.45MPa 时，则刚好相反。这说明楔形凸起的存在与否影响着唇形密封圈的接触应力或密封性能，楔形凸起的存在提高了唇形密封圈密封性能的稳定性，避免其随着外界压力差的变化而剧烈变化，提高了唇形密封圈在高压差下的密封性能。

2.4　高水压盾构管片密封设计研究

随着我国交通建设的快速发展，各地的大型越江越海的公路隧道、铁路隧道、电力隧道、地铁隧道均在加速规划及推进，盾构直径与埋深不断刷新。盾构隧道的防水不仅关系到隧道使用功能的正常发挥，而且关系到隧道使用寿命的长短。盾构隧道防水包括管片自防水、接缝防水和手孔防水。其中，管片在工厂预制，产品质量有保障，抗渗性能良好，管片之间大量的环向、纵向接缝是防水最为薄弱的部位，也是防水设计最为重要的环节。管片接缝防水体系如图 2-17 所示。

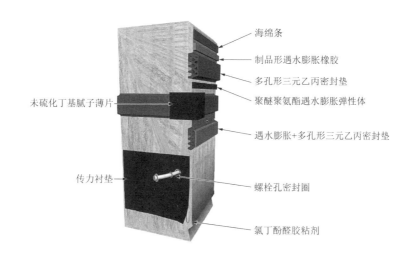

海绵条
制品形遇水膨胀橡胶
多孔形三元乙丙密封垫
聚醚聚氨酯遇水膨胀弹性体
未硫化丁基腻子薄片
遇水膨胀+多孔形三元乙丙密封垫
传力衬垫
螺栓孔密封圈
氯丁酚醛胶粘剂

图 2-17　管片接缝防水体系

常规地铁隧道（埋深一般不超过 25m）多采用设置单道密封垫的防水方案，部分隧道会在密封垫外侧加贴一条遇水膨胀挡水条加强局部防水。对于超埋深、大直径过江盾构隧道，其埋深多超过 40m，最高超过 80m，盾构直径均大于 10m，当防水等级较高时，多采用单/双道盾构密封垫＋辅助防水的接缝设置。通过水压试验对比发现张开量及错位量不均匀时，双道防水能力优势更为明显。单道/多道盾构密封垫防水示意图如图 2-18 所示。

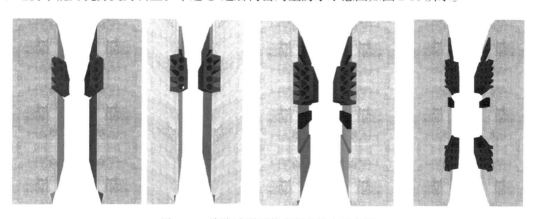

图 2-18　单道/多道盾构密封垫防水示意图

作为密封材料使用的橡胶有很多种，如：天然橡胶、三元乙丙橡胶、氯丁橡胶、丁腈橡胶、硅橡胶等。根据各胶种特性不同，应用领域也不尽相同，各类橡胶材料性能如表2-23所示。

管片密封垫材料性能汇总 表2-23

橡胶类型	适用温度	物理机械性能	耐气候及老化性能	耐化学介质性能	耐磨	耐低温性能	主要应用领域
天然橡胶	−50～80℃	良好的综合物理机械性能，强度高，撕裂性能好，弹性好	耐天候老化、耐热老化性能差	耐油、耐非极性化学介质性能差	好	属易结晶橡胶，低温弹性差	轮胎、胶管、胶带、橡胶减震器等
三元乙丙橡胶	−50～140℃	良好的物理机械性能，较高的强度和撕裂性能，弹性好	耐天候老化、耐热老化、耐臭氧性能好	良好的耐水、耐极性化学介质性能	良好	属非结晶橡胶，低温弹性中等	各类密封垫、汽车橡胶制品、盾构密封条防水卷材等
氯丁橡胶	−20～80℃	良好的物理机械性能，强度高，撕裂性能好	耐天候老化、耐热老化、耐臭氧性能好	耐油、耐非极性化学介质性能中等	好	属易结晶橡胶，低温弹性差	运输胶带、橡胶密封件、胶粘剂等
丁腈橡胶	−30～120℃	强度高，撕裂性能好	耐天候老化、耐臭氧老化性能差	耐油、耐非极性化学介质性能良好	好	属易结晶橡胶，低温弹性差	耐油橡胶密封垫、软管、胶带、印染胶辊等
硅橡胶	−60～200℃	强度低，撕裂性能差，弹性好	耐天候老化、耐热老化性能好	耐油、耐非极性化学介质性能中等	差	属非结晶橡胶，低温弹性良好	医用橡胶、航空航天密封垫、耐高温密封垫等

从各种类橡胶的综合性能来看，三元乙丙橡胶具有优异的耐天候、耐臭氧、耐老化、耐高低温性能，同时对化学品具有优异的耐腐蚀性和耐酸碱性，其在通用橡胶中最适合做密封材料。目前盾构隧道管片密封垫材料基本上都选用三元乙丙橡胶材质。其广泛应用于水利隧道、电力隧道、地铁隧道、公路隧道、铁路隧道、跨海隧道等领域。通过试验可以得出采用优异配方的三元乙丙橡胶弹性密封垫，其材质耐久性能可以满足盾构隧道的设计使用年限要求，但目前很多不良厂家为降低成本采用天然胶甚至再生橡胶作为原材料，其耐久性能较差，3～5年橡胶老化、应力松弛之后基本就失去了防水的能力。盾构管片密封垫在国内使用的基本形式有三种：一是多孔形三元乙丙橡胶型；二是遇水膨胀密封垫；三是膨胀橡胶与多孔形三元乙丙橡胶复合型。

1. 多孔形三元乙丙橡胶型密封垫

多孔形三元乙丙密封垫（图2-19）目前是用于拼装式隧道管片接缝止水较多的材料，其利用多孔形密封垫压缩后孔洞的变形产生的内应力，使管片与管片之间起到密封止水的效果。

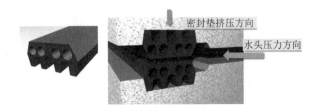

图2-19 多孔形盾构密封垫压缩密封示意图

2.遇水膨胀密封垫

遇水膨胀材料密封的原理是利用其遇水后体积的膨胀性，在管片与管片之间起到密封止水的效果，目前盾构管片接缝用遇水膨胀材料主要分为如下两种材质：

（1）聚醚聚氨酯遇水膨胀弹性体

聚氨酯遇水膨胀弹性体材料是由特种液体多元醇、液体异氰酸酯、扩链剂、交联剂、抗氧剂等通过科学配方设计、本体反应聚合、经液体反应注射成型技术得到的新型弹性体材料。聚醚聚氨酯遇水膨胀弹性体材料中不需要添加膨胀树脂与膨胀粉，在反复浸水过程中，膨胀倍率会保持恒定，提高了材料的耐久性，且不受水质影响，净水与盐水状态下膨胀性能不会发生明显变化。

（2）制品型遇水膨胀橡胶

制品型遇水膨胀橡胶是以橡胶为基础材料，配方中加入硫化剂、活性剂、促进剂、补强填充剂、防老剂、吸水膨胀粉（主要成分是聚丙烯酸钠，俗称膨胀粉）等配合剂，通过橡胶设备进行塑炼、混炼、挤出或模压硫化成型而成。制品型遇水膨胀效果在浸水过程中，配方体系中的膨胀树脂和膨胀粉会出现析出的情况，其膨胀稳定性较差。其膨胀效果受介质影响较大，特别是在海水或含有氯离子及硫酸根离子的地下水情况下其膨胀效果会有较大下降。

3.膨胀橡胶与多孔形三元乙丙橡胶复合型密封垫

膨胀橡胶与多孔形三元乙丙复合型密封垫（图 2-20）是以多孔形压缩密封为主，密封垫表面复合一层遇水膨胀橡胶，一旦密封垫间出现渗漏水，膨胀橡胶会开始缓慢地膨胀以水止水，起到加强防水的作用。

图 2-20　多孔形盾构密封垫压缩密封示意图

4.盾构管片密封垫关键技术点

（1）密封垫孔腔的受力分析

密封垫的孔形大致分三种：圆形、三角形和水滴形（图 2-21）。其特点分别是：圆形孔作为密封垫最常使用的孔形，其受力压缩时应力变化较为平均，稳定性较反弹应力较大，多用于地铁隧道及大型越江或穿河隧道；三角孔密封垫在受力压缩过程中有较长的应力平缓期，应力上升较圆形孔较小；水滴孔的特点是压缩前期容易压缩，相对压缩应力较小利于拼装，后期应力上升较快。

三角孔密封垫在受力压缩过程中有较长的应力平缓期，应力上升较圆形孔较小时多用于密封垫截面积较大但挤压应力受限的大直径盾构隧道。

水滴孔的特点是压缩前期容易压缩，相对压缩应力较小利于拼装，后期应力上升较快，适用于直径较小的盾构隧道。

图 2-21　盾构隧道中常见密封垫孔形

（2）盾构管片密封垫结构有限元计算分析及试验验证

盾构密封垫截面设计时通过 ABAQUS 进行有限元三维模型进行计算分析，计算出数据供设计人员参考，计算密封垫压缩过程中的受力点变化，并对密封垫局部进行优化调整，得到最佳的密封垫截面，如图 2-22 所示。

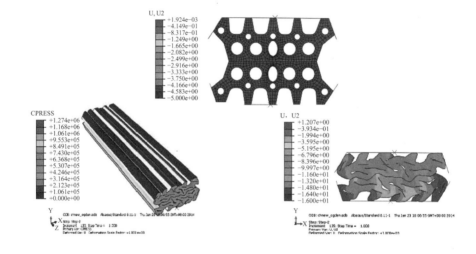

图 2-22　密封垫孔有限元分析

（3）密封垫角部的处理与优化

目前国内盾构管片密封垫角部绝大部分采用实心接角方式硫化加工，如图 2-23 所示。对于大埋深大直径的盾构隧道项目，由于抗水压要求较高，其密封垫高度和压缩量较大，如密封垫角部是实心构造，将会对密封垫角部防水造成影响，严重时甚至会造成管片的裂损。

通过计算做出合理的空腔比例，可有效地避免密封垫的角部应力集中和管片拼装过程中角部"堆积"的情况。

图 2-23　密封垫角部细节

（4）纵缝密封垫表面降低摩擦系数处理

目前国内许多项目大直径盾构隧道项目为减少管片拼装时的错位量，多在管片环缝设置凹凸榫或剪力销装置。在这种构造管片拼装时，需将纵缝进行预紧压缩后再环向拼紧，在此过程中受密封垫表面摩擦力的影响封顶块的纵缝密封垫易挤出沟槽，造成角部渗漏水，这也是目前盾构隧道中渗漏水点最多的位置。为降低密封垫表面间的摩擦系数，密封垫生产过程中在其工作表面喷镀一层光滑涂层，可以很大程度上降低橡胶间的摩擦系数，避免角部堆积的情况，如图2-24所示。

图2-24　密封垫表面处理

（5）纵缝密封垫植入高强度纤维

由于橡胶具有优异的弹性，其延展性及伸长率较高，但这些特性在管片拼装时反而会造成许多不利的因素。管片拼装时特别是封顶块拼装时，胶不可避免地会受到拉伸方向的挤压力，纵缝密封垫特别是角部易受压脱出管片沟槽，造成角部渗漏水点及应力集中。为限制纵缝密封垫较大的拉伸性，在密封垫的构造中植入高强度纤维可有效地限制密封垫的延展性。

（6）密封垫工作面激光刻蚀皮秒处理

利用皮秒激光可以快速、简便、高效地制备出亲水性三元乙丙橡胶表面。在这一过程中，通过改变激光加工参数还可以有效地控制三元乙丙橡胶的表面形态和微结构尺寸。经过研究和测试后发现，具有均匀、整齐凹槽结构和合适颗粒尺寸的微结构表面的防水性能更优秀且更稳定，这对于盾构隧道中防水环节的效果提升，特别是气密效果有着十分重要的意义。

第 3 章

泥浆成膜与废浆再利用研究

3.1 泥浆携渣能力计算模型研究

1. 流变模型及公式推导

泥水加压平衡盾构机所用泥浆属于非牛顿流体范畴，且泥浆含有大量的细粒级物料，这些物料可以被视为塑性结构体，并且泥浆浆体本身具有黏性以及弹性，所以可以由塑性元件与黏性元件并联，再与弹性元件串联所得的宾汉姆流变模型来反映其流变性能。宾汉姆流变模型的流变方程，见式(3-1)。

$$\tau_w = \tau_0 + \eta \cdot \gamma \tag{3-1}$$

式中：τ_w——剪切应力（Pa）；

τ_0——屈服应力（Pa）；

η——塑性黏度（宾汉姆黏度系数）（Pa·s）；

γ——剪切速率（1/s）。

流体阻力计算中，由宾汉姆模型流体切应力与切变率关系可推导出白金汉方程，见式 (3-2)。

$$\frac{8V}{D} = \left(\frac{\tau_w}{\eta}\right)\left[1 - \frac{4}{3}\left(\frac{\tau_0}{\tau_w}\right) + \frac{1}{3}\left(\frac{\tau_0}{\tau_w}\right)^4\right] \tag{3-2}$$

式中，V为流速(m/s)，且四次幂数值很小，所以可以舍去，可得出近似的切应力，见式 (3-3)。

$$\tau_w = \frac{4}{3}\tau_0 + \frac{8V}{D} \times \eta \tag{3-3}$$

可得出此时平均流速，见式(3-4)。

$$V = \frac{\tau_w D}{8\eta} - \frac{\tau_0 D}{6\eta} \tag{3-4}$$

由上式可知，泥浆黏度增大时，会使得平均流速降低。

2. 泥浆携渣能力与其流速的关系

目前关于盾构系统泥浆携渣原理的研究较少，可参照泥砂运动力学原理。泥砂起动的时候，即为砂粒在外力作用下失去平衡时，此时水流对泥砂的作用力，可称为临界拖拽力。泥砂起动时，水流对泥砂有两种作用力，一种是水流与颗粒流速不相同而产生摩擦，从而产生的摩擦力F_d，因为并不是所有的泥砂颗粒都与水流直接接触，该摩擦力并不通过砂粒的重心，且这种摩擦力的方向是与水流行进方向相同的。另一种是因为流水中泥砂颗粒其顶部与底部的流速是有一定差异的，泥砂顶部的流速等于水流本身的运动速度，而底部的流速为颗粒间所渗透的水流的流动速度，水流本身的流速要大于这种渗透水流的流速。根据伯努利定律，泥砂颗粒顶部的流速高，所受压力也较小，而砂粒底部的相应流速低，压力大，从而在砂粒顶部与底部间形成了压力差，产生了上举力F_L，两种力的大小可由式(3-5)与式(3-6)计算。

$$F_L = C_L A \cdot \frac{\rho u_0^2}{2} \tag{3-5}$$

$$F_d = C_d A \cdot \frac{\rho u_0^2}{2} \tag{3-6}$$

由上式可知，当保证其他条件不变时，相对于砂粒的水流速度越快，砂粒受到的上举力以及使其向前的阻力均会增大，由此可知，当水流速度越快时，使得砂粒不沉底以及前进的力都会相应增大。由此可推，与水流对泥砂作用相近的泥浆携渣情况中，泥浆浆体流速越快，泥浆浆体携渣性能越好。且推导到泥浆携渣情况时，泥浆浆体的黏度越大，流体的阻力系数与上举力系数均会增大，所以可推论出泥浆黏度越高，泥浆携渣能力越好。

流体输送泥砂微细粒子时，必须确保管内无砂石沉淀，为此必须保证一定的运输流速，计算临界沉淀流速时，一般采用误差较小的杜兰德公式(3-7)。

$$V_1 = F_1 \sqrt{2gD \frac{\rho - \rho_0}{\rho_0}} \tag{3-7}$$

式中：V_1——临界沉淀流速（m/s）；

　　　D——管内径（m）；

　　　g——重力加速度，取 9.8（m/s²）；

　　　ρ——施工时天然土颗粒的实际相对密度，一般为 2.6～2.7；

　　　ρ_0——泥浆相对密度，现场盾构机掘进时，泥浆相对密度一般为 1.3～1.5；

　　　F_1——由颗粒直径及浓度决定的常数，$d > 2mm$ 时，取 1.34。

为求得泥浆相对密度大小的改变对泥浆携渣能力的影响，由V_1对ρ_0求导，得式(3-8)。

$$\frac{\partial V_1}{\partial \rho_0} = -\frac{\sqrt{2gD}\rho F_1}{2\rho_0^2 \sqrt{\frac{\rho - \rho_0}{\rho_0}}} \tag{3-8}$$

由实际数值情况可知，对盾构掘进时所用泥浆，该偏导的数值是小于 0 的，即当只有泥浆相对密度增大时，其相应临界沉淀速度降低，可知泥浆相对密度的增大是对泥浆的携渣能力有利的，特别是对比较微细的泥砂粒子。

而当泥浆运输较大的卵石等大粒径物料时，则需另外考虑。对于这些较大粒径的卵石颗粒，在泥水平衡盾构机工作时的泥浆管道运输过程中，是很难发生悬浮状推移的，因为其要求的流速在实际的施工时，是基本无法达到的。从而在运输这些卵石等大颗粒物料时，是考虑其在管道底部发生推移前进。其他的微细泥砂粒子等，在管道中发生悬浮状推移。

目前关于对砾石之类大颗粒物料的临界起动流速的计算，一般采用沙莫夫计算公式，见式(3-9)。

$$V = 1.14\sqrt{\frac{\rho - \rho_0}{\rho} \cdot gD} \cdot \left(\frac{h}{D}\right)^{\frac{1}{6}} \tag{3-9}$$

式中：h——水深（m）；

　　　V——管内泥浆流速（m/s）。

盾构泥浆排泥管出口处的压力可以看作大气压，且由于泥浆行进时管壁对泥浆有阻力，沿途产生损失，使得在盾构泥浆排泥管出口压力最小，即该出口处为大颗粒物料最不易被排出的危险断面。根据式(3-9)以及施工中土颗粒与泥浆的实际相对密度，可大致得到砾石的颗粒大小与其相应起动流速的关系，如图 3-1 所示。

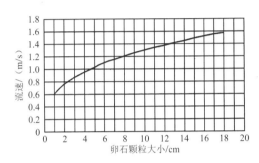

图 3-1　卵石颗粒大小与其对应起动流速关系

由此可知，当盾构施工时泥浆流速大于 1.6m/s 时，就足以在管道底部运输直径 18cm 的一定量卵石。而目前实际盾构施工时，排泥管中泥浆的流速可以远远超过这个起动流速，所以在正常施工的泥浆流速情况下，这些大颗粒物料对泥浆携渣影响不大，泥水盾构施工时排泥管不会发生砾石等大颗粒物料发生沉积的堵管情况。

3. 泥浆设计及制备

用膨润土、黏土、水、CMC（羧甲基纤维素）配置成泥浆，水的用量固定为 1000g，通过分别改变 CMC、膨润土、黏土的用量来研究这两种材料掺量对泥浆性能的影响。

（1）调整膨润土用量组

水的用量固定为 1000g，膨润土的掺量为变量，分别为 55g、60g、65g、70g、75g，如表 3-1 所示。黏土掺量固定为 80g，CMC 掺量固定为 6g，检测前再次将样品搅拌均匀。

膨润土变量组　　　　　　　　　　　　　　　　　　　　　表 3-1

测试内容	膨润土掺量/g				
	55	60	65	70	75
漏斗黏度/s	28.2	28.9	29.5	30.1	30.9
相对密度	1.08	1.09	1.09	1.1	1.1

试验数据分析：膨润土掺量的增多，可以使所配黏土的黏度与相对密度均增加，其对黏度的影响大概为：每增加 10g 膨润土，漏斗黏度上升 1.3s；其对相对密度的影响为：每增加 10g 膨润土，所配泥浆的相对密度上升 $0.01g/cm^3$。

（2）调整 CMC 用量组

水的用量固定为 1000g，CMC 的掺量为变量，分别为 1g、1.5g、2g、2.5g、3g，如表 3-2

所示。黏土掺量固定为 80g，膨润土掺量固定为 70g，检测前再次将样品搅拌均匀。

CMC 变量组 表 3-2

测试内容	CMC 掺量/g				
	1	1.5	2	2.5	3
漏斗黏度/s	24.3	25.6	26.5	27.8	28.9
相对密度	1.08	1.08	1.08	1.08	1.08

试验数据分析：CMC 掺量的增多，可以使所配黏土的黏度增大，且 CMC 对泥浆黏度的提升很明显，但对相对密度基本无影响。

（3）调整黏土用量组

水的用量固定为 1000g，黏土的掺量为变量，分别为 50g、60g、70g、80g、90g，如表 3-3 所示。CMC 掺量固定为 6g，膨润土掺量固定为 50g，检测前再次将样品搅拌均匀。

黏土变量组 表 3-3

测试内容	黏土掺量/g				
	50	60	70	80	90
漏斗黏度/s	27.1	29.2	31.5	32.8	34.5
相对密度	1.06	1.06	1.06	1.07	1.07

试验数据分析：黏土掺量的增多对泥浆相对密度的影响相对膨润土较小，但是对黏土的提升有明显的影响，在试验范围内，大概为每多掺加 10g 黏土，泥浆的漏斗黏度增加 2s。

4. 结果分析

（1）泥浆相对密度与泥浆的携渣能力

根据式(3-7)，考虑粒径较大的，超过 2mm 的泥砂颗粒，代入实际施工时常见的数据，假设所用排泥浆管内径为 0.5m，且可知在盾构施工实际施工时，排泥管所排泥浆相对密度为 1.3～1.5，假设三组泥浆相对密度分别为 1.3、1.4、1.5，实际土颗粒相对密度为 2.6，可通过计算得出，如表 3-4 所示数据。

泥砂颗粒临界流速 表 3-4

管内径/m	排泥浆相对密度	系数 F_1	泥砂颗粒临界流速/（m/s）
0.5	1.3	1.34	4.19
	1.4		3.88
	1.5		3.59

通过卵石起动流速与泥砂颗粒临界流速进行对比，实际施工时保证泥浆浆体流速达泥砂颗粒临界流速时，基本就可以使泥浆携渣正常进行，不会发生沉积或者堵管等事故。根据表 3-4 可知，当其他条件不变时，排泥浆相对密度的提升对泥砂颗粒的临界流速影响非常大，所以，提高泥浆的相对密度，是提高泥浆携渣能力的一个很好的手段，并且通常相对密度越大的泥浆，其在开挖面所成泥膜的性能也越好。由试验可知，若想要提高泥浆的相对密度，可通过提高黏土或者膨润土的掺量方式来实现，但是当泥浆相对密度较高时，泥浆的流动性又会较低，其在排泥管内的动量损失增大。所以在实际工程中，需要找到一

个比较适合施工的泥浆相对密度，又能保证泥浆的携渣能力可以满足施工的需求，又不会使泵无法提供需要的动力，且当泥浆相对密度过大时，泥水分离难度也会很高。

在一种特定情况下，泥浆相对密度的改变会影响泥砂颗粒临界流速的大小。从而可以找到一个适合一种情况的相对密度，来指导实际工程。

（2）泥浆黏度与泥浆的携渣能力

由对泥浆流体模型的推导，可知在施工时，管道对流动泥浆的阻力是与泥浆的黏度相关的，且泥浆的黏度越高，在运输管道内所受相应的阻力就会越大，这会导致沿程损失也相应变大，使得初始动量相同的泥浆在同样管道中运输时，黏度较大泥浆在泥浆经过一定长度管道后速度可能会降低，这就可能会导致泥浆所运输泥砂或者卵石等物料的沉积，从而造成堵管。但是通过对泥砂颗粒在清水中的受力情况可知，各物料颗粒在泥浆中所受到的托举力以及向前的阻力同时跟泥浆的黏度以及运动速度都相关，且都为正相关。这也就意味着，不论是泥浆黏度的增大还是泥浆流速的增加，都是对泥浆携渣能力的有利影响，且高黏度的泥浆成膜能力也会较为优秀。但由于提供泥浆动力的泵能提供的动力是有限的，我们无法保证泥浆的流速在高黏度的情况下仍旧能达到各种物料的临界流速，所以我们在提高黏度以增强泥浆携渣能力的同时，也要考虑其对泥浆运动速度的影响，找到一种平衡，才能使泥浆的携渣能力达到最佳状态。

通过试验以及查阅资料可知，现在提高泥浆的黏度的方法主要是增加黏土、膨润土掺量，还有添加 CMC、正电胶、纯碱这样的添加剂。

在增加膨润土掺量时，不仅泥浆的黏度得到提高，其稳定性也得到了增强，在一定范围内也会降低滤失量，对泥浆的性能是非常大的提升，但当膨润土的含量过高时，只会增加泥膜的厚度，对其他性能的提升基本就会消失，且由于膨润土颗粒过多，膨润土颗粒会难以形成均匀的悬浮液，从而影响泥浆的品质，使得泥浆的性能反而发生降低。

而在增大 CMC 掺量时，其相对密度基本不提升，但是黏度提升幅度是巨大的，泥浆的内部结构也会更加的稳定，各种颗粒也更容易产生悬浮液。且研究发现，加入 CMC 所制配的泥浆在施工时易形成较致密的优质泥膜。但是正由于 CMC 对泥浆黏度的增幅巨大，加入较多CMC 会使得泥浆的黏度过大，从而难以通过泵给予足够的动量，泥浆会难以在管道中运输。

（3）泥浆流速与泥浆的携渣能力

泥浆本身的流速对其携渣能力也是有着很大影响的，泥浆中的泥砂等颗粒在泥浆中受到的托举力以及向前的阻力是跟泥浆本身流速相关的，且成正比例关系，所以泥浆流速越大时，泥浆中泥砂颗粒受到的托近距离与向前的推力就会越大，从而使这些颗粒在泥浆中被运输的速度增快，而且它们的沉降速度也会降低，从而使得泥浆的携渣能力大大提升。在泵的功率一定时，泥浆相对密度以及泥浆黏度不太高时才能保证较快的泥浆流速，但是泥浆相对密度以及泥浆黏度低了又会使得泥砂颗粒所受浮力降低，也会降低泥浆的携渣能力。

3.2　泥浆成膜性能检测方法研究

1. 盾构泥浆的主要性能指标

1）泥浆成膜

泥水平衡盾构以其优良的压力控制模式和广泛的地层适应性，大量应用于高渗透性地层和水下隧道中。泥膜的形成是一个渗透的过程，由于泥水中的黏粒受到上述压力差的作用，泥水渗入土层，形成与土体颗粒间隙成一定比例的悬浮颗粒，被捕获并积聚于掘进面土体与泥水的接触表面，泥膜就此形成。在泥水平衡盾构理论中，泥膜对提高掘进面的稳定性有着至关重要的作用，尤其在均匀系数较小的砂层中稳定作用尤为显著。随着时间的推移，泥膜厚度不断增加，渗透抵抗力逐渐增强。当泥膜抵抗力大于正面土压时，产生泥水平衡效果。

2）输送渣土

泥水盾构开挖的渣土可通过泥浆输送至地面。泥浆具有携渣和排渣的功能。对于泥浆的携渣功能，尤其针对砂卵石地层，要求泥浆具有较好的流动性。刀盘切削后的土体、砂石等杂物与泥浆混合后被排出地面。渣土通过管路排出时，若泥浆的黏滞性能、流动性能较差，则在排渣途中极易造成管道堵塞、沉积等风险。

要确保掘进面切削下的土颗粒被泥浆携带流出，首先要保证泥浆中的颗粒不能沉淀，颗粒在泥浆中有一定的流动性，能够保持泥浆最低流动速度。而对于较大粒径的卵石，要使其能安全流出，必须保证卵石的最小泥浆流速。

3）稳定掘进面

稳定掘进面是泥浆最重要的作用。盾构施工时泥浆压力等于地层土压力和水压力之和是掘进面稳定的理想情况。由于泥浆压力不能直接作用于土体骨架上，因此要将泥浆压力转换为有效应力，而泥膜正是泥浆压力和有效应力转换的中间介质。由此可知，泥浆实现掘进面稳定是由下列三个因素共同综合作用维持：

（1）泥浆的压力平衡土压力和水压力；

（2）泥浆在掘进面上形成不透水的泥膜，让泥浆压力有效地发挥作用；

（3）泥浆从掘进面渗透到一定范围的地层中，使掘进面地层增加黏聚力。

泥水压力稳定掘进面时，主要考虑三种压力：主动土压力、静止土压力和松弛土压力。若以控制地表沉降为目标则采用静止土压力为上限数值；若以稳定掘进面为目标则应采用主动土压力为下限数值；而针对大直径泥水盾构则应考虑不同阶段泥浆压力的变化。

2. 泥浆配制主要材料

根据前期试验室内进行的泥浆配合、成膜规律以及新旧泥浆携渣能力的相关试验结果，现场所用泥浆主要采用了施工现场的黏土与膨润土的混合物为固相材料的混合固相聚合物泥浆，其主要组成材料有：水、现场黏土（渣土）、膨润土和添加剂。

黏土主体化学成分是硅铝氧化物和水，其特征是与适量水结合可调成可绕指的软泥，一般呈细分散颗粒，具有颗粒细、可塑性强、结合性好等特点。黏土颗粒的比表面积较大，且带有负电性，可吸附泥浆中的阳离子，因此具有良好的表面活性及物理吸附性。黏土在泥浆中的主要作用是造浆，增大泥浆黏度等作用。黏土是泥浆在工程中的主要成分之一，既有在泥浆配制过程中加入的，也有在盾构工程中，开挖面上切削下来的渣土中的黏土。现场试验中所采用的黏土主要来自从开挖面上切削下来的渣土中的黏土。

膨润土作为黏土的补充材料，盾构泥浆中的膨润土通常采用钠基膨润土和钙基膨润土两类，根据前期试验结果钠基膨润土膨化效果较好，所以现场试验也采用了钠基膨润土。膨润土在泥浆中有膨化性、润滑性、维持泥浆稳定性。其中膨化性是指使用泥浆时需要提前 24h 制备，主要考虑到了膨润土的膨化性能，膨润土在泥浆中吸收大量自由水，体积膨胀变化，既能提高泥浆的黏度，又能降低泥浆的失水量；润滑性是指膨润土在水中膨化后形成了胶体溶液，从而使浆液更加润滑；维持泥浆稳定性是指膨润土颗粒在泥浆中膨化后，颗粒分散开来，从而使得泥浆不容易产生分层现象。

泥浆的添加剂对泥浆的性能起极其重要的作用，少量的加入就可以很大程度地改变泥浆的整体性能，所以添加剂对泥浆的配制必不可少。前期室内试验中使用的添加剂主要是 CMC（羧甲基纤维素）和纯碱（Na_2CO_3），根据试验结果以及考虑成本问题，现场所选用的添加剂主要是 CMC，考虑到现场的砂卵石地层具有渗透性高、胶结性差等特点，在添加 CMC 的同时也选择添加适量的泡沫剂。

根据在大埋深高水压砂卵石地层的泥水盾构工程的实际施工情况，以及上述几章的试验数据，选取出满足泥浆特性指标的几组配比方案如表 3-5 所示进行测试，测试结果见表 3-6。

现场泥浆配比组成　　　　　　　　　　　　　　　表 3-5

编号	新制泥浆配比组成						新旧泥浆比例
	现场黏土/g	膨润土/g	水/g	CMC/g	纯碱/g	外掺润滑剂/%	
1	100	50	1000	2	2.2	2	80：20
2	100	50	1000	2	2.2	2	60：40
3	100	50	1000	2	2.2	2	40：60
4	100	50	1000	2	2.2	2	20：80
5	100	60	1000	2	2.2	2	80：20
6	100	60	1000	2	2.2	2	60：40
7	100	60	1000	2	2.2	2	40：60
8	100	60	1000	2	2.2	2	20：80
9	100	70	1000	2	2.2	2	80：20
10	100	70	1000	2	2.2	2	60：40
11	100	70	1000	2	2.2	2	40：60
12	100	70	1000	2	2.2	2	20：80

现场泥浆的性能　　　　　　　　　　　　　　　表 3-6

编号	黏度/s	pH 值	失水量/mL	密度/（g/cm³）	成膜质量反馈	开挖稳定性反馈
1	25	9	18	1.22	一般	一般
2	22.1	9	20	1.25	较好	较好
3	18	8	25	1.25	较好	较好
4	19	9	27	1.24	下降	下降
5	26	10	19	1.21	一般	一般
6	26	9	20	1.23	较好	较好
7	20	10	23	1.22	较好	较好
8	19	9	26	1.21	下降	下降
9	25	8	15	1.21	一般	一般
10	28	9	18	1.24	较好	较好
11	23	9	20	1.21	较好	较好
12	20	10	25	1.21	下降	下降

从表 3-6 可知，现场施工运行中泥浆的性能依然是随着膨润土的增加其黏度逐渐增加而失水量不断降低，随着废弃泥浆的逐渐增加，混合泥浆的性能逐渐劣化，当废弃泥浆超过 80%后泥浆的性能明显变差。泥浆的 pH 值和泥浆的密度整体变化不大。综合泥浆的组成材料、泥浆的黏度等性能指标以及泥浆的经济性，现场施工中选择配比 6、7、10 作为施工配比。

3. 现场应用效果

山西省小浪底引黄工程Ⅶ标 2 号隧洞全长 5514.5m，采用一台泥水平衡盾构机自下游向上游掘进，纵坡 1/3000。本工程的施工特点主要体现在：施工距离长、隧道埋深大、地下水位高、水土压力大、地层松散、密闭性差掌子面难以形成完整的泥膜，开挖面自稳性差，类似地层水土压力高达 12bar。

现场实验发现工程段为富水砂土地层和富水卵石地层，孔隙比大，漏失量亦大，纯膨润土浆液损失大，不利于泥膜形成，相对密度 1.1 左右的泥浆悬浮能力有限，所以如采用纯膨润土制备泥浆效果很可能不理想，且泥浆成本较高，不利于现场实际使用。但如果只采用开挖黏土配制泥浆，则泥浆黏度较低，浆体滤失量、含砂量较高，降低了浆体的携渣能力（图 3-2）。

因此，现场泥浆需以现场开挖黏土和膨润土一起作为基本固相材料，另需添加各种添加剂，来提高泥浆悬浮能力，同时也需要提高泥浆中大颗粒物质含量，有利于在孔隙比较大的地层形成有效泥膜。经过探索不同相对密度泥浆的影响规律，最终选取泥浆相对密度为 1.14～1.23。

图 3-2　现场黏土泥浆

富水砂土和卵石地层除了需要较高的泥浆相对密度外，还需要泥浆有较高的黏度，黏度值高的泥浆有利于形成泥膜、提高护壁和携渣能力（图 3-3）。但过高的泥浆黏度会影响漩流器工作能力，同时分离效果较差。根据现场施工情况来看，泥浆的漏斗黏度选取 25～30s 较为合适，当泥浆黏度值在 30s 左右时，泥浆含砂率低于 4%，滤失量约为 16mL，此时泥浆的 pH 值一般为 8～10。

图 3-3　配制泥浆的循环利用

结合现场实际情况和室内泥浆配制试验的结果，最终确定现场用泥浆的配比为：

（1）富水砂土地层

现场黏土 10%～13%（占浆体总重量比例）、钠基膨润土用量在 6%～8%、CMC 用量在 2.5%～3.5%、Na_2CO_3 为 2%～3%。所制备的泥浆相对密度在 1.18～1.23、漏斗黏度在 25～30s、滤失量 11～16mL。

（2）富水卵石地层

现场黏土用量在 14%～16%（占浆体总重量比例）、钠基膨润土用量在 6.5%～8%、CMC 用量在 2.5%～3.5%、Na_2CO_3 添加量为 1.5%～2.5%。所制备的泥浆相对密度在 1.16～1.22、黏度在 25～29s、滤失量为 14～17mL、含砂率为 6%～8%。

施工过程中，泥水盾构掘进平稳，开挖面稳定，泥浆效果良好，相对来说膨润土使用量较低，现场渣土用量较高，从而降低了泥浆成本且减少了渣土排放，有效提高了施工效率，减少资源浪费。

3.3　废浆再利用研究

盾构在不同复合地层施工时，存在泥浆中超细颗粒及有害杂质分离困难，传统废浆处理工艺存在处理效率低、设备投入量大、废浆中可再造浆颗粒浪费大等问题。针对不同复合地层中盾构泥浆超细颗粒及有害杂质的特性，优化多级处理流线，构建了盾构泥水分离工艺、盾构泥浆快速高效筛分脱水和多级旋流处理工艺的梯次组合，提出了盾构工程泥浆湿法梯次分离循环利用技术，如图 3-4 所示。

针对盾构在施工时，通过盾构工程泥浆湿法梯次分离技术将产生的废弃泥浆由泥浆泵输送至大块分离机，首先将大于 50mm 的土块、泥团进行分离，当盾构在砂层、岩层施工时，盾构产生的废弃泥浆则通过预筛机将 3～50mm 的砂石、小泥团进行初步分离，这一部分产生的渣土由于粒径较大可直接进行渣土外运再利用。经过初步分离泥浆由泥浆管输送至储浆槽由透筛进一步分离 0.045～3mm 的砂粒，并由脱水筛脱水后外运再利用。泥浆槽泥浆由泥浆泵泵入旋流器组进行旋流筛分，低流泥浆经脱水筛分离后外运再利用。泥浆经旋流组处理后进入沉淀池经过多级沉淀上部清水循环再利用，低相对密度泥浆经过二级浓缩进入压滤机脱水处理，将小于 0.045mm 的黏粒脱水进行外运再利用。

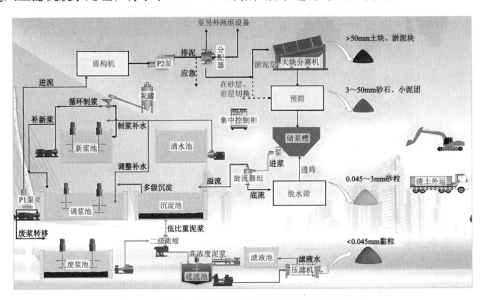

图 3-4　盾构工程泥浆湿法梯次分离循环利用技术

第 4 章

砂卵石地层大埋深高水压盾构开挖面失稳破坏机制研究

4.1　盾构隧道开挖面稳定性的排水效应分析

隧道开挖会破坏初始地下水平衡，地下水会向着开挖面方向流动，地下水的渗流作用严重影响着开挖面的稳定性。当地层渗透系数较大或盾构掘进速度较慢时，地下水渗流最终达到稳定状态，超孔隙水压力完全消散，孔隙水压力分布不再发生变化，此时应对开挖面稳定性进行排水效应分析。本章针对排水条件下隧道开挖面稳定性的现有分析方法中的不足之处，深入开展了排水条件下盾构隧道开挖面稳定性研究，根据开挖面的水压力情况，将开挖面的总极限支护力分成有效支护力、水压力和渗透力三部分组成，分三种情况（开挖面水压力为零、开挖面水压力介于零和初始静水压力之间、开挖面水压力为初始静水压力）对开挖面稳定性展开分析，得到开挖面主动破坏时总极限支护力的分析方法，并与数值解进行了对比验证。

1. 排水条件下隧道开挖面稳定性的现有理论分析方法

（1）现有理论分析方法

Lee 等在 Leca 和 Dormieux 提出的两个刚性截锥体破坏模式的基础上，考虑了地下水的渗流作用，提出了稳态渗流情况下的隧道开挖面总极限支护力的分析方法（图 4-1）。国内学者高健等针对强透水地层中盾构隧道开挖面稳定性问题，分析了稳态渗流情况下开挖面的总极限支护力。他们均假设开挖面的水压力为零，认为开挖面的总极限支护力等于作用在开挖面的有效支护压力和地下水渗流作用引起的开挖面渗透力的总和。其中，作用在开挖面的有效支护压力通过极限分析上限法或极限平衡法代入有效重度求得，而开挖面的渗透力通过数值模拟得到。采用数值模拟求解开挖面渗透力的步骤如下：首先通过单渗流场分析得到地层的孔隙水压力分布情况，将隧道开挖面前方假设的破坏区划分为多个小单元，并分别计算各个单元的水头差；然后计算各个单元的水力梯度并计算渗透力，将破坏区内所有单元的渗透力相加，即可得到作用在开挖面上的总的渗透力；最后将总的渗透力除以破坏区面积即可得到开挖面上的平均渗流压力。

研究结果表明，开挖面的渗透力随着 H/D（H 为水位线到隧道拱顶高度，D 为隧道直径）的增大而近似线性增大，而开挖面的渗透力比（渗透力与隧道中心点的初始静水压力的比值）基本不随 H/D 的变化而变化；考虑渗流情况下的开挖面总极限支护力要远大于无水情况下的总极限支护力，且考虑渗流时，渗透力占总极限支护力的主要部分，随着水位线的升高，渗透力在总极限支护力中所占的相对密度也增大，严重影响着开挖面的稳定性，不容忽略。

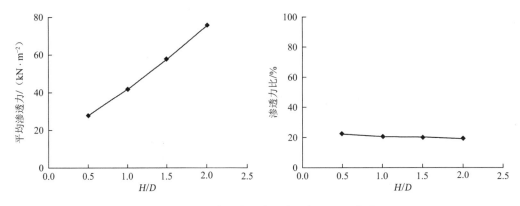

图 4-1　平均渗透力和渗透力比与 H/D 的关系

（2）存在的不足

采用表 4-1 所示的土体参数，盾构隧道直径 $D = 10\text{m}$，埋深 $C = 2.0D$，按照 Lee 等提出的方法，计算不同水位线高度时该盾构隧道主动破坏时开挖面的总极限支护力，并与 FLAC³D 数值模拟结果进行对比，对比结果如图 4-2 所示。

土体物理力学参数　　　　　　　　　　　　　　　　　　　　　　　表 4-1

材料特性	干重度/（kN/m³）	饱和重度/（kN/m³）	有效重度/（kN/m³）	黏聚力/kPa	内摩擦角/°	土体渗透系数/（m/s）	孔隙率
数值	18	23	13	0	25	1×10^{-5}	0.5

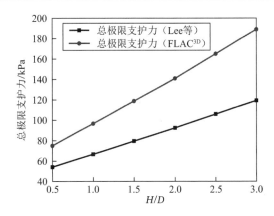

图 4-2　总极限支护力的对比（Lee 等和 FLAC³D）

从图 4-2 可以看出，采用 Lee 等提出的方法得到的总极限支护力要远小于 FLAC³D 数值模拟的结果，且随着 H/D 的增大，两者之间的差距增大。这说明，Lee 等提出的方法在求解排水条件下隧道开挖面主动破坏时的总极限支护力时存在不足之处。分析认为，这是由于 Lee 等在分析开挖面受到的渗透力时，仅考虑了开挖面的渗透力作用，而未考虑整个破坏区土体的渗流作用产生的渗透力对开挖面的破坏作用，其总极限支护力的最终结果是偏于不安全的，刘维等已针对这一不足之处作出了进一步研究。另外，Lee 等提出的计算渗透力的方法较为模糊，没有非常清晰明确的求解过程，且不易操作，比如破坏区的划分问题以及每个单元渗透力的求解问题，不便于直接获得开挖面受到的总渗透力的值。当前关于排水条件下开挖面稳定性的研究大多是在假定开挖面水压力为零的情况下进行的，而实际盾构隧道开挖面的水压力一般不为零。

综上所述，排水条件下盾构隧道开挖面稳定性的理论分析方法仍需要进一步深入研究。

2. 排水条件下盾构隧道开挖面稳定性分析方法概述

（1）分析方法概述

在排水条件下，地下水渗流达到稳定状态时，对盾构开挖面这一边界进行受力分析，开挖面前方受到地下水作用在开挖面的水压力和土骨架作用在开挖面的有效应力，开挖面后方受到盾构机提供的支护压力。也就是说，在极限平衡状态下，开挖面主动破坏时的总极限支护力就等于开挖面前方地下水作用在开挖面的水压力与土骨架作用在开挖面的有效应力之和，如图 4-3 所示。土骨架作用在开挖面的有效应力又包括两部分：土骨架自重引起的有效应力和地下水渗流作用引起的有效应力（即渗透力）。因此，在排水条件下，开挖面主动破坏时的总极限支护压力就包括三部分：作用在开挖面的水压力、土骨架自重引起的有效应力（称为有效支护力）和总渗透力（开挖面以及破坏区范围内所有土体渗流作用对开挖面总的破坏作用）。需要指出的是，这里的总渗透力指的是一个均布压力，"总"表示的是开挖面以及破坏区范围内所有土体对开挖面的渗透力破坏作用。

综上分析可知，根据作用在开挖面的水压力的情况，可以将排水条件下稳态渗流时盾构隧道开挖面主动破坏时极限支护力的计算大致分为三种情况：

①作用在开挖面的水压力为零：此时，开挖面的总极限支护力等于土骨架自重引起的有效应力（有效支护力）与开挖面受到的总渗透力两部分的和；

②作用在开挖面的水压力介于零和初始静水压力 P_0 之间：此时，开挖面的总极限支护力等于开挖面的水压力、土骨架自重引起的有效应力（有效支护力）与开挖面受到的总渗透力三部分的和；

③作用在开挖面的水压力为初始静水压力 P_0：此时，开挖面的总极限支护力等于初始静水压力 P_0 与土骨架自重引起的有效应力（有效支护力）两部分的和。其中，$P_0 = \gamma_w(H + D/2)$，γ_w 为水的重度。

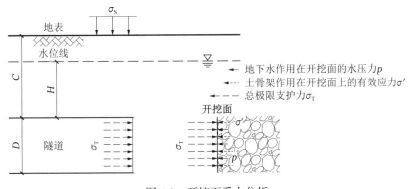

图 4-3　开挖面受力分析

本书主要针对开挖面水压力为 0、$0.25P_0$、$0.5P_0$、$0.75P_0$ 和 P_0 这五种情况的开挖面主动破坏时总极限支护力的分析方法展开研究。

（2）有效支护力的计算

采用已有文献中的破坏模式，基于极限分析上限法，推导开挖面主动破坏时有效支护力的计算公式，这里不再列出。将各个角度参数的变化范围作为约束条件，采用 MATLAB 对有效支护力的目标函数进行优化，得到有效支护力的最优解。在计算时，若地下水水位线位于地表以上，则整个土体都用有效重度计算；若地下水水位线位于地表以下时，则对于水位线以上的土体采用干重度计算，水位线以下的土体采用有效重度代入计算。

（3）总渗透力的分析方法

由于三维稳态渗流微分方程难以求解，故而无法通过理论方法直接得到三维稳态渗流条件下渗透力的解析解。因此，本章在求解某一工况开挖面受到的总渗透力时，采用逆推法，先用数值模拟得到开挖面的总极限支护力值，减去用极限分析法得到的有效支护力值，而后再减去作用在开挖面的水压力值，即可得到该工况下开挖面受到的总渗透力值。

由于影响开挖面受到的总渗透力的因素有很多，比如隧道尺寸、隧道埋深、水位线高度、破坏区范围等，因此，直接得到关于这些因素的总渗透力的拟合公式非常困难。根据已有研究（Lee 等）可知，渗透力比（开挖面的渗透力与隧道中心点的初始静水压力的比值）基本不随 H/D 的变化而变化。针对 Lee 等研究中的不足，将破坏区的渗透力也计算在内，发现总渗透力比（开挖面受到的总渗透力与开挖面中心点初始静水压力的比值）也是基本不随 H/D 的变化而变化的，如图 4-4 所示。因而设想，若通过对总渗透力比进行影响因素分析，发现影响总渗透力比的因素较少，或者仅有一两个，则关于这一两个因素的总渗透力比的拟合公式较为容易获得，总渗透力比求出之后，由于开挖面中心点的初始静水压力已知，那么总渗透力也就容易求出了。

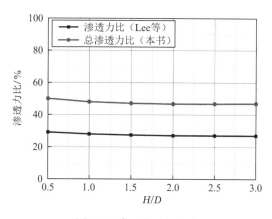

图 4-4　渗透力比的对比

3. 基于数值模拟的总渗透力计算拟合公式

当开挖面水压力小于初始静水压力时，由于水头差的作用，开挖面将受到地下水的渗流作用，产生渗透力。限于篇幅，本节仅针对开挖面水压力为 0 和开挖面水压力为 $0.5P_0$ 的情况对总渗透力比进行影响因素分析；然后通过曲线拟合得到开挖面水压力为 0、$0.25P_0$、$0.5P_0$、$0.75P_0$ 情况下的总渗透力比拟合公式。值得注意的是，为了方便下文分析，在这里需

将总渗透力比重新定义，以便把以上各种情况统一起来，使其意义更加明确。总渗透力比新定义为

$$总渗透力比 = \frac{开挖面受到的总渗透力}{开挖面中心点的初始静水压力与开挖面水压力之差}$$

猜想影响总渗透力的因素有：隧道直径D，隧道埋深C，水深H，黏聚力c，内摩擦角φ，土体有效重度等。因而，采用控制变量法，控制其他参数不变，只改变其中一个参数，分别研究总渗透力比与H/D、C/D、黏聚力、内摩擦角以及土体有效重度的关系。

4. 总渗透力比影响因素分析

（1）H/D的影响

基于表 4-1 所示的土体参数，盾构隧道直径$D = 10$m，埋深$C = 2.0D$，采用数值模拟分别计算$H/D = 0.5$、1.0、1.5、2.0、2.5、3.0 情况下开挖面水压力为 0 和开挖面水压力为 $0.5P_0$时开挖面受到的总渗透力，两种水压力情况下总渗透力比随H/D的变化曲线如图 4-5 所示。可以看出：无论开挖面水压力为 0 还是开挖面水压力为 $0.5P_0$，总渗透力比受H/D的影响非常小，除$H/D = 0.5$的情况以外，基本不随H/D的变化而变化。

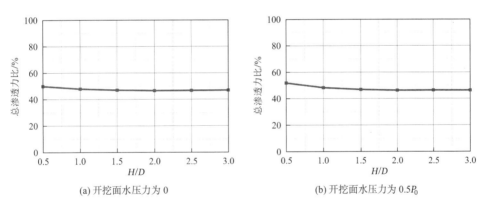

(a) 开挖面水压力为 0   (b) 开挖面水压力为 $0.5P_0$

图 4-5 总渗透力比与H/D的关系

（2）C/D的影响

基于表 4-1 所示的土体参数，盾构隧道直径$D = 10$m，水深$H = 2.0D$，采用数值模拟分别计算$C/D = 0.5$、1.0、1.5、2.0、2.5、3.0 情况下开挖面水压力为零和开挖面水压力为 $0.5P_0$时开挖面受到的总渗透力，两种水压力情况下总渗透力比随C/D的变化曲线如图 4-6 所示。可以看出：无论开挖面水压力为 0 还是开挖面水压力为 $0.5P_0$，总渗透力比受C/D的影响非常小，基本不随C/D的变化而变化。

（3）土体有效重度的影响

基于表 4-1 所示的土体参数（有效重度除外），盾构隧道直径$D = 10$m，隧道埋深$C = 2.0D$，水深$H = 2.0D$，采用数值模拟分别计算土体有效重度为 10kN/m³、11kN/m³、12kN/m³、13kN/m³、14kN/m³ 情况下开挖面水压力为零和开挖面水压力为 $0.5P_0$时开挖面受到的总渗透力，两种水压力情况下总渗透力比随土体有效重度的变化曲线如图 4-7 所示。可以看出：无论开挖面水压力为 0 还是开挖面水压力为 $0.5P_0$，总渗透力比受土体有效重度的影响非常小，基本不随土体有效重度的变化而变化。

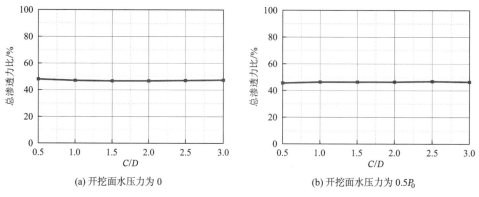

(a) 开挖面水压力为 0   (b) 开挖面水压力为 $0.5P_0$

图 4-6   总渗透力比与 C/D 的关系

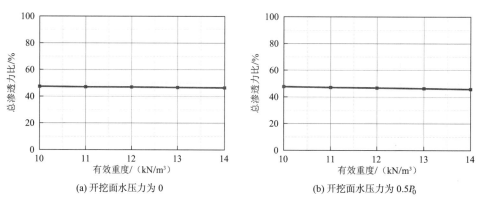

(a) 开挖面水压力为 0   (b) 开挖面水压力为 $0.5P_0$

图 4-7   总渗透力比与有效重度的关系

（4）土体黏聚力的影响

基于表 4-1 所示的土体参数（黏聚力除外），盾构隧道直径 $D = 10\text{m}$，隧道埋深 $C = 2.0D$，水深 $H = 2.0D$，采用数值模拟分别计算土体黏聚力为 0、5kPa、10kPa、15kPa、20kPa 情况下开挖面水压力为 0 和开挖面水压力为 $0.5P_0$ 时开挖面受到的总渗透力，两种水压力情况下总渗透力比随土体黏聚力的变化曲线如图 4-8 所示。可以看出：无论开挖面水压力为 0 还是开挖面水压力为 $0.5P_0$，总渗透力比受土体黏聚力的影响较小，基本不随土体黏聚力的变化而变化。

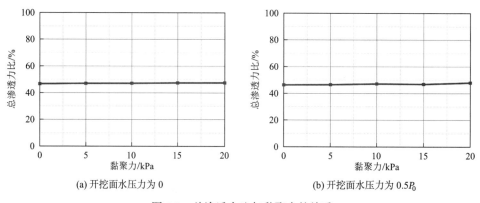

(a) 开挖面水压力为 0   (b) 开挖面水压力为 $0.5P_0$

图 4-8   总渗透力比与黏聚力的关系

（5）土体内摩擦角的影响

基于表 4-1 所示的土体参数（内摩擦角除外），盾构隧道直径 $D = 10\text{m}$，隧道埋深 $C = 2.0D$，水深 $H = 2.0D$，采用数值模拟分别计算土体内摩擦角为 20°、25°、30°、35°、40°情况下，开挖面水压力为 0 和开挖面水压力为 $0.5P_0$ 时，开挖面受到的总渗透力，两种水压力情况下总渗透力比随土体内摩擦角的变化曲线如图 4-9 所示。可以看出：无论开挖面水压力为 0 还是开挖面水压力为 $0.5P_0$，总渗透力比受土体内摩擦角的影响较为明显，基本表现出随土体内摩擦角的增大，总渗透力比逐渐减小，且近似线性减小。

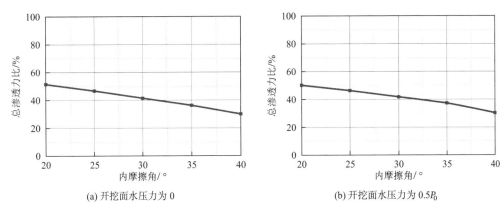

(a) 开挖面水压力为 0　　　　　　　　(b) 开挖面水压力为 $0.5P_0$

图 4-9　总渗透力比与内摩擦角的关系

（6）隧道直径的影响

基于表 4-1 所示的土体参数，隧道埋深 $C = 2.0D$，采用数值模拟分别计算直径为 6m、8m、10m、12m、14m、16m，H/D 为 0.5、1.0、1.5、2.0、2.5、3.0 情况下，开挖面水压力为 0 和开挖面水压力为 $0.5P_0$ 时开挖面受到的总渗透力，其中两种水压力情况下总渗透力比随内摩擦角的变化曲线如图 4-10 所示，其中每种隧道直径对应的总渗透力比的值是该隧道直径在 $H/D = 0.5 \sim 3.0$ 六种情况下的总渗透力比的平均值。可以看出：无论开挖面水压力为 0 还是开挖面水压力为 $0.5P_0$，总渗透力比受隧道直径的影响较为明显，基本表现出随隧道直径的增大，总渗透力比逐渐增大，且在直径小于 12m 时近似线性增大，而直径大于 12m 后增大趋势变缓。

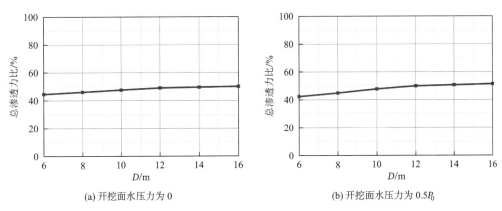

(a) 开挖面水压力为 0　　　　　　　　(b) 开挖面水压力为 $0.5P_0$

图 4-10　总渗透力比与隧道直径的关系

综合以上分析可知：H/D、C/D、土体有效重度以及土体黏聚力的变化对总渗透力比的影响较小，而土体内摩擦角和隧道直径对总渗透力比的影响较大，不能忽略。因此，接下来将针对开挖面水压力为 0、$0.25P_0$、$0.5P_0$、$0.75P_0$ 四种情况，采用数值模拟的方法，仅考虑土体内摩擦角和隧道直径的影响，分析不同内摩擦角情况下总渗透力比随隧道直径的变化关系，进而得到不同内摩擦角情况下总渗透力比与隧道直径的拟合关系式。

5. 开挖面水压力为零时的总渗透力比曲线拟合

基于表 4-1 所示的土体参数（内摩擦角除外），针对五种不同的内摩擦角（20°、25°、30°、35°、40°），采用数值模拟方法分别计算直径为 6m、8m、10m、12m、14m、16m 情况下的总渗透力比，每种直径所对应的总渗透力比通过求解六种 H/D（$H/D = 0.5$、1.0、1.5、2.0、2.5、3.0）情况下总渗透力比的平均值获得，总计 180 组工况，每组工况的总极限支护力通过数值模拟基于二分法得到，有效支护力通过极限分析法得到。

（1）内摩擦角为 20°

内摩擦角为 20°时，数值模拟得到的不同直径不同 H/D 的总渗透力比的结果如表 4-2 所示。取每种隧道直径所对应的六种 H/D 情况下求得的总渗透力比的平均值，并定义隧道直径比 D/D_{max}（当前隧道直径 D 与隧道直径的最大值 $D_{max} = 16m$ 之比，下同），然后通过曲线拟合，得到内摩擦角为 20°时，可决系数 R^2 为 0.996 的总渗透力比随隧道直径比的拟合曲线，如图 4-11 所示。

内摩擦角为 20°时总渗透力比结果 表 4-2

直径/m		$H/D = 0.5$	$H/D = 1.0$	$H/D = 1.5$	$H/D = 2.0$	$H/D = 2.5$	$H/D = 3.0$	平均值
6	静水压力/kPa	60	90	120	150	180	210	
	有效支护力/kPa	23.621	22.876	22.63	22.549	22.638	22.728	
	总极限支护力/kPa	52.2	66.15	80.85	95.91	111.375	127.575	
	总渗透力/kPa	28.579	43.274	58.22	73.361	88.737	104.847	
	总渗透力比/%	47.63	48.08	48.52	48.91	49.30	49.93	48.73
8	静水压力/kPa	80	120	160	200	240	280	
	有效支护力/kPa	31.494	30.501	30.174	30.066	30.184	30.304	
	总极限支护力/kPa	72	90.72	110.44	130.18	151.5	172.8	
	总渗透力/kPa	40.506	60.219	80.266	100.114	121.316	142.496	
	总渗透力比/%	50.63	50.18	50.17	50.06	50.55	50.89	50.41
10	静水压力/kPa	100	150	200	250	300	350	
	有效支护力/kPa	39.368	38.127	37.717	37.582	37.73	37.88	
	总极限支护力/kPa	92.5	116.025	140.8	166.175	192.5	220.05	
	总平均渗透力/kPa	53.132	77.898	103.083	128.593	154.77	182.17	
	总平均渗透力比/%	53.13	51.93	51.54	51.44	51.59	52.05	51.95

续表

直径/m		$H/D=0.5$	$H/D=1.0$	$H/D=1.5$	$H/D=2.0$	$H/D=2.5$	$H/D=3.0$	平均值
12	静水压力/kPa	120	180	240	300	360	420	
	有效支护力/kPa	47.242	45.752	45.26	45.099	45.276	45.456	
	总极限支护力/kPa	113.4	142.38	172.26	203.55	235.5	268.92	
	总渗透力/kPa	66.158	96.628	127	158.451	190.224	223.464	
	总渗透力比/%	55.13	53.68	52.92	52.82	52.84	53.21	53.43
14	静水压力/kPa	140	210	280	350	420	490	
	有效支护力/kPa	55.115	53.378	52.804	52.615	52.822	53.032	
	总极限支护力/kPa	133	166.845	202.51	239.085	277.375	315.63	
	总平均渗透力/kPa	77.885	113.467	149.706	186.47	224.553	262.598	
	总平均渗透力比/%	55.63	54.03	53.47	53.28	53.47	53.59	53.91
16	静水压力/kPa	160	240	320	400	480	560	
	有效支护力/kPa	62.989	61.003	60.347	60.132	60.368	60.609	
	总极限支护力/kPa	153.6	191.52	232.32	274.16	319	362.88	
	总渗透力/kPa	90.611	130.517	171.973	214.028	258.632	302.271	
	总渗透力比/%	56.63	54.38	53.74	53.51	53.88	53.98	54.35

由拟合曲线可以得到，内摩擦角为 20° 时总渗透力比与隧道直径比之间关系的拟合公式如式(4-1)所示，其中 y 表示总渗透力比，x 表示隧道直径比。

$$y = -11.927x^2 + 25.568x + 40.734 \tag{4-1}$$

也就是说，当地层内摩擦角为 20° 时，根据当前隧道直径 D，求出隧道直径比 D/D_{max}，将隧道直径比（x）代入式(4-1)即可得到开挖面总渗透力比（y）的值。

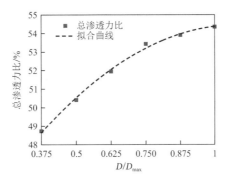

图 4-11　内摩擦角为 20° 时总渗透力比与隧道直径比的关系

（2）内摩擦角为 25°

内摩擦角为 25° 时，数值模拟得到的不同直径不同 H/D 的总渗透力比的结果如表 4-3 所示。取每种隧道直径所对应的六种H/D情况下求得的总渗透力比的平均值，然后通过曲线拟合，得到内摩擦角为25°时可决系数R^2为0.9959的总渗透力比随隧道直径比的拟合曲线，如图4-12所示。

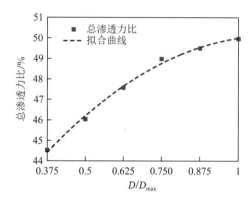

图4-12 内摩擦角为25°时总渗透力比与隧道直径比的关系

由拟合曲线可以得到，内摩擦角为25°时总渗透力比与隧道直径比之间关系的拟合公式如式(4-2)所示，其中y表示总渗透力比，x表示隧道直径比。

$$y = -10.645x^2 + 23.552x + 37.088 \tag{4-2}$$

也就是说，当地层内摩擦角为25°时，根据当前隧道直径D，求出隧道直径比D/D_{max}，将隧道直径比（x）代入式(4-2)即可得到开挖面总渗透力比（y）的值。

内摩擦角为25°时总渗透力比结果　　　　　　　　表4-3

直径/m		$H/D=0.5$	$H/D=1.0$	$H/D=1.5$	$H/D=2.0$	$H/D=2.5$	$H/D=3.0$	平均值
6	静水压力/kPa	60	90	120	150	180	210	
	有效支护力/kPa	15.023	14.824	14.79	14.785	14.789	14.793	
	总极限支护力/kPa	41.7	54.81	67.98	81.08	95.25	109.35	
	总渗透力/kPa	26.677	39.986	53.19	66.295	80.461	94.557	
	总渗透力比/%	44.46	44.43	44.33	44.20	44.70	45.03	44.53
8	静水压力/kPa	80	120	160	200	240	280	
	有效支护力/kPa	20.03	19.765	19.721	19.713	19.718	19.724	
	总极限支护力/kPa	58	75.18	92.84	110.4	129.5	147.96	
	总渗透力/kPa	37.97	55.415	73.119	90.687	109.782	128.236	
	总渗透力比/%	47.46	46.18	45.70	45.34	45.74	45.80	46.04

续表

直径/m		$H/D = 0.5$	$H/D = 1.0$	$H/D = 1.5$	$H/D = 2.0$	$H/D = 2.5$	$H/D = 3.0$	平均值
10	静水压力/kPa	100	150	200	250	300	350	
	有效支护力/kPa	25.038	24.707	24.651	24.641	24.648	24.655	
	总极限支护力/kPa	75	96.6	118.8	141.45	165	189	
	总平均渗透力/kPa	49.962	71.893	94.149	116.809	140.352	164.345	
	总平均渗透力比/%	49.96	47.93	47.07	46.72	46.78	46.96	47.57
12	静水压力/kPa	120	180	240	300	360	420	
	有效支护力/kPa	30.045	29.648	29.581	29.569	29.578	29.586	
	总极限支护力/kPa	91.8	118.44	145.86	173.88	203.25	232.47	
	总渗透力/kPa	61.755	88.792	116.279	144.311	173.672	202.884	
	总渗透力比/%	51.46	49.33	48.45	48.10	48.24	48.31	48.98
14	静水压力/kPa	140	210	280	350	420	490	
	有效支护力/kPa	35.053	34.589	34.511	34.498	34.507	34.517	
	总极限支护力/kPa	108.5	139.65	171.71	204.47	238	272.16	
	总平均渗透力/kPa	73.447	105.061	137.199	169.972	203.493	237.643	
	总平均渗透力比/%	52.46	50.03	49.00	48.56	48.45	48.50	49.50
16	静水压力/kPa	160	240	320	400	480	560	
	有效支护力/kPa	40.06	39.531	39.441	39.426	39.437	39.448	
	总极限支护力/kPa	124.8	161.28	198	234.6	274	313.2	
	总渗透力/kPa	84.74	121.749	158.559	195.174	234.563	273.752	
	总渗透力比/%	52.96	50.73	49.55	48.79	48.87	48.88	49.96

（3）内摩擦角为 30°

内摩擦角为 30°时，数值模拟得到的不同直径、不同 H/D 的总渗透力比的结果如表 4-4

所示。取每种隧道直径所对应的六种H/D情况下求得的总渗透力比的平均值，并定义隧道直径比D/D_{max}（当前隧道直径与隧道直径的最大值之比），然后通过曲线拟合，得到内摩擦角为30°时，可决系数R^2为0.9949的总渗透力比随隧道直径比的拟合曲线，如图4-13所示。由拟合曲线可以得到，内摩擦角为30°时总渗透力比与隧道直径比之间关系的拟合公式如式(4-3)所示，其中y表示总渗透力比，x表示隧道直径比。

$$y = -10.668x^2 + 23.875x + 31.856 \tag{4-3}$$

也就是说，当地层内摩擦角为30°时，根据当前隧道直径D，求出隧道直径比D/D_{max}，将隧道直径比（x）代入式(4-3)即可得到开挖面总渗透力比（y）的值。

内摩擦角为30°时总渗透力比结果 表4-4

直径/m		$H/D = 0.5$	$H/D = 1.0$	$H/D = 1.5$	$H/D = 2.0$	$H/D = 2.5$	$H/D = 3.0$	平均值
6	静水压力/kPa	60	90	120	150	180	210	
	有效支护力/kPa	10.315	10.281	10.278	10.278	10.278	10.278	
	总极限支护力/kPa	34.2	46.305	57.75	68.31	81	92.745	
	总渗透力/kPa	23.885	36.024	47.472	58.032	70.722	82.467	
	总渗透力比/%	39.81	40.03	39.56	38.69	39.29	39.27	39.44
8	静水压力/kPa	80	120	160	200	240	280	
	有效支护力/kPa	13.753	13.707	13.705	13.704	13.704	13.704	
	总极限支护力/kPa	47.6	63.42	79.2	93.84	110.5	126.9	
	总渗透力/kPa	33.847	49.713	65.495	80.136	96.796	113.196	
	总渗透力比/%	42.31	41.43	40.93	40.07	40.33	40.43	40.92
10	静水压力/kPa	100	150	200	250	300	350	
	有效支护力/kPa	17.191	17.134	17.131	17.13	17.13	17.131	
	总极限支护力/kPa	62	81.9	101.75	120.75	141.875	163.35	
	总平均渗透力/kPa	44.809	64.766	84.619	103.62	124.745	146.219	
	总平均渗透力比/%	44.81	43.18	42.31	41.45	41.58	41.78	42.52
12	静水压力/kPa	120	180	240	300	360	420	
	有效支护力/kPa	20.629	20.561	20.557	20.556	20.557	20.557	
	总极限支护力/kPa	76.8	100.8	125.4	149.73	174.75	200.88	
	总渗透力/kPa	56.171	80.239	104.843	129.174	154.193	180.323	
	总渗透力比/%	46.81	44.58	43.68	43.06	42.83	42.93	43.98

续表

直径/m		$H/D = 0.5$	$H/D = 1.0$	$H/D = 1.5$	$H/D = 2.0$	$H/D = 2.5$	$H/D = 3.0$	平均值
14	静水压力/kPa	140	210	280	350	420	490	
	有效支护力/kPa	24.067	23.988	23.983	23.983	23.98	23.98	
	总极限支护力/kPa	90.3	119.07	148.61	176.295	206.5	237.195	
	总平均渗透力/kPa	66.233	95.082	124.627	152.312	182.52	213.215	
	总平均渗透力比/%	47.31	45.28	44.51	43.52	43.46	43.51	44.60
16	静水压力/kPa	160	240	320	400	480	560	
	有效支护力/kPa	27.506	27.415	27.409	27.409	27.409	27.409	
	总极限支护力/kPa	104	136.92	170.72	203.32	238	273.24	
	总渗透力/kPa	76.494	109.505	143.311	175.911	210.591	245.831	
	总渗透力比/%	47.81	45.63	44.78	43.98	43.87	43.90	45.00

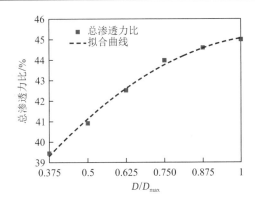

图 4-13　内摩擦角为 30°时总渗透力比与隧道直径比的关系

（4）内摩擦角为 35°

内摩擦角为 35°时，数值模拟得到的不同直径、不同 H/D 的总渗透力比的结果如表 4-5 所示。取每种隧道直径所对应的六种 H/D 情况下求得的总渗透力比的平均值，然后通过曲线拟合，得到内摩擦角为 35°时，可决系数 R^2 为 0.9998 的总渗透力比随隧道直径比的拟合曲线，如图 4-14 所示。由拟合曲线可以得到，内摩擦角为 35°时总渗透力比与隧道直径比之间关系的拟合公式如式(4-4)所示，其中 y 表示总渗透力比，x 表示隧道直径比。

$$y = -16.304x^2 + 34.771x + 22.018 \tag{4-4}$$

也就是说，当地层内摩擦角为 35°时，根据当前隧道直径 D，求出隧道直径比 D/D_{max}，将隧道直径比（x）代入式(4-4)即可得到开挖面总渗透力比（y）的值。

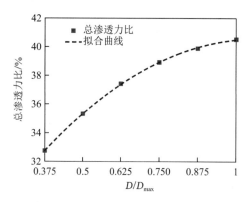

图 4-14　内摩擦角为 35°时总渗透力比与隧道直径比的关系

内摩擦角为 35°时总渗透力比结果　　　　　　　　表 4-5

直径/m		$H/D = 0.5$	$H/D = 1.0$	$H/D = 1.5$	$H/D = 2.0$	$H/D = 2.5$	$H/D = 3.0$	平均值
6	静水压力/kPa	60	90	120	150	180	210	
	有效支护力/kPa	7.4197	7.4166	7.4166	7.4166	7.4166	7.4166	
	总极限支护力/kPa	28.2	36.855	45.87	55.2	65.625	76.545	
	总渗透力/kPa	20.7803	29.4384	38.4534	47.7834	58.2084	69.1284	
	总渗透力比/%	34.63	32.71	32.04	31.86	32.34	32.92	32.75
8	静水压力/kPa	80	120	160	200	240	280	
	有效支护力/kPa	9.893	9.8889	9.8888	9.89	9.89	9.89	
	总极限支护力/kPa	40.4	53.34	65.56	78.2	92	106.38	
	总渗透力/kPa	30.507	43.4511	55.6712	68.31	82.11	96.49	
	总渗透力比/%	38.13	36.21	34.79	34.16	34.21	34.46	35.33
10	静水压力/kPa	100	150	200	250	300	350	
	有效支护力/kPa	12.366	12.361	12.361	12.361	12.361	12.361	
	总极限支护力/kPa	52.5	70.35	86.9	102.925	120.625	139.05	
	总平均渗透力/kPa	40.134	57.989	74.539	90.564	108.264	126.689	
	总平均渗透力比/%	40.13	38.66	37.27	36.23	36.09	36.20	37.43
12	静水压力/kPa	120	180	240	300	360	420	
	有效支护力/kPa	14.839	14.833	14.833	14.833	14.833	14.833	
	总极限支护力/kPa	64.8	86.94	108.24	128.34	150	172.53	
	总渗透力/kPa	49.961	72.107	93.407	113.507	135.167	157.697	
	总渗透力比/%	41.63	40.06	38.92	37.84	37.55	37.55	38.92

续表

直径/m		H/D = 0.5	H/D = 1.0	H/D = 1.5	H/D = 2.0	H/D = 2.5	H/D = 3.0	平均值
14	静水压力/kPa	140	210	280	350	420	490	
	有效支护力/kPa	17.313	17.306	17.305	17.305	17.305	17.305	
	总极限支护力/kPa	77	103.635	128.59	152.95	179.375	206.01	
	总平均渗透力/kPa	59.687	86.329	111.285	135.645	162.07	188.705	
	总平均渗透力比/%	42.63	41.11	39.74	38.76	38.59	38.51	39.89
16	静水压力/kPa	160	240	320	400	480	560	
	有效支护力/kPa	19.786	19.778	19.778	19.778	19.778	19.778	
	总极限支护力/kPa	89.6	119.28	148.72	177.56	208	238.68	
	总渗透力/kPa	69.814	99.502	128.942	157.782	188.222	218.902	
	总渗透力比/%	43.63	41.46	40.29	39.45	39.21	39.09	40.52

（5）内摩擦角为 40°

内摩擦角为 40°时，数值模拟得到的不同直径、不同 H/D 的总渗透力比的结果如表 4-6 所示。取每种隧道直径所对应的六种 H/D 情况下求得的总渗透力比的平均值，然后通过曲线拟合，得到内摩擦角为 40°时，可决系数 R^2 为 0.9999 的总渗透力比随隧道直径比的拟合曲线，如图 4-15 所示。

由拟合曲线可以得到，内摩擦角为 40°时总渗透力比与隧道直径比之间关系的拟合公式如式(4-5)所示，其中 y 表示总渗透力比，x 表示隧道直径比。

$$y = -20.143x^2 + 44.298x + 11.779 \tag{4-5}$$

也就是说，当地层内摩擦角为 40°时，根据当前隧道直径 D，求出隧道直径比 D/D_{max}，将隧道直径比（x）代入式(4-5)即可得到开挖面总渗透力比（y）的值。

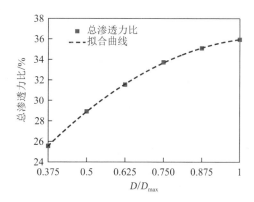

图 4-15　内摩擦角为 40°时总渗透力比与隧道直径比的关系

内摩擦角为40°时总渗透力比结果　　　　表 4-6

直径/m		H/D = 0.5	H/D = 1.0	H/D = 1.5	H/D = 2.0	H/D = 2.5	H/D = 3.0	平均值
6	静水压力/kPa	60	90	120	150	180	210	
	有效支护力/kPa	5.4601	5.46	5.46	5.46	5.46	5.46	
	总极限支护力/kPa	20.4	27.72	35.31	43.815	52.875	61.965	
	总渗透力/kPa	14.9399	22.26	29.85	38.355	47.415	56.505	
	总渗透力比/%	24.90	24.73	24.88	25.57	26.34	26.91	25.56
8	静水压力/kPa	80	120	160	200	240	280	
	有效支护力/kPa	7.2802	7.28	7.28	7.28	7.28	7.28	
	总极限支护力/kPa	32	42.42	52.36	63.02	75.5	88.02	
	总渗透力/kPa	24.7198	35.14	45.08	55.74	68.22	80.74	
	总渗透力比/%	30.90	29.28	28.18	27.87	28.43	28.84	28.92
10	静水压力/kPa	100	150	200	250	300	350	
	有效支护力/kPa	9.1002	9.1001	9.1001	9.1001	9.1001	9.1001	
	总极限支护力/kPa	44.5	57.75	70.4	83.95	100	116.1	
	总平均渗透力/kPa	35.3998	48.6499	61.2999	74.8499	90.8999	106.9999	
	总平均渗透力比/%	35.40	32.43	30.65	29.94	30.30	30.57	31.55
12	静水压力/kPa	120	180	240	300	360	420	
	有效支护力/kPa	10.92	10.92	10.92	10.92	10.92	10.92	
	总极限支护力/kPa	56.4	74.34	90.42	106.95	126	145.8	
	总渗透力/kPa	45.48	63.42	79.5	96.03	115.08	134.88	
	总渗透力比/%	37.90	35.23	33.13	32.01	31.97	32.11	33.72
14	静水压力/kPa	140	210	280	350	420	490	
	有效支护力/kPa	12.74	12.74	12.74	12.74	12.74	12.74	
	总极限支护力/kPa	67.2	90.405	110.11	129.605	152.25	175.77	
	总平均渗透力/kPa	54.46	77.665	97.37	116.865	139.51	163.03	
	总平均渗透力比/%	38.90	36.98	34.78	33.39	33.22	33.27	35.09
16	静水压力/kPa	160	240	320	400	480	560	
	有效支护力/kPa	14.56	14.56	14.56	14.56	14.56	14.56	
	总极限支护力/kPa	77.6	104.16	129.36	152.72	179	206.28	
	总渗透力/kPa	63.04	89.6	114.8	138.16	164.44	191.72	
	总渗透力比/%	39.40	37.33	35.88	34.54	34.26	34.24	35.94

6. 开挖面水压力为 $0.25P_0$ 时的总渗透力比曲线拟合

与上节方法相同，采用数值模拟分析开挖面水压力为 $0.25P_0$ 时的总渗透力比结果，同样针对五种不同的内摩擦角（20°、25°、30°、35°、40°）进行计算，共计 180 组工况。计算结果如下：

（1）内摩擦角为 20°

内摩擦角为 20°时，数值模拟得到的不同直径、不同 H/D 的总渗透力比的结果如表 4-7 所示。取每种隧道直径所对应的六种 H/D 情况下求得的总渗透力比的平均值，然后通过曲线拟合，得到内摩擦角为 20°时，可决系数 R^2 为 0.9929 的总渗透力比随隧道直径比的拟合曲线，如图 4-16 所示。

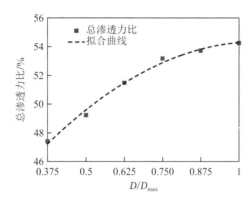

图 4-16　内摩擦角为 20°时总渗透力比与隧道直径比的关系

由拟合曲线可以得到，内摩擦角为 20°时总渗透力比与隧道直径比之间关系的拟合公式(4-6)所示，其中 y 表示总渗透力比，x 表示隧道直径比。

$$y = -15.143x^2 + 32.105x + 37.327 \tag{4-6}$$

也就是说，当地层内摩擦角为 20°时，根据当前隧道直径 D，求出隧道直径比 D/D_{max}，将隧道直径比（x）代入式(4-6)即可得到开挖面总渗透力比（y）的值。

内摩擦角为 20°时总渗透力比结果　　　　　　　　　　　　　　表 4-7

直径/m		$H/D = 0.5$	$H/D = 1.0$	$H/D = 1.5$	$H/D = 2.0$	$H/D = 2.5$	$H/D = 3.0$	平均值
6	静水压力/kPa	60	90	120	150	180	210	
	有效支护力/kPa	23.621	22.876	22.63	22.549	22.638	22.728	
	总极限支护力/kPa	59.1	76.86	95.04	113.85	133.125	152.28	
	总渗透力/kPa	20.479	31.484	42.41	53.801	65.487	77.052	
	总渗透力比/%	45.51	46.64	47.12	47.82	48.51	48.92	47.42
8	静水压力/kPa	80	120	160	200	240	280	
	有效支护力/kPa	31.494	30.501	30.174	30.066	30.184	30.304	
	总极限支护力/kPa	80.8	104.58	128.92	153.64	179.5	205.2	
	总渗透力/kPa	29.306	44.079	58.746	73.574	89.316	104.896	
	总渗透力比/%	48.84	48.98	48.96	49.05	49.62	49.95	49.23

直径/m		H/D = 0.5	H/D = 1.0	H/D = 1.5	H/D = 2.0	H/D = 2.5	H/D = 3.0	平均值
10	静水压力/kPa	100	150	200	250	300	350	
	有效支护力/kPa	39.368	38.127	37.717	37.582	37.73	37.88	
	总极限支护力/kPa	104	133.875	164.45	195.5	227.5	259.875	
	总平均渗透力/kPa	39.632	58.248	76.733	95.418	114.77	134.495	
	总平均渗透力比/%	52.84	51.78	51.16	50.89	51.01	51.24	51.49
12	静水压力/kPa	120	180	240	300	360	420	
	有效支护力/kPa	47.242	45.752	45.26	45.099	45.276	45.456	
	总极限支护力/kPa	127.2	163.17	199.98	238.05	276.75	315.9	
	总渗透力/kPa	49.958	72.418	94.72	117.951	141.474	165.444	
	总渗透力比/%	55.51	53.64	52.62	52.42	52.40	52.52	53.19
14	静水压力/kPa	140	210	280	350	420	490	
	有效支护力/kPa	55.115	53.378	52.804	52.615	52.822	53.032	
	总极限支护力/kPa	149.1	191.1	234.85	278.53	324.625	370.44	
	总平均渗透力/kPa	58.985	85.222	112.046	138.415	166.803	194.908	
	总平均渗透力比/%	56.18	54.11	53.36	52.73	52.95	53.04	53.73
16	静水压力/kPa	160	240	320	400	480	560	
	有效支护力/kPa	62.989	61.003	60.347	60.132	60.368	60.609	
	总极限支护力/kPa	171.2	219.24	269.28	320.16	373	425.52	
	总渗透力/kPa	68.211	98.237	128.933	160.028	192.632	224.911	
	总渗透力比/%	56.84	54.58	53.72	53.34	53.51	53.55	54.26

（2）内摩擦角为 25°

内摩擦角为 25° 时，数值模拟得到的不同直径、不同 H/D 的总渗透力比的结果如表 4-8 所示。取每种隧道直径所对应的六种 H/D 情况下求得的总渗透力比的平均值，然后通过曲线拟合，得到内摩擦角为 25° 时，可决系数 R^2 为 0.9929 的总渗透力比随隧道直径比的拟合曲线，如图 4-17 所示。

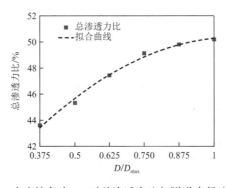

图 4-17　内摩擦角为 25° 时总渗透力比与隧道直径比的关系

内摩擦角为 25°时总渗透力比结果　　　　　　　　表 4-8

直径/m		H/D = 0.5	H/D = 1.0	H/D = 1.5	H/D = 2.0	H/D = 2.5	H/D = 3.0	平均值
6	静水压力/kPa	60	90	120	150	180	210	
	有效支护力/kPa	15.023	14.824	14.79	14.785	14.789	14.793	
	总极限支护力/kPa	49.5	66.465	83.82	101.085	119.25	137.295	
	总渗透力/kPa	19.477	29.141	39.03	48.8	59.461	70.002	
	总渗透力比/%	43.28	43.17	43.37	43.38	44.05	44.45	43.62
8	静水压力/kPa	80	120	160	200	240	280	
	有效支护力/kPa	20.03	19.765	19.721	19.713	19.718	19.724	
	总极限支护力/kPa	68	90.72	113.52	136.62	161	184.68	
	总渗透力/kPa	27.97	40.955	53.799	66.907	81.282	94.956	
	总渗透力比/%	46.62	45.51	44.83	44.60	45.16	45.22	45.32
10	静水压力/kPa	100	150	200	250	300	350	
	有效支护力/kPa	100	150	200	250	300	350	
	总极限支护力/kPa	25.038	24.707	24.651	24.641	24.648	24.655	
	总平均渗透力/kPa	87.5	116.025	145.2	174.225	204.375	234.9	
	总平均渗透力比/%	37.462	53.818	70.549	87.084	104.727	122.745	
12	静水压力/kPa	120	180	240	300	360	420	
	有效支护力/kPa	30.045	29.648	29.581	29.569	29.578	29.586	
	总极限支护力/kPa	107.4	141.75	176.88	212.52	249	285.93	
	总渗透力/kPa	47.355	67.102	87.299	107.951	129.422	151.344	
	总渗透力比/%	52.62	49.71	48.50	47.98	47.93	48.05	49.13
14	静水压力/kPa	140	210	280	350	420	490	
	有效支护力/kPa	35.053	34.589	34.511	34.498	34.507	34.517	
	总极限支护力/kPa	126	166.845	207.9	249.55	292.225	335.475	
	总平均渗透力/kPa	55.947	79.756	103.389	127.552	152.718	178.458	
	总平均渗透力比/%	53.28	50.64	49.23	48.59	48.48	48.56	49.80
16	静水压力/kPa	160	240	320	400	480	560	
	有效支护力/kPa	40.06	39.531	39.441	39.426	39.437	39.448	
	总极限支护力/kPa	144.8	191.52	238.48	286.12	335	384.48	
	总渗透力/kPa	64.74	91.989	119.039	146.694	175.563	205.032	
	总渗透力比/%	53.95	51.11	49.60	48.90	48.77	48.82	50.19

由拟合曲线可以得到，内摩擦角为 25°时总渗透力比与隧道直径比之间关系的拟合公式如式(4-7)所示，其中 y 表示总渗透力比，x 表示隧道直径比。

$$y = -14.093x^2 + 30.349x + 34.019 \tag{4-7}$$

也就是说，当地层内摩擦角为 25° 时，根据当前隧道直径 D，求出隧道直径比 D/D_{max}，将隧道直径比（x）代入式(4-7)即可得到开挖面总渗透力比（y）的值。

（3）内摩擦角为 30°

内摩擦角为 30° 时，数值模拟得到的不同直径、不同 H/D 的总渗透力比的结果如表 4-9 所示。取每种隧道直径所对应的六种 H/D 情况下求得的总渗透力比的平均值，然后通过曲线拟合，得到内摩擦角为 30° 时，可决系数 R^2 为 0.9895 的总渗透力比随隧道直径比的拟合曲线，如图 4-18 所示。

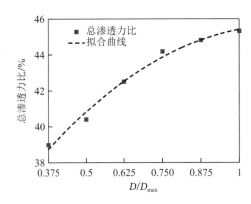

图 4-18　内摩擦角为 30° 时总渗透力比与隧道直径比的关系

由拟合曲线可以得到，内摩擦角为 30° 时总渗透力比与隧道直径比之间关系的拟合公式如式(4-8)所示，其中 y 表示总渗透力比，x 表示隧道直径比。

$$y = -11.929x^2 + 27.08x + 30.267 \tag{4-8}$$

也就是说，当地层内摩擦角为 30° 时，根据当前隧道直径 D，求出隧道直径比 D/D_{max}，将隧道直径比（x）代入式(4-8)即可得到开挖面总渗透力比（y）的值。

内摩擦角为 30° 时总渗透力比结果　　　　　　　　　　表 4-9

直径/m		$H/D = 0.5$	$H/D = 1.0$	$H/D = 1.5$	$H/D = 2.0$	$H/D = 2.5$	$H/D = 3.0$	平均值
6	静水压力/kPa	60	90	120	150	180	210	
	有效支护力/kPa	10.315	10.281	10.278	10.278	10.278	10.278	
	总极限支护力/kPa	42.9	59.22	75.57	91.425	107.625	123.93	
	总渗透力/kPa	17.585	26.439	35.292	43.647	52.347	61.152	
	总渗透力比/%	39.08	39.17	39.21	38.80	38.78	38.83	38.98
8	静水压力/kPa	80	120	160	200	240	280	
	有效支护力/kPa	13.753	13.707	13.705	13.704	13.704	13.704	
	总极限支护力/kPa	58.8	80.22	102.08	123.74	145.5	167.4	
	总渗透力/kPa	25.047	36.513	48.375	60.036	71.796	83.696	
	总渗透力比/%	41.75	40.57	40.31	40.02	39.89	39.86	40.40

续表

直径/m		$H/D = 0.5$	$H/D = 1.0$	$H/D = 1.5$	$H/D = 2.0$	$H/D = 2.5$	$H/D = 3.0$	平均值
10	静水压力/kPa	100	150	200	250	300	350	
	有效支护力/kPa	17.191	17.134	17.131	17.13	17.13	17.131	
	总极限支护力/kPa	76.5	102.9	130.35	157.55	185	213.3	
	总平均渗透力/kPa	34.309	48.266	63.219	77.92	92.87	108.669	
	总平均渗透力比/%	45.75	42.90	42.15	41.56	41.28	41.40	42.51
12	静水压力/kPa	120	180	240	300	360	420	
	有效支护力/kPa	20.629	20.561	20.557	20.556	20.557	20.557	
	总极限支护力/kPa	93.6	126	159.06	192.51	226.5	260.82	
	总渗透力/kPa	42.971	60.439	78.503	96.954	115.943	135.263	
	总渗透力比/%	47.75	44.77	43.61	43.09	42.94	42.94	44.18
14	静水压力/kPa	140	210	280	350	420	490	
	有效支护力/kPa	24.067	23.988	23.983	23.983	23.98	23.98	
	总极限支护力/kPa	109.9	147.735	187.11	226.205	266.875	306.18	
	总平均渗透力/kPa	50.833	71.247	93.127	114.722	137.895	159.7	
	总平均渗透力比/%	48.41	45.24	44.35	43.70	43.78	43.46	44.82
16	静水压力/kPa	160	240	320	400	480	560	
	有效支护力/kPa	27.506	27.415	27.409	27.409	27.409	27.409	
	总极限支护力/kPa	125.6	170.52	215.6	260.36	306	352	
	总渗透力/kPa	58.094	83.105	108.191	132.951	158.591	184.591	
	总渗透力比/%	48.41	46.17	45.08	44.32	44.05	43.95	45.33

（4）内摩擦角为35°

内摩擦角为 35°时，数值模拟得到的不同直径、不同H/D的总渗透力比的结果如表 4-10 所示。取每种隧道直径所对应的六种H/D情况下求得的总渗透力比的平均值，然后通过曲线拟合，得到内摩擦角为 35°时，可决系数R^2为 0.9993 的总渗透力比随隧道直径比的拟合曲线，如图 4-19 所示。由拟合曲线可以得到，内摩擦角为 35°时，总渗透力比与隧道直径比之间关系的拟合公式如式(4-9)所示，其中y表示总渗透力比，x表示隧道直径比。

$$y = -18.413x^2 + 39.48x + 19.859 \tag{4-9}$$

也就是说，当地层内摩擦角为 35°时，根据当前隧道直径D，求出隧道直径比D/D_{max}，将隧道直径比（x）代入式(4-9)即可得到开挖面总渗透力比（y）的值。

内摩擦角为35°时总渗透力比结果　　　　　表 4-10

直径/m		$H/D = 0.5$	$H/D = 1.0$	$H/D = 1.5$	$H/D = 2.0$	$H/D = 2.5$	$H/D = 3.0$	平均值
6	静水压力/kPa	60	90	120	150	180	210	
	有效支护力/kPa	7.4197	7.4166	7.4166	7.4166	7.4166	7.4166	
	总极限支护力/kPa	37.8	51.66	65.67	80.041	95.25	110.16	
	总渗透力/kPa	15.3803	21.7434	28.2534	35.1244	42.8334	50.2434	
	总渗透力比/%	34.18	32.21	31.39	31.22	31.73	31.90	32.11
8	静水压力/kPa	80	120	160	200	240	280	
	有效支护力/kPa	9.893	9.8889	9.8888	9.89	9.89	9.89	
	总极限支护力/kPa	52	72.66	91.52	110.4	130.5	151.2	
	总渗透力/kPa	22.107	32.7711	41.6312	50.51	60.61	71.31	
	总渗透力比/%	36.85	36.41	34.69	33.67	33.67	33.96	34.88
10	静水压力/kPa	100	150	200	250	300	350	
	有效支护力/kPa	12.366	12.361	12.361	12.361	12.361	12.361	
	总极限支护力/kPa	67	93.45	119.35	143.175	168.75	194.4	
	总平均渗透力/kPa	29.634	43.589	56.989	68.314	81.389	94.539	
	总平均渗透力比/%	39.51	38.75	37.99	36.43	36.17	36.01	37.48
12	静水压力/kPa	120	180	240	300	360	420	
	有效支护力/kPa	14.839	14.833	14.833	14.833	14.833	14.833	
	总极限支护力/kPa	82.2	114.03	145.2	175.95	207	238.95	
	总渗透力/kPa	37.361	54.197	70.367	86.117	102.167	119.117	
	总渗透力比/%	41.51	40.15	39.09	38.27	37.84	37.81	39.11
14	静水压力/kPa	140	210	280	350	420	490	
	有效支护力/kPa	17.313	17.306	17.305	17.305	17.305	17.305	
	总极限支护力/kPa	97.3	135.24	171.71	207.69	245	281.61	
	总平均渗透力/kPa	44.987	65.434	84.405	102.885	122.695	141.805	
	总平均渗透力比/%	42.84	41.55	40.19	39.19	38.95	38.59	40.22
16	静水压力/kPa	160	240	320	400	480	560	
	有效支护力/kPa	19.786	19.778	19.778	19.778	19.778	19.778	
	总极限支护力/kPa	112.8	155.4	198	239.2	282	325.08	
	总渗透力/kPa	53.014	75.622	98.222	119.422	142.222	165.302	
	总渗透力比/%	44.18	42.01	40.93	39.81	39.51	39.36	40.97

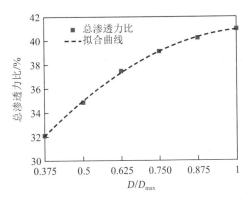

图 4-19　内摩擦角为 35°时总渗透力比与隧道直径比的关系

（5）内摩擦角为 40°

内摩擦角为 40°时，数值模拟得到的不同直径、不同 H/D 的总渗透力比的结果如表 4-11 所示。取每种隧道直径所对应的六种 H/D 情况下求得的总渗透力比的平均值，然后通过曲线拟合，得到内摩擦角为 40°时，可决系数 R^2 为 0.9987 的总渗透力比随隧道直径比的拟合曲线，如图 4-20 所示。由拟合曲线可以得到，内摩擦角为 40°时，总渗透力比与隧道直径比之间关系的拟合公式如式(4-10)所示，其中 y 表示总渗透力比，x 表示隧道直径比。

$$y = -25.87x^2 + 55.616x + 6.8479 \tag{4-10}$$

也就是说，当地层内摩擦角为 40°时，根据当前隧道直径 D，求出隧道直径比 D/D_{max}，将隧道直径比（x）代入式(4-10)即可得到开挖面总渗透力比（y）的值。

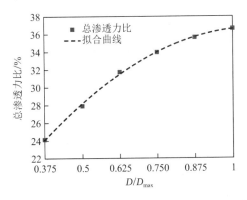

图 4-20　内摩擦角为 40°时总渗透力比与隧道直径比的关系

内摩擦角为 40°时总渗透力比结果　　　　　　　　　　　　表 4-11

直径/m		$H/D = 0.5$	$H/D = 1.0$	$H/D = 1.5$	$H/D = 2.0$	$H/D = 2.5$	$H/D = 3.0$	平均值
6	静水压力/kPa	60	90	120	150	180	210	
	有效支护力/kPa	5.4601	5.46	5.46	5.46	5.46	5.46	
	总极限支护力/kPa	30.9	43.785	56.76	70.035	84	98.415	
	总渗透力/kPa	10.4399	15.825	21.3	27.075	33.54	40.455	
	总渗透力比/%	23.20	23.44	23.67	24.07	24.84	25.69	24.15

直径/m		H/D = 0.5	H/D = 1.0	H/D = 1.5	H/D = 2.0	H/D = 2.5	H/D = 3.0	平均值
8	静水压力/kPa	80	120	160	200	240	280	
	有效支护力/kPa	7.2802	7.28	7.28	7.28	7.28	7.28	
	总极限支护力/kPa	45.2	62.58	80.08	97.98	116.5	135.54	
	总渗透力/kPa	17.9198	25.3	32.8	40.7	49.22	58.26	
	总渗透力比/%	29.87	28.11	27.33	27.13	27.34	27.74	27.92
10	静水压力/kPa	100	150	200	250	300	350	
	有效支护力/kPa	9.1002	9.1001	9.1001	9.1001	9.1001	9.1001	
	总极限支护力/kPa	61.5	84	105.6	127.65	151.25	175.5	
	总平均渗透力/kPa	27.3998	37.3999	46.4999	56.0499	67.1499	78.8999	
	总平均渗透力比/%	36.53	33.24	31.00	29.89	29.84	30.06	31.76
12	静水压力/kPa	120	180	240	300	360	420	
	有效支护力/kPa	10.92	10.92	10.92	10.92	10.92	10.92	
	总极限支护力/kPa	75.6	104.58	131.34	158.01	186.75	216.27	
	总渗透力/kPa	34.68	48.66	60.42	72.09	85.83	100.35	
	总渗透力比/%	38.53	36.04	33.57	32.04	31.79	31.86	33.97
14	静水压力/kPa	140	210	280	350	420	490	
	有效支护力/kPa	12.74	12.74	12.74	12.74	12.74	12.74	
	总极限支护力/kPa	89.6	124.215	157.85	189.175	223.125	257.985	
	总平均渗透力/kPa	41.86	58.975	75.11	88.935	105.385	122.745	
	总平均渗透力比/%	39.87	37.44	35.77	33.88	33.46	33.40	35.64
16	静水压力/kPa	160	240	320	400	480	560	
	有效支护力/kPa	14.56	14.56	14.56	14.56	14.56	14.56	
	总极限支护力/kPa	103.2	142.8	183.04	220.8	259	299.16	
	总渗透力/kPa	48.64	68.24	88.48	106.24	124.44	144.6	
	总渗透力比/%	40.53	37.91	36.87	35.41	34.57	34.43	36.62

7. 开挖面水压力为 $0.5P_0$ 时的总渗透力比曲线拟合

采用数值模拟分析开挖面水压力为 $0.5P_0$ 时的总渗透力比结果,同样针对五种不同的内摩擦角(20°、25°、30°、35°、40°)进行计算,共计 180 组工况。计算结果如下:

（1）内摩擦角为 20°

内摩擦角为 20°时，数值模拟得到的不同直径、不同 H/D 的总渗透力比的结果如表 4-12 所示。取每种隧道直径所对应的六种 H/D 情况下求得的总渗透力比的平均值，然后通过曲线拟合，得到内摩擦角为 20°时，可决系数 R^2 为 0.997 的总渗透力比随隧道直径比的拟合曲线，如图 4-21 所示。

内摩擦角为 20°时总渗透力比结果　　　　　　　　表 4-12

直径/m		$H/D = 0.5$	$H/D = 1.0$	$H/D = 1.5$	$H/D = 2.0$	$H/D = 2.5$	$H/D = 3.0$	平均值
6	静水压力/kPa	60	90	120	150	180	210	
	有效支护力/kPa	23.621	22.876	22.63	22.549	22.638	22.728	
	总极限支护力/kPa	66.3	87.885	109.89	131.79	154.5	177.39	
	总渗透力/kPa	12.679	20.009	27.26	34.241	41.862	49.662	
	总渗透力比/%	42.26	44.46	45.43	45.65	46.51	47.30	45.27
8	静水压力/kPa	80	120	160	200	240	280	
	有效支护力/kPa	31.494	30.501	30.174	30.066	30.184	30.304	
	总极限支护力/kPa	90.4	119.28	148.28	178.02	208.5	238.68	
	总渗透力/kPa	18.906	28.779	38.106	47.954	58.316	68.376	
	总渗透力比/%	47.27	47.97	47.63	47.95	48.60	48.84	48.04
10	静水压力/kPa	100	150	200	250	300	350	
	有效支护力/kPa	39.368	38.127	37.717	37.582	37.73	37.88	
	总极限支护力/kPa	115.5	151.725	188.65	225.4	263.125	301.05	
	总平均渗透力/kPa	26.132	38.598	50.933	62.818	75.395	88.17	
	总平均渗透力比/%	52.26	51.46	50.93	50.25	50.26	50.38	50.92
12	静水压力/kPa	120	180	240	300	360	420	
	有效支护力/kPa	47.242	45.752	45.26	45.099	45.276	45.456	
	总极限支护力/kPa	141	183.96	228.36	273.24	318.75	364.5	
	总渗透力/kPa	33.758	48.208	63.1	78.141	93.474	109.044	
	总渗透力比/%	56.26	53.56	52.58	52.09	51.93	51.93	53.06
14	静水压力/kPa	140	210	280	350	420	490	
	有效支护力/kPa	55.115	53.378	52.804	52.615	52.822	53.032	
	总极限支护力/kPa	165.2	216.09	267.19	319.585	373.625	427.14	
	总平均渗透力/kPa	40.085	57.712	74.386	91.97	110.803	129.108	
	总平均渗透力比/%	57.26	54.96	53.13	52.55	52.76	52.70	53.89

续表

直径/m		$H/D=0.5$	$H/D=1.0$	$H/D=1.5$	$H/D=2.0$	$H/D=2.5$	$H/D=3.0$	平均值
16	静水压力/kPa	160	240	320	400	480	560	
	有效支护力/kPa	62.989	61.003	60.347	60.132	60.368	60.609	
	总极限支护力/kPa	189.6	247.8	307.12	367.08	428	489.24	
	总渗透力/kPa	46.611	66.797	86.773	106.948	127.632	148.631	
	总渗透力比/%	58.26	55.66	54.23	53.47	53.18	53.08	54.65

由拟合曲线可以得到，内摩擦角为 20°时，总渗透力比与隧道直径比之间关系的拟合公式如式(4-11)所示，其中y表示总渗透力比，x表示隧道直径比。

$$y = -20.895x^2 + 43.951x + 31.587 \tag{4-11}$$

也就是说，当地层内摩擦角为20°时，根据当前隧道直径D，求出隧道直径比D/D_{max}，将隧道直径比（x）代入式(4-11)即可得到开挖面总渗透力比（y）的值。

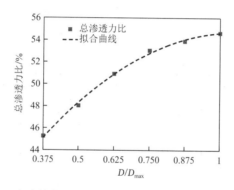

图 4-21　内摩擦角为20°时总渗透力比与隧道直径比的关系

（2）内摩擦角为25°

内摩擦角为25°时，数值模拟得到的不同直径、不同H/D的总渗透力比的结果如表4-13所示。取每种隧道直径所对应的六种H/D情况下求得的总渗透力比的平均值，然后通过曲线拟合，得到内摩擦角为25°时，可决系数R^2为0.995的总渗透力比随隧道直径比的拟合曲线，如图4-22所示。

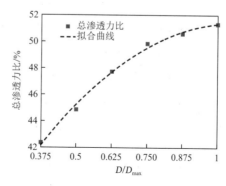

图 4-22　内摩擦角为25°时总渗透力比与隧道直径比的关系

　　由拟合曲线可以得到，内摩擦角为 25°时，总渗透力比与隧道直径比之间关系的拟合公式如式(4-12)所示，其中y表示总渗透力比，x表示隧道直径比。

$$y = -19.837x^2 + 41.916x + 29.249 \tag{4-12}$$

　　也就是说，当地层内摩擦角为 25°时，根据当前隧道直径D，求出隧道直径比D/D_{max}，将隧道直径比（x）代入式(4-12)即可得到开挖面总渗透力比（y）的值。

内摩擦角为 25°时总渗透力比结果　　　　　　表 4-13

直径/m		$H/D = 0.5$	$H/D = 1.0$	$H/D = 1.5$	$H/D = 2.0$	$H/D = 2.5$	$H/D = 3.0$	平均值
6	静水压力/kPa	60	90	120	150	180	210	
	有效支护力/kPa	15.023	14.824	14.79	14.785	14.789	14.793	
	总极限支护力/kPa	57.6	78.75	99.99	121.44	143.25	165.24	
	总渗透力/kPa	12.577	18.926	25.2	31.655	38.461	45.447	
	总渗透力比/%	41.92	42.06	42.00	42.21	42.73	43.28	42.37
8	静水压力/kPa	80	120	160	200	240	280	
	有效支护力/kPa	20.03	19.765	19.721	19.713	19.718	19.724	
	总极限支护力/kPa	78.8	107.1	135.08	163.76	192.5	221.94	
	总渗透力/kPa	18.77	27.335	35.359	44.047	52.782	62.216	
	总渗透力比/%	46.93	45.56	44.20	44.05	43.99	44.44	44.86
10	静水压力/kPa	100	150	200	250	300	350	
	有效支护力/kPa	25.038	24.707	24.651	24.641	24.648	24.655	
	总极限支护力/kPa	101	135.975	171.6	207.575	244.375	280.8	
	总平均渗透力/kPa	25.962	36.268	46.949	57.934	69.727	81.145	
	总平均渗透力比/%	51.92	48.36	46.95	46.35	46.48	46.37	47.74
12	静水压力/kPa	120	180	240	300	360	420	
	有效支护力/kPa	30.045	29.648	29.581	29.569	29.578	29.586	
	总极限支护力/kPa	123	165.69	208.56	251.85	295.5	340.2	
	总渗透力/kPa	32.955	46.042	58.979	72.281	85.922	100.614	
	总渗透力比/%	54.93	51.16	49.15	48.19	47.73	47.91	49.84
14	静水压力/kPa	140	210	280	350	420	490	
	有效支护力/kPa	35.053	34.589	34.511	34.498	34.507	34.517	
	总极限支护力/kPa	144.2	194.04	244.86	294.63	346.5	397.845	
	总平均渗透力/kPa	39.147	54.451	70.349	85.132	101.993	118.328	
	总平均渗透力比/%	55.92	51.86	50.25	48.65	48.57	48.30	50.59

续表

直径/m		$H/D = 0.5$	$H/D = 1.0$	$H/D = 1.5$	$H/D = 2.0$	$H/D = 2.5$	$H/D = 3.0$	平均值
16	静水压力/kPa	160	240	320	400	480	560	
	有效支护力/kPa	40.06	39.531	39.441	39.426	39.437	39.448	
	总极限支护力/kPa	165.6	222.6	280.72	338.56	397	456.84	
	总渗透力/kPa	45.54	63.069	81.279	99.134	117.563	137.392	
	总渗透力比/%	56.93	52.56	50.80	49.57	48.98	49.07	51.32

（3）内摩擦角为30°

内摩擦角为30°时，数值模拟得到的不同直径、不同H/D的总渗透力比的结果如表4-14所示。取每种隧道直径所对应的六种H/D情况下求得的总渗透力比的平均值，然后通过曲线拟合，得到内摩擦角为30°时，可决系数R^2为0.9904的总渗透力比随隧道直径比的拟合曲线，如图4-23所示。

由拟合曲线可以得到，内摩擦角为30°时，总渗透力比与隧道直径比之间关系的拟合公式如式(4-13)所示，其中y表示总渗透力比，x表示隧道直径比。

$$y = -18.243x^2 + 38.768x + 25.992 \tag{4-13}$$

也就是说，当地层内摩擦角为30°时，根据当前隧道直径D，求出隧道直径比D/D_{max}，将隧道直径比（x）代入式(4-13)即可得到开挖面总渗透力比（y）的值。

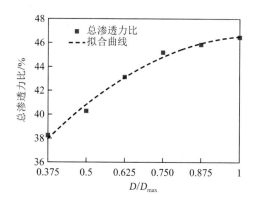

图 4-23　内摩擦角为30°时总渗透力比与隧道直径比的关系

内摩擦角为30°时总渗透力比结果　　　　表 4-14

直径/m		$H/D = 0.5$	$H/D = 1.0$	$H/D = 1.5$	$H/D = 2.0$	$H/D = 2.5$	$H/D = 3.0$	平均值
6	静水压力/kPa	60	90	120	150	180	210	
	有效支护力/kPa	10.315	10.281	10.278	10.278	10.278	10.278	
	总极限支护力/kPa	51.9	72.135	93.06	113.85	135	155.925	
	总渗透力/kPa	11.585	16.854	22.782	28.572	34.722	40.647	
	总渗透力比/%	38.62	37.45	37.97	38.10	38.58	38.71	38.24

直径/m		$H/D = 0.5$	$H/D = 1.0$	$H/D = 1.5$	$H/D = 2.0$	$H/D = 2.5$	$H/D = 3.0$	平均值
8	静水压力/kPa	80	120	160	200	240	280	
	有效支护力/kPa	13.753	13.707	13.705	13.704	13.704	13.704	
	总极限支护力/kPa	70.8	97.86	125.4	153.18	181.5	209.52	
	总渗透力/kPa	17.047	24.153	31.695	39.476	47.796	55.816	
	总渗透力比/%	42.62	40.26	39.62	39.48	39.83	39.87	40.28
10	静水压力/kPa	100	150	200	250	300	350	
	有效支护力/kPa	17.191	17.134	17.131	17.13	17.13	17.131	
	总极限支护力/kPa	91	124.95	159.5	194.35	229.375	265.275	
	总平均渗透力/kPa	23.809	32.816	42.369	52.22	62.245	73.144	
	总平均渗透力比/%	47.62	43.75	42.37	41.78	41.50	41.80	43.14
12	静水压力/kPa	120	180	240	300	360	420	
	有效支护力/kPa	20.629	20.561	20.557	20.556	20.557	20.557	
	总极限支护力/kPa	111	151.83	194.04	235.98	278.25	321.57	
	总渗透力/kPa	30.371	41.269	53.483	65.424	77.693	91.013	
	总渗透力比/%	50.62	45.85	44.57	43.62	43.16	43.34	45.19
14	静水压力/kPa	140	210	280	350	420	490	
	有效支护力/kPa	24.067	23.988	23.983	23.983	23.98	23.98	
	总极限支护力/kPa	130.2	177.87	227.15	276.115	326.375	376.11	
	总平均渗透力/kPa	36.133	48.882	63.167	77.132	92.395	107.13	
	总平均渗透力比/%	51.62	46.55	45.12	44.08	44.00	43.73	45.85
16	静水压力/kPa	160	240	320	400	480	560	
	有效支护力/kPa	27.506	27.415	27.409	27.409	27.409	27.409	
	总极限支护力/kPa	149.6	203.28	260.48	317.4	374	432	
	总渗透力/kPa	42.094	55.865	73.071	89.991	106.591	124.591	
	总渗透力比/%	52.62	46.55	45.67	45.00	44.41	44.50	46.46

（4）内摩擦角为 35°

内摩擦角为 35°时，数值模拟得到的不同直径、不同 H/D 的总渗透力比的结果如表 4-15 所示。取每种隧道直径所对应的六种 H/D 情况下求得的总渗透力比的平均值，然后通过曲线拟合，得到内摩擦角为35°时，可决系数R^2为0.9986的总渗透力比随隧道直径比的拟合曲线，如图4-24所示。

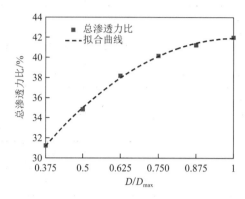

图4-24　内摩擦角为35°时总渗透力比与隧道直径比的关系

由拟合曲线可以得到，内摩擦角为35°时，总渗透力比与隧道直径比之间关系的拟合公式如式(4-14)所示，其中y表示总渗透力比，x表示隧道直径比。

$$y = -26.592x^2 + 53.722x + 14.776 \tag{4-14}$$

也就是说，当地层内摩擦角为35°时，根据当前隧道直径D，求出隧道直径比D/D_{max}，将隧道直径比（x）代入式(4-14)即可得到开挖面总渗透力比（y）的值。

内摩擦角为35°时总渗透力比结果　　　　　　　　　表4-15

直径/m		$H/D=0.5$	$H/D=1.0$	$H/D=1.5$	$H/D=2.0$	$H/D=2.5$	$H/D=3.0$	平均值
6	静水压力/kPa	60	90	120	150	180	210	
	有效支护力/kPa	7.4197	7.4166	7.4166	7.4166	7.4166	7.4166	
	总极限支护力/kPa	47.1	66.78	86.13	105.225	124.875	144.99	
	总渗透力/kPa	9.6803	14.3634	18.7134	22.8084	27.4584	32.5734	
	总渗透力比/%	32.27	31.92	31.19	30.41	30.51	31.02	31.22
8	静水压力/kPa	80	120	160	200	240	280	
	有效支护力/kPa	9.893	9.8889	9.8888	9.89	9.89	9.89	
	总极限支护力/kPa	64.4	91.4	118.36	143.52	170.5	197.1	
	总渗透力/kPa	14.507	21.5111	28.4712	33.63	40.61	47.21	
	总渗透力比/%	36.27	35.85	35.59	33.63	33.84	33.72	34.82
10	静水压力/kPa	100	150	200	250	300	350	
	有效支护力/kPa	12.366	12.361	12.361	12.361	12.361	12.361	
	总极限支护力/kPa	83	116.55	150.7	184	217.5	251.1	
	总平均渗透力/kPa	20.634	29.189	38.339	46.639	55.139	63.739	
	总平均渗透力比/%	41.27	38.92	38.34	37.31	36.76	36.42	38.17

直径/m		$H/D = 0.5$	$H/D = 1.0$	$H/D = 1.5$	$H/D = 2.0$	$H/D = 2.5$	$H/D = 3.0$	平均值
12	静水压力/kPa	120	180	240	300	360	420	
	有效支护力/kPa	14.839	14.833	14.833	14.833	14.833	14.833	
	总极限支护力/kPa	101.4	141.12	182.82	223.56	264.75	305.37	
	总渗透力/kPa	26.561	36.287	47.987	58.727	69.917	80.537	
	总渗透力比/%	44.27	40.32	39.99	39.15	38.84	38.35	40.15
14	静水压力/kPa	140	210	280	350	420	490	
	有效支护力/kPa	17.313	17.306	17.305	17.305	17.305	17.305	
	总极限支护力/kPa	119	166.11	214.83	262.43	310.625	359.1	
	总平均渗透力/kPa	31.687	43.804	57.525	70.125	83.32	96.795	
	总平均渗透力比/%	45.27	41.72	41.09	40.07	39.68	39.51	41.22
16	静水压力/kPa	160	240	320	400	480	560	
	有效支护力/kPa	19.786	19.778	19.778	19.778	19.778	19.778	
	总极限支护力/kPa	136.8	191.52	246.4	300.84	357	411.48	
	总渗透力/kPa	37.014	51.742	66.622	81.062	97.222	111.702	
	总渗透力比/%	46.27	43.12	41.64	40.53	40.51	39.89	41.99

（5）内摩擦角为 40°

内摩擦角为 40°时，数值模拟得到的不同直径、不同 H/D 的总渗透力比的结果如表 4-16 所示。取每种隧道直径所对应的六种 H/D 情况下求得的总渗透力比的平均值，然后通过曲线拟合，得到内摩擦角为 40°时，可决系数 R^2 为 0.9997 的总渗透力比随隧道直径比的拟合曲线，如图 4-25 所示。

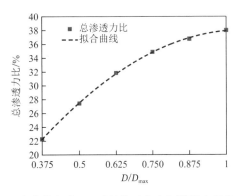

图 4-25　内摩擦角为 40°时总渗透力比与隧道直径比的关系

由拟合曲线可以得到，内摩擦角为 40°时，总渗透力比与隧道直径比之间关系的拟合公式如式(4-15)所示，其中 y 表示总渗透力比，x 表示隧道直径比。

$$y = -33.924x^2 + 71.72x + 0.145 \tag{4-15}$$

也就是说，当地层内摩擦角为 40°时，根据当前隧道直径 D，求出隧道直径比 D/D_{max}，将隧道直径比（x）代入式(4-15)即可得到开挖面总渗透力比（y）的值。

内摩擦角为 40°时总渗透力比结果 　　　　表 4-16

直径/m		$H/D = 0.5$	$H/D = 1.0$	$H/D = 1.5$	$H/D = 2.0$	$H/D = 2.5$	$H/D = 3.0$	平均值
6	静水压力/kPa	60	90	120	150	180	210	
	有效支护力/kPa	5.4601	5.46	5.46	5.46	5.46	5.46	
	总极限支护力/kPa	41.7	60.165	78.54	97.29	116.25	135.675	
	总渗透力/kPa	6.2399	9.705	13.08	16.83	20.79	25.215	
	总渗透力比/%	20.80	21.57	21.80	22.44	23.10	24.01	22.29
8	静水压力/kPa	80	120	160	200	240	280	
	有效支护力/kPa	7.2802	7.28	7.28	7.28	7.28	7.28	
	总极限支护力/kPa	59.2	84	108.68	133.86	159.5	184.68	
	总渗透力/kPa	11.9198	16.72	21.4	26.58	32.22	37.4	
	总渗透力比/%	29.80	27.87	26.75	26.58	26.85	26.71	27.43
10	静水压力/kPa	100	150	200	250	300	350	
	有效支护力/kPa	9.1002	9.1001	9.1001	9.1001	9.1001	9.1001	
	总极限支护力/kPa	76.5	109.725	141.35	171.925	203.75	236.25	
	总平均渗透力/kPa	17.3998	25.6249	32.2499	37.8249	44.6499	52.1499	
	总平均渗透力比/%	34.80	34.17	32.25	30.26	29.77	29.80	31.84
12	静水压力/kPa	120	180	240	300	360	420	
	有效支护力/kPa	10.92	10.92	10.92	10.92	10.92	10.92	
	总极限支护力/kPa	94.2	134.82	173.58	209.76	249.75	288.36	
	总渗透力/kPa	23.28	33.9	42.66	48.84	58.83	67.44	
	总渗透力比/%	38.80	37.67	35.55	32.56	32.68	32.11	34.90
14	静水压力/kPa	140	210	280	350	420	490	
	有效支护力/kPa	12.74	12.74	12.74	12.74	12.74	12.74	
	总极限支护力/kPa	110.6	158.76	204.82	250.355	295.75	341.145	
	总平均渗透力/kPa	27.86	41.02	52.08	62.615	73.01	83.405	
	总平均渗透力比/%	39.80	39.07	37.20	35.78	34.77	34.04	36.78
16	静水压力/kPa	160	240	320	400	480	560	
	有效支护力/kPa	14.56	14.56	14.56	14.56	14.56	14.56	
	总极限支护力/kPa	128	182.28	234.96	287.96	342	394.2	
	总渗透力/kPa	33.44	47.72	60.4	73.4	87.44	99.64	
	总渗透力比/%	41.80	39.77	37.75	36.70	36.43	35.59	38.01

8. 开挖面水压力为 $0.75P_0$ 时的总渗透力比曲线拟合

与上节方法相同，采用数值模拟分析开挖面水压力为 $0.75P_0$ 时的总渗透力比结果，同样针对五种不同的内摩擦角（20°、25°、30°、35°、40°）进行计算，共计 180 组工况。计算结果如下：

（1）内摩擦角为 20°

内摩擦角为 20°时，数值模拟得到的不同直径、不同 H/D 的总渗透力比的结果如表 4-17 所示。取每种隧道直径所对应的六种 H/D 情况下求得的总渗透力比的平均值，然后通过曲线拟合，得到内摩擦角为 20°时，可决系数 R^2 为 0.9981 的总渗透力比随隧道直径比的拟合曲线，如图 4-26 所示。

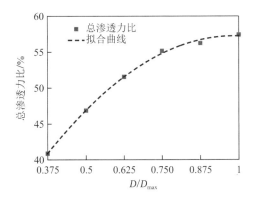

图 4-26　内摩擦角为 20°时总渗透力比与隧道直径比的关系

由拟合曲线可以得到，内摩擦角为 20°时，总渗透力比与隧道直径比之间关系的拟合公式如式(4-16)所示，其中 y 表示总渗透力比，x 表示隧道直径比。

$$y = -44.112x^2 + 86.853x + 14.499 \tag{4-16}$$

也就是说，当地层内摩擦角为 20°时，根据当前隧道直径 D，求出隧道直径比 $D/D_{\max}$，将隧道直径比（x）代入式(4-16)即可得到开挖面总渗透力比（y）的值。

内摩擦角为 20°时总渗透力比结果　　　　　　　　　　表 4-17

直径/m		$H/D = 0.5$	$H/D = 1.0$	$H/D = 1.5$	$H/D = 2.0$	$H/D = 2.5$	$H/D = 3.0$	平均值
6	静水压力/kPa	60	90	120	150	180	210	
	有效支护力/kPa	23.621	22.876	22.63	22.549	22.638	22.728	
	总极限支护力/kPa	73.8	99.225	125.07	151.11	177	203.31	
	总渗透力/kPa	5.179	8.849	12.44	16.061	19.362	23.082	
	总渗透力比/%	34.53	39.33	41.47	42.83	43.03	43.97	40.86
8	静水压力/kPa	80	120	160	200	240	280	
	有效支护力/kPa	31.494	30.501	30.174	30.066	30.184	30.304	
	总极限支护力/kPa	100.8	134.82	168.96	203.32	238	273.24	
	总渗透力/kPa	9.306	14.319	18.786	23.254	27.816	32.936	
	总渗透力比/%	46.53	47.73	46.97	46.51	46.36	47.05	46.86

续表

直径/m		$H/D = 0.5$	$H/D = 1.0$	$H/D = 1.5$	$H/D = 2.0$	$H/D = 2.5$	$H/D = 3.0$	平均值
10	静水压力/kPa	100	150	200	250	300	350	
	有效支护力/kPa	39.368	38.127	37.717	37.582	37.73	37.88	
	总极限支护力/kPa	128	170.625	213.4	256.45	300	344.25	
	总平均渗透力/kPa	13.632	19.998	25.683	31.368	37.27	43.87	
	总平均渗透力比/%	54.53	53.33	51.37	50.19	49.69	50.14	51.54
12	静水压力/kPa	120	180	240	300	360	420	
	有效支护力/kPa	47.242	45.752	45.26	45.099	45.276	45.456	
	总极限支护力/kPa	155.1	206.64	258.06	310.5	363	415.53	
	总渗透力/kPa	17.858	25.888	32.8	40.401	47.724	55.074	
	总渗透力比/%	59.53	57.53	54.67	53.87	53.03	52.45	55.18
14	静水压力/kPa	140	210	280	350	420	490	
	有效支护力/kPa	55.115	53.378	52.804	52.615	52.822	53.032	
	总极限支护力/kPa	182	241.815	301.84	363.055	423.5	484.785	
	总平均渗透力/kPa	21.885	30.937	39.036	47.94	55.678	64.253	
	总平均渗透力比/%	62.53	58.93	55.77	54.79	53.03	52.45	56.25
16	静水压力/kPa	160	240	320	400	480	560	
	有效支护力/kPa	62.989	61.003	60.347	60.132	60.368	60.609	
	总极限支护力/kPa	208.8	277.2	345.84	415.84	485	555.12	
	总渗透力/kPa	25.811	36.197	45.493	55.708	64.632	74.511	
	总渗透力比/%	64.53	60.33	56.87	55.71	53.86	53.22	57.42

（2）内摩擦角为 25°

内摩擦角为 25°时，数值模拟得到的不同直径、不同 H/D 的总渗透力比的结果如表 4-18 所示。取每种隧道直径所对应的六种 H/D 情况下求得的总渗透力比的平均值，然后通过曲线拟合，得到内摩擦角为 25°时，可决系数 R^2 为 0.9992 的总渗透力比随隧道直径比的拟合曲线，如图 4-27 所示。

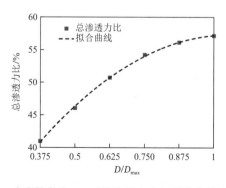

图 4-27　内摩擦角为 25°时总渗透力比与隧道直径比的关系

内摩擦角为 25°时总渗透力比结果

表 4-18

直径/m		H/D = 0.5	H/D = 1.0	H/D = 1.5	H/D = 2.0	H/D = 2.5	H/D = 3.0	平均值
6	静水压力/kPa	60	90	120	150	180	210	
	有效支护力/kPa	15.023	14.824	14.79	14.785	14.789	14.793	
	总极限支护力/kPa	66.3	91.665	116.82	142.485	168	193.995	
	总渗透力/kPa	6.277	9.341	12.03	15.2	18.211	21.702	
	总渗透力比/%	41.85	41.52	40.10	40.53	40.47	41.34	40.97
8	静水压力/kPa	80	120	160	200	240	280	
	有效支护力/kPa	20.03	19.765	19.721	19.713	19.718	19.724	
	总极限支护力/kPa	90.4	123.9	157.96	191.82	226	260.28	
	总渗透力/kPa	10.37	14.135	18.239	22.107	26.282	30.556	
	总渗透力比/%	51.85	47.12	45.60	44.21	43.80	43.65	46.04
10	静水压力/kPa	100	150	200	250	300	350	
	有效支护力/kPa	25.038	24.707	24.651	24.641	24.648	24.655	
	总极限支护力/kPa	115	156.975	199.65	242.075	285	328.05	
	总平均渗透力/kPa	14.962	19.768	24.999	29.934	35.352	40.895	
	总平均渗透力比/%	59.85	52.71	50.00	47.89	47.14	46.74	50.72
12	静水压力/kPa	120	180	240	300	360	420	
	有效支护力/kPa	30.045	29.648	29.581	29.569	29.578	29.586	
	总极限支护力/kPa	139.8	190.26	241.56	292.56	344.25	396.09	
	总渗透力/kPa	19.755	25.612	31.979	37.991	44.672	51.504	
	总渗透力比/%	65.85	56.92	53.30	50.65	49.64	49.05	54.24
14	静水压力/kPa	140	210	280	350	420	490	
	有效支护力/kPa	35.053	34.589	34.511	34.498	34.507	34.517	
	总极限支护力/kPa	164.5	223.44	282.59	342.93	402.5	463.05	
	总平均渗透力/kPa	24.447	31.351	38.079	45.932	52.993	61.033	
	总平均渗透力比/%	69.85	59.72	54.40	52.49	50.47	49.82	56.12
16	静水压力/kPa	160	240	320	400	480	560	
	有效支护力/kPa	40.06	39.531	39.441	39.426	39.437	39.448	
	总极限支护力/kPa	188.8	256.2	323.84	391.92	461	530.28	
	总渗透力/kPa	28.74	36.669	44.399	52.494	61.563	70.832	
	总渗透力比/%	71.85	61.12	55.50	52.49	51.30	50.59	57.14

由拟合曲线可以得到，内摩擦角为 25°时，总渗透力比与隧道直径比之间关系的拟合公式如式(4-17)所示，其中 y 表示总渗透力比，x 表示隧道直径比。

$$y = -35.931x^2 + 75.61x + 17.51 \tag{4-17}$$

也就是说，当地层内摩擦角为25°时，根据当前隧道直径D，求出隧道直径比D/D_{max}，将隧道直径比（x）代入式(4-17)即可得到开挖面总渗透力比（y）的值。

（3）内摩擦角为30°

内摩擦角为30°时，数值模拟得到的不同直径、不同H/D的总渗透力比的结果如表4-19所示。取每种隧道直径所对应的六种H/D情况下求得的总渗透力比的平均值，然后通过曲线拟合，得到内摩擦角为30°时，可决系数R^2为0.9947的总渗透力比随隧道直径比的拟合曲线，如图4-28所示。

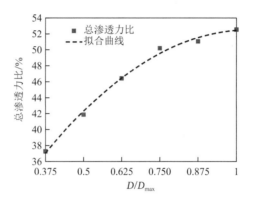

图 4-28　内摩擦角为30°时总渗透力比与隧道直径比的关系

由拟合曲线可以得到，内摩擦角为 30°时，总渗透力比与隧道直径比之间关系的拟合公式如式(4-18)所示，其中y表示总渗透力比，x表示隧道直径比。

$$y = -34.613x^2 + 72.221x + 14.849 \tag{4-18}$$

也就是说，当地层内摩擦角为30°时，根据当前隧道直径D，求出隧道直径比D/D_{max}，将隧道直径比（x）代入式(4-18)即可得到开挖面总渗透力比（y）的值。

内摩擦角为30°时总渗透力比结果　　　　　　　　　　　表 4-19

直径/m		$H/D = 0.5$	$H/D = 1.0$	$H/D = 1.5$	$H/D = 2.0$	$H/D = 2.5$	$H/D = 3.0$	平均值
6	静水压力/kPa	60	90	120	150	180	210	
	有效支护力/kPa	10.315	10.281	10.278	10.278	10.278	10.278	
	总极限支护力/kPa	61.2	86.31	111.21	136.62	161.625	187.11	
	总渗透力/kPa	5.885	8.529	10.932	13.842	16.347	19.332	
	总渗透力比/%	39.23	37.91	36.44	36.91	36.33	36.82	37.27
8	静水压力/kPa	80	120	160	200	240	280	
	有效支护力/kPa	13.753	13.707	13.705	13.704	13.704	13.704	
	总极限支护力/kPa	83.6	116.76	150.04	183.54	217	251.1	
	总渗透力/kPa	9.847	13.053	16.335	19.836	23.296	27.396	
	总渗透力比/%	49.24	43.51	40.84	39.67	38.83	39.14	41.87

直径/m		H/D = 0.5	H/D = 1.0	H/D = 1.5	H/D = 2.0	H/D = 2.5	H/D = 3.0	平均值
10	静水压力/kPa	100	150	200	250	300	350	
	有效支护力/kPa	17.191	17.134	17.131	17.13	17.13	17.131	
	总极限支护力/kPa	106.5	148.05	189.75	231.725	273.75	315.9	
	总平均渗透力/kPa	14.309	18.416	22.619	27.095	31.62	36.269	
	总平均渗透力比/%	57.24	49.11	45.24	43.35	42.16	41.45	46.42
12	静水压力/kPa	120	180	240	300	360	420	
	有效支护力/kPa	20.629	20.561	20.557	20.556	20.557	20.557	
	总极限支护力/kPa	129.6	179.55	229.68	280.14	331.5	382.32	
	总渗透力/kPa	18.971	23.989	29.123	34.584	40.943	46.763	
	总渗透力比/%	63.24	53.31	48.54	46.11	45.49	44.54	50.20
14	静水压力/kPa	140	210	280	350	420	490	
	有效支护力/kPa	24.067	23.988	23.983	23.983	23.98	23.98	
	总极限支护力/kPa	151.9	210.21	267.96	327.635	386.75	446.985	
	总平均渗透力/kPa	22.833	28.722	33.977	41.152	47.77	55.505	
	总平均渗透力比/%	65.24	54.71	48.54	47.03	45.50	45.31	51.06
16	静水压力/kPa	160	240	320	400	480	560	
	有效支护力/kPa	27.506	27.415	27.409	27.409	27.409	27.409	
	总极限支护力/kPa	175.2	241.08	307.12	375.36	443	511.92	
	总渗透力/kPa	27.694	33.665	39.711	47.951	55.591	64.511	
	总渗透力比/%	69.24	56.11	49.64	47.95	46.33	46.08	52.56

（4）内摩擦角为 35°

内摩擦角为 35° 时，数值模拟得到的不同直径、不同 H/D 的总渗透力比的结果如表 4-20 所示。取每种隧道直径所对应的六种 H/D 情况下求得的总渗透力比的平均值，然后通过曲线拟合，得到内摩擦角为 35° 时，可决系数 R^2 为 0.9992 的总渗透力比随隧道直径比的拟合曲线，如图 4-29 所示。

由拟合曲线可以得到，内摩擦角为 35° 时，总渗透力比与隧道直径比之间关系的拟合公式如式(4-19)所示。其中，y 表示总渗透力比，x 表示隧道直径比。

$$y = -41.879x^2 + 84.134x + 4.6586 \tag{4-19}$$

也就是说，当地层内摩擦角为 35° 时，根据当前隧道直径 D，求出隧道直径比 $D/D_{\max}$，将隧道直径比（x）代入式(4-19)即可得到开挖面总渗透力比（y）的值。

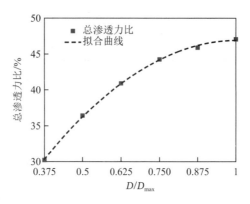

图 4-29 内摩擦角为 35°时总渗透力比与隧道直径比的关系

内摩擦角为 35°时总渗透力比结果　　　　　　　　表 4-20

直径/m		$H/D = 0.5$	$H/D = 1.0$	$H/D = 1.5$	$H/D = 2.0$	$H/D = 2.5$	$H/D = 3.0$	平均值
6	静水压力/kPa	60	90	120	150	180	210	
	有效支护力/kPa	7.4197	7.4166	7.4166	7.4166	7.4166	7.4166	
	总极限支护力/kPa	57.3	81.9	106.26	130.755	155.625	180.63	
	总渗透力/kPa	4.8803	6.9834	8.8434	10.8384	13.2084	15.7134	
	总渗透力比/%	32.54	31.04	29.48	28.90	29.35	29.93	30.21
8	静水压力/kPa	80	120	160	200	240	280	
	有效支护力/kPa	9.893	9.8889	9.8888	9.89	9.89	9.89	
	总极限支护力/kPa	78.4	110.88	143.88	177.1	210.5	244.8	
	总渗透力/kPa	8.507	10.9911	13.9912	17.21	20.61	24.91	
	总渗透力比/%	42.54	36.64	34.98	34.42	34.35	35.59	36.42
10	静水压力/kPa	100	150	200	250	300	350	
	有效支护力/kPa	12.366	12.361	12.361	12.361	12.361	12.361	
	总极限支护力/kPa	99.5	140.7	182.6	223.675	266.25	307.8	
	总平均渗透力/kPa	12.134	15.839	20.239	23.814	28.889	32.939	
	总平均渗透力比/%	48.54	42.24	40.48	38.10	38.52	37.64	40.92

直径/m		$H/D = 0.5$	$H/D = 1.0$	$H/D = 1.5$	$H/D = 2.0$	$H/D = 2.5$	$H/D = 3.0$	平均值
12	静水压力/kPa	120	180	240	300	360	420	
	有效支护力/kPa	14.839	14.833	14.833	14.833	14.833	14.833	
	总极限支护力/kPa	121.2	170.73	220.44	271.17	321	371.79	
	总渗透力/kPa	16.361	20.897	25.607	31.337	36.167	41.957	
	总渗透力比/%	54.54	46.44	42.68	41.78	40.19	39.96	44.26
14	静水压力/kPa	140	210	280	350	420	490	
	有效支护力/kPa	17.313	17.306	17.305	17.305	17.305	17.305	
	总极限支护力/kPa	142.8	199.92	257.95	317.17	376.25	434.7	
	总平均渗透力/kPa	20.487	25.114	30.645	37.365	43.945	49.895	
	总平均渗透力比/%	58.53	47.84	43.78	42.70	41.85	40.73	45.91
16	静水压力/kPa	160	240	320	400	480	560	
	有效支护力/kPa	19.786	19.778	19.778	19.778	19.778	19.778	
	总极限支护力/kPa	164	229.32	295.68	363.4	431	497.88	
	总渗透力/kPa	24.214	29.542	35.902	43.622	51.222	58.102	
	总渗透力比/%	60.54	49.24	44.88	43.62	42.69	41.50	47.08

（5）内摩擦角为 40°

内摩擦角为 40°时，数值模拟得到的不同直径、不同H/D的总渗透力比的结果如表 4-21 所示。取每种隧道直径所对应的六种H/D情况下求得的总渗透力比的平均值，然后通过曲线拟合，得到内摩擦角为 40°时，可决系数R^2为 0.9986 的总渗透力比随隧道直径比的拟合曲线，如图 4-30 所示。

由拟合曲线可以得到，内摩擦角为 40°时，总渗透力比与隧道直径比之间关系的拟合公式如式(4-20)所示，其中y表示总渗透力比，x表示隧道直径比。

$$y = -65.847x^2 + 129.48x - 21.146 \tag{4-20}$$

也就是说，当地层内摩擦角为 40°时，根据当前隧道直径D，求出隧道直径比D/D_{max}，将隧道直径比（x）代入式(4-20)即可得到开挖面总渗透力比（y）的值。

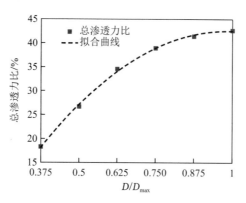

图 4-30 内摩擦角为 40°时总渗透力比与隧道直径比的关系

内摩擦角为 40°时总渗透力比结果 表 4-21

直径/m		H/D = 0.5	H/D = 1.0	H/D = 1.5	H/D = 2.0	H/D = 2.5	H/D = 3.0	平均值
6	静水压力/kPa	60	90	120	150	180	210	
	有效支护力/kPa	5.4601	5.46	5.46	5.46	5.46	5.46	
	总极限支护力/kPa	52.5	76.86	100.98	125.235	149.625	173.745	
	总渗透力/kPa	2.0399	3.9	5.52	7.275	9.165	10.785	
	总渗透力比/%	13.60	17.33	18.40	19.40	20.37	20.54	18.27
8	静水压力/kPa	80	120	160	200	240	280	
	有效支护力/kPa	7.2802	7.28	7.28	7.28	7.28	7.28	
	总极限支护力/kPa	73.2	105.42	137.72	170.2	202.5	235.44	
	总渗透力/kPa	5.9198	8.14	10.44	12.92	15.22	18.16	
	总渗透力比/%	29.60	27.13	26.10	25.84	25.37	25.94	26.66
10	静水压力/kPa	100	150	200	250	300	350	
	有效支护力/kPa	9.1002	9.1001	9.1001	9.1001	9.1001	9.1001	
	总极限支护力/kPa	94.5	135.45	176.55	216.775	257.5	298.35	
	总平均渗透力/kPa	10.3998	13.8499	17.4499	20.1749	23.3999	26.7499	
	总平均渗透力比/%	41.60	36.93	34.90	32.28	31.20	30.57	34.58
12	静水压力/kPa	120	180	240	300	360	420	
	有效支护力/kPa	10.92	10.92	10.92	10.92	10.92	10.92	
	总极限支护力/kPa	115.2	164.43	213.84	263.58	312.75	362.07	
	总渗透力/kPa	14.28	18.51	22.92	27.66	31.83	36.15	
	总渗透力比/%	47.60	41.13	38.20	36.88	35.37	34.43	38.94

续表

直径/m		$H/D=0.5$	$H/D=1.0$	$H/D=1.5$	$H/D=2.0$	$H/D=2.5$	$H/D=3.0$	平均值
14	静水压力/kPa	140	210	280	350	420	490	
	有效支护力/kPa	12.74	12.74	12.74	12.74	12.74	12.74	
	总极限支护力/kPa	135.8	192.57	250.25	309.925	367.5	426.195	
	总平均渗透力/kPa	18.06	22.33	27.51	34.685	39.76	45.955	
	总平均渗透力比/%	51.60	42.53	39.30	39.64	37.87	37.51	41.41
16	静水压力/kPa	160	240	320	400	480	560	
	有效支护力/kPa	14.56	14.56	14.56	14.56	14.56	14.56	
	总极限支护力/kPa	156	221.76	286	355.12	421	488.16	
	总渗透力/kPa	21.44	27.2	31.44	40.56	46.44	53.6	
	总渗透力比/%	53.60	45.33	39.30	40.56	38.70	38.29	42.63

9. 排水条件下开挖面总极限支护力的分析方法

（1）开挖面水压力为 0

当开挖面水压力为 0 时，排水条件下稳态渗流时，盾构隧道开挖面主动破坏时的总极限支护力等于开挖面前方破坏区土体自重引起的有效支护力与开挖面受到的总渗透力。

有效支护力可通过基于已有的破坏模式，采用极限分析法，代入有效重度进行计算。欲求开挖面受到的总渗透力，则必须先求出总渗透力比的值。根据研究成果，总渗透力比只和隧道直径与土体内摩擦角密切相关。因此，对于一个实际工程，若已知隧道直径和土体内摩擦角，则可根据以下方法求出总渗透力比：

通过当前隧道直径 D 求出隧道直径比 $x=D/D_{max}$，其中 $D_{max}=16m$。

根据土体内摩擦角的大小，选择合适的拟合公式（表 4-22），代入求得总渗透力比，需要指出的是，从土体内摩擦角对总渗透力比的影响的分析中可以发现，总渗透力比随着内摩擦角的增大近似线性减小，因而对于当前土体内摩擦角无法通过直接查到的情况，可采用线性插值的方法求出总渗透力比。

求出总渗透力比之后，再根据总渗透力比的定义即可求得开挖面受到的总渗透力。

开挖面水压力为 0 时总渗透力比的拟合公式　　　　　　表 4-22

土体内摩擦角/°	总渗透力比 y 与隧道直径比 x 的关系
20	$y=-11.927x^2+25.568x+40.734$
25	$y=-10.645x^2+23.552x+37.088$
30	$y=-10.668x^2+23.875x+31.856$
35	$y=-16.304x^2+34.771x+22.018$
40	$y=-20.143x^2+44.298x+11.779$

至此，开挖面水压力为零时的盾构隧道主动破坏时开挖面总极限支护力的解析解易于求出。

（2）开挖面水压力为 $0.25P_0$

当开挖面水压力为 $0.25P_0$ 时，排水条件下稳态渗流时，盾构隧道开挖面主动破坏时的总极限支护力等于作用在开挖面上的水压力 $0.25P_0$、开挖面前方破坏区土体自重引起的有效支护力与开挖面受到的总渗透力三部分的和。

有效支护力可基于已有的破坏模式，采用极限分析法，代入有效重度进行计算。

总渗透力的求解步骤与开挖面水压力为 0 时相同，只是总渗透力比与隧道直径比之间关系的拟合公式不同（表4-23）。

至此，开挖面水压力为 $0.25P_0$ 时的盾构隧道主动破坏时开挖面总极限支护力的解析解易于求出。

开挖面水压力为 $0.25P_0$ 时总渗透力比的拟合公式　　表 4-23

土体内摩擦角/°	总渗透力比y与隧道直径比x的关系
20	$y = -15.143x^2 + 32.105x + 37.327$
25	$y = -14.093x^2 + 30.349x + 34.019$
30	$y = -11.929x^2 + 27.08x + 30.267$
35	$y = -18.413x^2 + 39.48x + 19.859$
40	$y = -25.87x^2 + 55.616x + 6.8479$

（3）开挖面水压力为 $0.5P_0$

当开挖面水压力为 $0.5P_0$ 时，排水条件下稳态渗流时，盾构隧道开挖面主动破坏时的总极限支护力等于作用在开挖面上的水压力 $0.5P_0$、开挖面前方破坏区土体自重引起的有效支护力与开挖面受到的总渗透力三部分的和。有效支护力可基于已有的破坏模式，采用极限分析法，代入有效重度进行计算。总渗透力的求解步骤与开挖面水压力为 0 时相同，只是总渗透力比与隧道直径比之间关系的拟合公式不同（表4-24）。

开挖面水压力为 $0.5P_0$ 时总渗透力比的拟合公式　　表 4-24

土体内摩擦角/°	总渗透力比y与隧道直径比x的关系
20	$y = -20.895x^2 + 43.951x + 31.587$
25	$y = -19.837x^2 + 41.916x + 29.249$
30	$y = -18.243x^2 + 38.768x + 25.992$
35	$y = -26.592x^2 + 53.722x + 14.776$
40	$y = -33.924x^2 + 71.72x + 0.145$

至此，开挖面水压力为 $0.5P_0$ 时的盾构隧道主动破坏时开挖面总极限支护力的解析解易于求出。

（4）开挖面水压力为 $0.75P_0$

当开挖面水压力为 $0.75P_0$ 时，排水条件下稳态渗流时，盾构隧道开挖面主动破坏时的总极限支护力等于作用在开挖面上的水压力 $0.75P_0$、开挖面前方破坏区土体自重引起的有效支护力与开挖面受到的总渗透力三部分的和。

有效支护力可基于已有的破坏模式，采用极限分析法，代入有效重度进行计算。总渗透力的求解步骤与开挖面水压力为 0 时相同，只是总渗透力比与隧道直径比之间关系的拟合公式不同（表 4-25）。

开挖面水压力为 0.75P_0 时总渗透力比的拟合公式　　　　　　　　　　表 4-25

土体内摩擦角/°	总渗透力比 y 与隧道直径比 x 的关系
20	$y = -44.112x^2 + 86.853x + 14.499$
25	$y = -35.931x^2 + 75.61x + 17.51$
30	$y = -34.613x^2 + 72.221x + 14.849$
35	$y = -41.879x^2 + 84.134x + 4.6586$
40	$y = -65.847x^2 + 129.48x - 21.146$

至此，开挖面水压力为 0.75P_0 时的盾构隧道主动破坏时开挖面总极限支护力的解析解易于求出。

（5）开挖面水压力为 P_0

当开挖面的水压力为 P_0 时，排水条件下稳态渗流时，盾构隧道开挖面主动破坏时的总极限支护力等于作用在开挖面上的水压力 P_0 与开挖面前方破坏区土体自重引起的有效支护力两部分的和。

有效支护力基于已有的破坏模式，采用极限分析法，代入有效重度进行计算。至此，开挖面水压力为 P_0 时的盾构隧道主动破坏时开挖面总极限支护力的解析解易于求出。

10. 排水条件下开挖面总极限支护力解析解的验证

为验证本章排水条件下稳态渗流时盾构隧道开挖稳定性分析方法的正确性，本节采用 FLAC^{3D} 建立三维模型，分别对开挖面水压力为 0、0.25P_0、0.5P_0、0.75P_0 和 P_0 五种情况的总极限支护力解析解进行验证。

（1）开挖面水压力为 0

基于表 4-26 所示的参数，针对直径为 9m 和 13m，埋深比 $C/D = 2.0$ 的盾构隧道，分别得出水位线 $H/D = 1.0$、$H/D = 2.0$ 与 $H/D = 3.0$ 三种情况（包含水位线在地表以下、水位线与地表持平和水位线在地表以上）下总极限支护力的解析解与数值解随内摩擦角的变化关系，并将解析解与数值解进行对比，对本章开挖面水压力为 0 时的总极限支护力解析解进行验证。

验证时采用的土体物理力学参数　　　　　　　　　　表 4-26

材料特性	干重度/ （kN/m³）	有效重度/ （kN/m³）	黏聚力/ kPa	土体渗透系数/ （m/s）	孔隙率
数值	19	14	5	1×10^{-6}	0.5

图 4-31 给出了开挖面总极限支护力解析解与数值解的对比。可以看出：解析解与数值解均表现出，随着内摩擦角的增大，总极限支护力逐渐减小；解析解与数值解吻合较好，且在 $H/D = 1.0$ 时吻合最好。

对于隧道直径 9m 的情况，$H/D = 1.0$ 时，解析解与数值解的最大相对偏差为 7.13%，最小相对偏差 1.35%；$H/D = 2.0$ 时，解析解与数值解的最大相对偏差为 12.92%，最小相对偏差 2.41%；$H/D = 3.0$ 时，解析解与数值解的最大相对偏差为 10.34%，最小相对偏差 1.53%。

对于隧道直径 13m 的情况，$H/D = 1.0$ 时，解析解与数值解的最大相对偏差为 1.21%，最小相对偏差 0.22%；$H/D = 2.0$ 时，解析解与数值解的最大相对偏差为 5.63%，最小相对偏差 1.91%；$H/D = 3.0$ 时，解析解与数值解的最大相对偏差为 7.32%，最小相对偏差 1.29%。

解析解与数值解的相对偏差均在可接受的范围，说明本章解析解用于分析开挖面水压力为 0 时，排水条件下稳态渗流时盾构隧道开挖面稳定性是合理可行的。

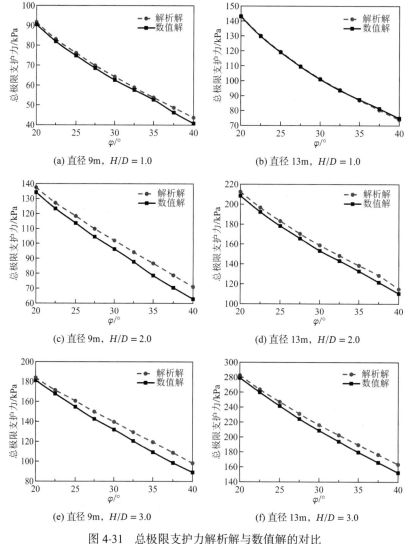

图 4-31　总极限支护力解析解与数值解的对比

（2）开挖面水压力为 $0.25P_0$

基于表 4-26 所示的参数，针对直径为 9m 和 13m，埋深比 $C/D = 2.0$ 的盾构隧道，分别得出水位线 $H/D = 1.0$、$H/D = 2.0$ 与 $H/D = 3.0$ 三种情况（包含水位线在地表以下、水位线与地表持平和水位线在地表以上）下总极限支护力的解析解与数值解随内摩擦角的变化关系，并将解析解与数值解进行对比，对本章开挖面水压力为 $0.25P_0$ 时的总极限支护力解析解进行验证。

图 4-32 给出了开挖面总极限支护力解析解与数值解的对比。可以看出：解析解与数值解均表现出，随着内摩擦角的增大，总极限支护力逐渐减小；解析解与数值解吻合较好，且在 $H/D = 1.0$ 时吻合最好。

对于隧道直径 9m 的情况，$H/D = 1.0$ 时，解析解与数值解的最大相对偏差为 3.22%，最小相对偏差 0.89%；$H/D = 2.0$ 时，解析解与数值解的最大相对偏差为 6.26%，最小相对偏差 1.62%；$H/D = 3.0$ 时，解析解与数值解的最大相对偏差为 5.11%，最小相对偏差 1.14%。

对于隧道直径 13m 的情况，$H/D = 1.0$ 时，解析解与数值解的最大相对偏差为 1.26%，最小相对偏差 0.02%；$H/D = 2.0$ 时，解析解与数值解的最大相对偏差为 2.66%，最小相对偏差 1.57%；$H/D = 3.0$ 时，解析解与数值解的最大相对偏差为 4.56%，最小相对偏差 1.27%。

解析解与数值解的相对偏差均在可接受的范围，说明本章解析解用于分析开挖面水压力为 $0.25P_0$ 时，排水条件下稳态渗流时盾构隧道开挖面稳定性是合理可行的。

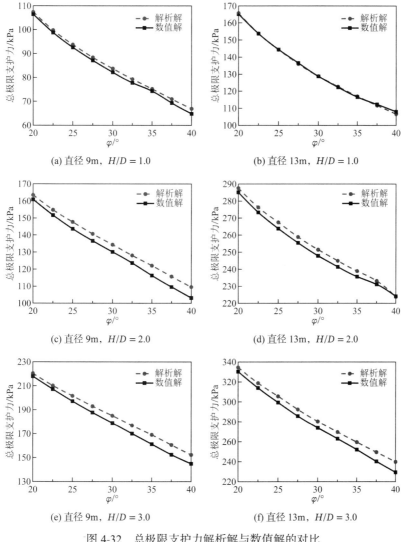

(a) 直径 9m，$H/D = 1.0$　　　　(b) 直径 13m，$H/D = 1.0$

(c) 直径 9m，$H/D = 2.0$　　　　(d) 直径 13m，$H/D = 2.0$

(e) 直径 9m，$H/D = 3.0$　　　　(f) 直径 13m，$H/D = 3.0$

图 4-32　总极限支护力解析解与数值解的对比

（3）开挖面水压力为 $0.5P_0$

基于表 4-26 所示的参数，针对直径为 9m 和 13m，埋深比$C/D = 2.0$ 的盾构隧道，分别得出水位线$H/D = 1.0$、$H/D = 2.0$ 与$H/D = 3.0$ 三种情况（包含水位线在地表以下、水位线与地表持平和水位线在地表以上）下总极限支护力的解析解与数值解随内摩擦角的变化关系，并将解析解与数值解进行对比，对本章开挖面水压力为 $0.5P_0$时的总极限支护力解析解进行验证。

图 4-33 给出了开挖面总极限支护力解析解与数值解的对比。可以看出：解析解与数值解均表现出，随着内摩擦角的增大，总极限支护力逐渐减小；解析解与数值解吻合较好，且在$H/D = 1.0$ 时吻合最好。

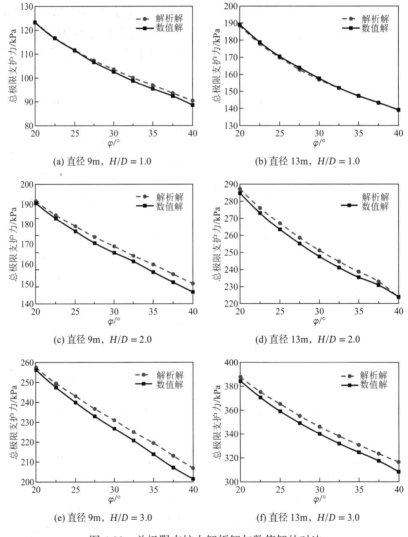

图 4-33　总极限支护力解析解与数值解的对比

对于隧道直径 9m 的情况，$H/D = 1.0$ 时，解析解与数值解的最大相对偏差为 2.08%，最小相对偏差 0.15%；$H/D = 2.0$ 时，解析解与数值解的最大相对偏差为 2.96%，最小相对偏差 0.55%；$H/D = 3.0$ 时，解析解与数值解的最大相对偏差为 2.87%，最小相对偏差 0.49%。

对于隧道直径 13m 的情况，$H/D = 1.0$ 时，解析解与数值解的最大相对偏差为 0.68%，最小相对偏差 0.08%；$H/D = 2.0$ 时，解析解与数值解的最大相对偏差为 1.46%，最小相对偏差 0.11%；$H/D = 3.0$ 时，解析解与数值解的最大相对偏差为 2.64%，最小相对偏差 0.89%。

解析解与数值解的相对偏差均在可接受的范围，说明本章解析解用于分析开挖面水压力为 $0.5P_0$ 时，排水条件下稳态渗流时盾构隧道开挖面稳定性是合理可行的。

（4）开挖面水压力为 $0.75P_0$

基于表 4-26 所示的参数，针对直径为 9m 和 13m，埋深比 $C/D = 2.0$ 的盾构隧道，分别得出水位线 $H/D = 1.0$、$H/D = 2.0$ 与 $H/D = 3.0$ 三种情况（包含水位线在地表以下、水位线与地表持平和水位线在地表以上）下总极限支护力的解析解与数值解随内摩擦角的变化关系，并将解析解与数值解进行对比，对本章开挖面水压力为 $0.75P_0$ 时的总极限支护力解析解进行验证。

图 4-34 给出了开挖面总极限支护力解析解与数值解的对比。可以看出：解析解与数值解均表现出，随着内摩擦角的增大，总极限支护力逐渐减小；解析解与数值解吻合较好，且在 $H/D = 1.0$ 时吻合最好。

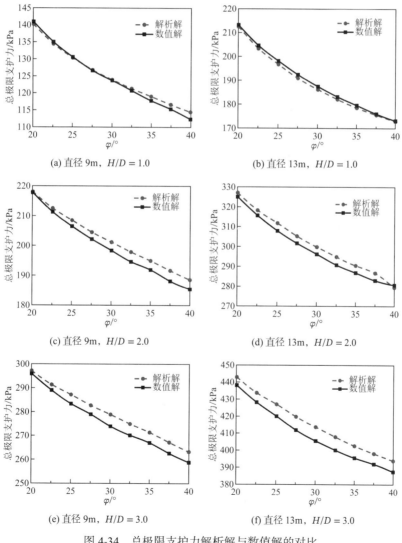

图 4-34　总极限支护力解析解与数值解的对比

对于隧道直径9m的情况，$H/D = 1.0$时，解析解与数值解的最大相对偏差为1.88%，最小相对偏差0.20%；$H/D = 2.0$时，解析解与数值解的最大相对偏差为1.87%，最小相对偏差0.13%；$H/D = 3.0$时，解析解与数值解的最大相对偏差为1.82%，最小相对偏差0.41%。

对于隧道直径13m的情况，$H/D = 1.0$时，解析解与数值解的最大相对偏差为0.82%，最小相对偏差0.15%；$H/D = 2.0$时，解析解与数值解的最大相对偏差为1.42%，最小相对偏差0.45%；$H/D = 3.0$时，解析解与数值解的最大相对偏差为2.00%，最小相对偏差1.08%。

解析解与数值解的相对偏差均在可接受范围，说明本章解析解用于分析开挖面水压力为$0.75P_0$时，排水条件稳态渗流时盾构隧道开挖面稳定性是合理可行的。

（5）开挖面水压力为P_0

针对砂土地层对开挖面水压力为P_0时的总极限支护力解析解进行验证。砂土的土体物理力学参数如表4-26所示，埋深比$C/D = 2.0$。

图4-35给出了不同H/D情况下总极限支护力的解析解和数值解的对比。可以看出：解析解与数值解均表现出，随着H/D的增大，总极限支护力逐渐增大；解析解与数值解吻合非常好，砂土地层总极限支护力的解析解与数值解的最大相对偏差为4.91%，最小相对偏差1.94%。解析解与数值解的相对偏差均在可接受范围，说明本章解析解用于分析开挖面水压力为P_0时，排水条件下稳态渗流时盾构隧道开挖面稳定性是合理可行的。

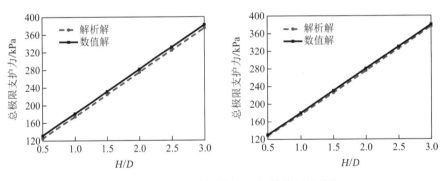

图4-35 总极限支护力解析解与数值解的对比

11. 开挖面水压力对总极限支护力的影响

基于本章提出的排水条件下盾构隧道开挖面极限支护力的解析解，所示的土体参数，盾构隧道直径取$D = 10$m，埋深$C = 2.0D$，分别得到$H/D = 0.5$、1.0、1.5、2.0、2.5、3.0六种情况下开挖面受到的总渗透力和开挖面的总极限支护力随开挖面水压力的变化曲线，如图4-36所示。其中，横坐标P/P_0表示开挖面的水压力P与初始静水压力P_0的比值。

可以看出：开挖面受到的总渗透力随着开挖面水压力的增大而逐渐减小，且近似线性减小；而开挖面的总极限支护力随着开挖面水压力的增大而逐渐增大，且近似线性增大。即相同参数条件下，当开挖面水压力为0时，开挖面受到的总渗透力最大，但开挖面的总极限支护力最小；当开挖面水压力为P_0时，开挖面受到的总渗透力为0，但开挖面的总极限支护力最大。

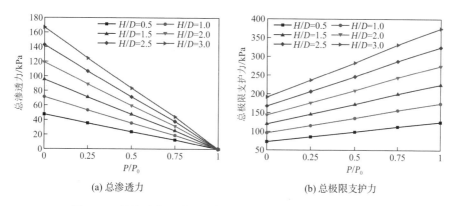

(a) 总渗透力　　　　　　　　　　　(b) 总极限支护力

图 4-36　总渗透力和总极限支护力随开挖面水压力的变化曲线

另外，由于开挖面的总极限支护力与开挖面的水压力近似呈线性关系，因而基于本章解析解，可通过线性插值的方法得到开挖面水压力为 0 和P_0之间任意值时的盾构隧道开挖面主动破坏时总极限支护力的值。

4.2　盾构隧道开挖面排水条件判定

隧道开挖可能不会立即引起开挖面的水头损失，换句话说，隧道开挖后地下水渗流达到稳定状态需要一定的时间。不排水效应与排水效应的判定与地层渗透系数以及开挖掘进速度有关。本章主要采用数值模拟的方法分析了地下水渗流时间以及地层渗透系数对孔隙水压力的影响，然后定性分析了开挖掘进速度和地层渗透系数对孔隙水压力分布的影响，提出了排水条件的判定思路，并结合相关文献的研究成果，定量给出了排水条件的判定方法。最后选取两个实际工程，将本书的研究成果应用到实际盾构隧道开挖面稳定性的分析中。

1. 不排水效应与排水效应的判定

不排水效应认为地下水尚未发生渗流，超孔隙水压力尚未开始消散，土体没有发生体积变形；排水效应认为地下水渗流达到稳定状态，孔隙水压力分布不再发生变化。不排水效应和排水效应分别对应两个极端情况：$t = 0$ 和 $t = \infty$。对于一个实际盾构工程，在分析开挖面稳定性前必须首先判定是采用不排水效应分析还是排水效应分析。

（1）地下水渗流时间对地层孔隙水压力的影响

采用 FLAC^{3D} 建立三维模型，模拟隧道开挖后地下水渗流时间对地层孔隙水压力的影响。隧道直径为 10m，隧道拱顶覆土 20m，水位线位于地表，地层渗透系数为 1×10^{-7}m/s，模型计算边界为 120m × 100m × 70m（长 × 宽 × 高）。隧道开挖仍然选择一次开挖到计算截面，取隧道开挖面中心点前方 1m 的节点作为监测点，假设地下水未发生渗流时，该位置处的孔隙水压力为 p_0，地下水渗流发生至某一时间点时，该位置处的孔隙水压力变为 p_t，图 4-37 给出了该位置处 p_t/p_0 随地下水渗流时间 t 的变化曲线。可以看出：当 $t = 0$，$p_t/p_0 = 1$，地下水尚未开始渗流，监测点的孔隙水压力仍为初始孔隙水压力 p_0；随着时间的推移，地下水发生渗流，在渗流初始阶段，监测点孔隙水压力急剧减小，当减小到一定程度时，随着时间的推移，监测点孔隙水压力仍在减小，但减小速度变慢；当渗流时间足够长时，监测点孔隙水压力基本不再发生变化，达到稳定渗流状态。

通过以上分析可知，地下水渗流时间对地层孔隙水压力有着显著影响。当地下水渗流时间很短时，即盾构开挖掘进速度很快时，地层孔隙水压力相比初始孔隙水压力变化较小，可近似认为地下水尚未发生渗流，孔隙水压力分布没有发生变化，在分析开挖面稳定性时可按照不排水效应处理。当地下水渗流时间很长时，即盾构开挖掘进速度很慢时，地层孔隙水压力相比初始孔隙水压力变化较大，且孔隙水压力分布基本不再发生变化，地下水渗流达到稳定状态，在分析开挖面稳定性时可按照排水效应处理。

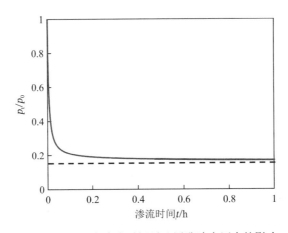

图 4-37　地下水渗流时间对地层孔隙水压力的影响

（2）地层渗透系数对孔隙水压力的影响

采用 FLAC^{3D} 建立三维模型，隧道直径为 10m，隧道拱顶覆土 20m，水位线位于地表，模型计算边界为 120m × 100m × 70m（长 × 宽 × 高）。针对地层渗透系数 k 为 1×10^{-4} m/s、1×10^{-5} m/s、1×10^{-6} m/s、1×10^{-7} m/s、1×10^{-8} m/s，模拟得到不同地层渗透系数对应的开挖面中心点前方 1m 处节点的 p_t/p_0 随地下水渗流时间 t 的变化曲线，如图 4-38 所示。

从图 4-38 可以看出：地层渗透系数不同，地下水渗流稳定所需要的时间不同；地层渗透系数越小，地下水渗流达到稳定所需要的时间越久，渗透系数从 1×10^{-4} m/s 到 1×10^{-8} m/s 地下水渗流稳定所需的时间依次大致为 6s、30s、300s、0.6h = 2160s、6h = 21600s；若认为盾构隧道开挖一环所需的时间为 1h，则地层渗透系数小于 1×10^{-7} m/s 的地层尚未达到稳态渗流，渗透系数大于等于 1×10^{-7} m/s 的地层已经达到稳态渗流。需要指出的是，FLAC^{3D} 流体计算的时间不一定都是真实的时间，只有当所有的流体参数都是真实时才是真实的时间，且经过计算发现，不同监测点达到渗流稳定所需要的时间不同，距离开挖面越近的监测点达到渗流稳定所需要的时间较短，距离开挖面较远的监测点达到渗流稳定所需要的时间较长，因而图中所示的渗流时间并不能代表实际地层渗流达到稳定的时间，即该渗流时间的值是没有实际工程意义的，只能通过比较不同渗透系数对应的渗流时间的数值来定性分析渗透系数对地下水渗流时间的影响。

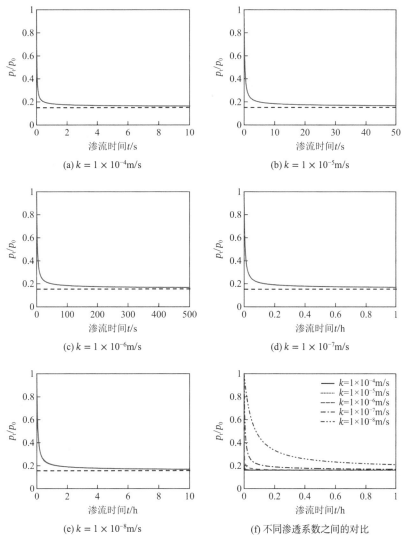

图 4-38　地层渗透系数对孔隙水压力的影响

从图 4-38（f）可以看出，当渗流时间相同时，渗透系数越小，地层孔隙水压力变化越小，当要求渗流时间非常短时，对于地层渗透系数较大的地层，孔隙水压力变化较大，甚至渗流达到稳定，对于地层渗透系数较小的地层，孔隙水压力变化非常小，甚至未发生渗流。也就是说，若盾构掘进速度较快（渗流时间较短），地层渗透系数较小的孔隙水压力变化较小，在分析开挖面稳定性时可按照不排水效应处理，地层渗透系数较大的孔隙水压力变化较大，在分析开挖面稳定性时可按照排水效应处理；若盾构掘进速度非常慢（渗流时间非常长），则无论地层渗透系数多大，孔隙水压力变化都非常大，甚至达到稳定渗流状态，在分析开挖面稳定性时都应按照排水效应处理。

2. 不排水与排水条件的判定

参考 Lee 和 Nam 的做法，采用掘进速度与地层渗透系数的比值v/k来分析地层渗透系数以及开挖速度对孔隙水压力分布的影响，即横坐标采用v/k，纵坐标仍采用p_t/p_0，如

图 4-39 所示，需要指出的是，由于采用 FLAC³ᴰ 进行数值模拟过程中掘进速度v难以输入，故而用相同掘进长度的渗流时间来表征掘进速度，且由于数值模拟开挖时采用一次开挖到分析断面，此时的掘进长度是没有实际意义的，无法反映实际掘进情况，更无法真实反映掘进速度，且数值模拟得到的渗流时间只有当流体参数都是真实值时才是真实的渗流时间，因而横轴没有标出坐标值，横轴从左到右仅表示随着v/k的增大，具体数值是多少在这里并不进行讨论。

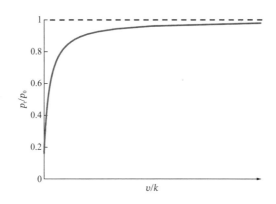

图 4-39 开挖速度与地层渗透系数对地层孔隙水压力的影响

从图 4-39 可以看出：随着v/k的增大，p_t/p_0从较小的数值剧烈增大到一定程度，而后缓慢增大，最后逐渐趋于 1。这说明，当v/k较小时，即掘进速度较慢，渗透系数较大时，地层孔隙水压力变化非常明显，地下水渗流作用较为明显，在分析开挖面稳定性时可按照排水效应处理；当v/k较大时，即掘进速度较快，渗透系数较小时，地层孔隙水压力变化不明显，与初始孔隙水压力相差不大，地下水渗流作用不明显，当v/k趋近于无穷大时，p_t/p_0趋近于 1，地层孔隙水压力基本不发生变化，在分析开挖面稳定性时可按照不排水效应处理。

由于无法定量给出具体的v/k数值，因而这里只能定性地分析开挖掘进速度和地层渗透系数对孔隙水压力分布的影响，提供一种判定不排水和排水条件的思路。查阅相关文献，根据 Anagnostou 和 Kovári 的研究结果，排水效应（$t = \infty$）适用于地层渗透系数高于 $10^{-7} \sim 10^{-6}\mathrm{m/s}$，且隧道开挖速度小于等于 $0.1 \sim 1.0\mathrm{m/h}$ 的情况。对于一个实际工程，可根据上述判定方法并结合工程实践经验，对不排水和排水条件进行判定。

4.3 砂卵石地层深埋盾构隧道开挖面胶囊形破坏机制研究

在砂土地层中开挖隧道，当开挖面处于极限支护力状态时，开挖面前方的土体破坏特征总体上表现为：在隧道顶部以上，土拱效应产生了较为显著的影响；在隧道顶部以下，土体的剪切滑动破坏特征表现得较为明显。而在计算开挖面极限支护力的两个主要理论方法中，由极限平衡法得到的计算结果偏于保守，并且不能反映开挖面前方隧道顶部以下土体的剪切滑动破坏特征；由极限分析法得到的计算结果偏于不安全，并且没有考虑土拱效应的影响。因此，有必要根据极限支护力状态下深埋盾构隧道的开挖面土体破坏特征，将土压力理论的一般性与极限分析法的严格性结合起来，建立一种新的深埋盾构隧道开挖面失稳破坏模型，以期得到更加合理的极限支护力，为砂土地层深埋盾构隧道的工程实践提供借鉴与指导。

1. 基于抛物线拱 + 矩形拱的胶囊形破坏机制计算模型

在隧道施工过程中，开挖土体将会对周围的地层产生扰动，尤其是在砂土地层中，土体的开挖过程将会在开挖面前方的土体区域中引起较为显著的土拱效应现象，造成土体应力重分布，故而导致开挖面前方隧道顶部以上的上覆松动土压力远小于土体重力，对计算开挖面极限支护压力产生较大影响。尤其是对于砂土地层盾构隧道来说，开挖面极限支护力的准确计算程度在很大程度上取决于在松动土压力的计算中对土拱效应的考虑是否合理。

在松动土压力的理论研究方面，普氏土压力理论及太沙基松动土压力理论均有较大影响且在工程中应用较为广泛，但是也都存在一定的缺陷。普氏土压力理论能够计算深埋情况下的松动土体压力，但是无法反映当隧道埋深较浅时上覆松动土体压力随埋深增大的规律，并且该理论所假设的卸荷拱是一种假想的拱，它不能真实地反映卸荷拱的应力传递作用。而太沙基松动土压力理论为计算方便在滑动破裂面形状、土体侧压力系数以及土体竖向应力分布形式等方面采用了简化假设，但是许多假设与实际情况并不相符，有待完善。因此，有必要建立更加合理的、可考虑极限支护力状态下开挖面前方土拱表现形态的松动土压力计算公式。

1）土拱效应传力机制

大多数学者均采用活板门模型试验研究土拱效应，如图 4-40 所示，诸多活板门试验表明，当活板门的下移量较小时，其上方的土体相对滑移量也较小，土拱形态表现为曲线状或三角形状；当活板门下移量较大时，其上方土体的相对滑移量也较大，土拱形态表现为矩形状，也即不同的土体相对滑移大小将导致不同的土拱表现形态。而在工程中，隧道开挖引起土体相对滑移时，移动土体与相邻不动土体间相对滑移的大小会随着与隧道顶部水平面之间垂直距离的增大而逐渐变小，因而土拱的表现形态也应不同。而砂土地层盾构隧道开挖面稳定性模型试验研究结果中也表明：当开挖面处于极限支护力状态时，在隧道顶部以上会出现一定高度、近似垂直的带状剪应变集中区域，如果隧道埋深较大，在带状剪应变集中区域的上方还会出现外轮廓近似抛物线状的潜在松散塌落土体区域。所以，当开挖面处于极限支护力状态时，隧道顶部以上的土拱表现形态并非图 4-40 所示的单一形态，而是随着隧道埋深的不同而变化的。

当开挖面处于极限支护力状态时，为了更加合理地反映开挖面前方隧道顶部以上的土拱效应现象、更加准确地得到砂土地层盾构隧道的开挖面极限支护力，本书建立胶囊形破坏机制，在上覆松动土压力的计算中做出如下假设：当隧道埋深较深时，由于土拱效应的作用，土体破坏区域未发展到地表，如图 4-40（a）所示，在隧道顶部以上一定高度范围内，由于土体相对滑移较大，滑动土体两侧的土体抗剪强度得以充分发挥作用，土拱形态表现为矩形拱，矩形拱的两侧为带状剪应变集中区域；在矩形拱以上的一定高度范围内，由于土体相对滑移较小，土拱形态表现为曲线拱，根据 Engesser 的建议将曲线拱的形状假设为抛物线形；两种形式的土拱在不同埋深处共同发挥作用，使得开挖面前方隧道顶部以上土体实现应力重分布。当隧道埋深较浅时，土体破坏区域发展至地表，如图 4-40（b）所示，此时，只有矩形拱在发挥作用，也即矩形拱两侧的带状剪应变集中区域发展到地表。

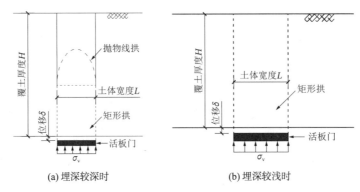

图 4-40　新的土拱效应作用机制

2）松动土压力影响因素分析

在开挖面稳定性模型试验中，Chambon 和 Corté、Oblozinsky 和 Kuwano、Ansgar、Idinger 等人研究得知，当隧道埋深达到一定深度时，极限支护力几乎不再随着埋深比C/D的增大而增大。Chen 等在模型试验中证实开挖面处于极限支护力状态时，在土拱拱冠上方到地表之间的土体区域中，土体受扰动较小，应力状态几乎未发生变化。因此，实际上，矩形拱以上土体可以通过自身成拱作用实现土体的稳定，也由于土体成拱的影响，作用在矩形拱上方的土体压力也并非初始静止土压力。

如上节所述，在上覆松动土压力的计算中，本书做出如下假设：当开挖面处于极限支护力状态时，在矩形拱以上的一定高度范围内，由于土体相对滑移较小，土拱的形态表现为抛物线状。与 Engesser 的方法一致，本书假设抛物线拱的下表面是土体破裂面，土体破裂面以上土体可自身成拱，并且以类似结构拱的荷载传递路径将上方土体中的一部分土压力传向下方两侧土体中；矩形拱以上至抛物线状破裂面以下的土体区域为潜在塌落松散土体区域，并且抛物线拱以下土体对上方土体仍有支撑作用（该支撑力与上方土体对下方土体的压力是相互作用力，假设上方土体对下方土体的压应力为σ_{vr}），故而矩形拱以上的土体部分实现自身稳定以及土压力重分布。此时，如图 4-41 所示，经抛物线拱的土压力重分布后，作用在矩形拱顶部的有效竖直荷载V由两部分组成：抛物线拱以下的土体自重W和竖直应力σ_{vr}所对应的土压力。

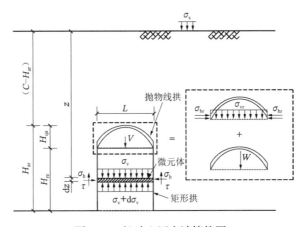

图 4-41　松动土压力计算简图

为求解抛物线土体破裂面以上土体对下方土体的压应力作用 σ_{vr}，如图 4-42 所示，在紧邻抛物线土体破裂面上方的土体中取一个抛物线形的土体微元体，该微元体的厚度为 dh，跨度为 L，拱高为 f，过抛物线拱两端的切线与水平方向的夹角为 θ，Evans、Iglesia 和 Bierbaumer 等假设 θ 等于 $(90° − \varphi)$，本书与其采用相同的假设，同时，将作用在抛物线拱微元体上的土压力等效成均布荷载 q 作用在整个跨度上。由于假设抛物线破裂面以上土体对下方土体的压应力为 σ_{vr}，因此，经过抛物线拱的土压力重分布以后传递到两侧相邻不动土体上的竖向应力近似等于静止土压力 $\gamma(C − H_{ar})$（C 为隧道埋深，γ 为土体重度，H_{ar} 为土拱整体高度）减去抛物线破裂面以上土体对下方土体的竖向压应力 σ_{vr}。由于抛物线破裂面以上土体共同成拱发挥作用以实现土体压力的重分布，因此，经过抛物线拱对土压力进行重分布后，传递到两侧相邻不动土体中的竖向应力除以 $(C − H_{ar})$ 即可得到作用在土拱微元体上的等效单位压力 q 的合理估计，如式(4-21)所示。

$$q = (\gamma − \frac{\sigma_{vr}}{C − H_{ar}})dh \tag{4-21}$$

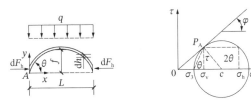

(a) Engesser 分析中的假想结构拱　　(b) 莫尔圆中假设的拱两端应力状态

图 4-42　抛物线土拱的荷载传递机制

由于假设抛物线破裂面以上土体通过成拱作用以类似结构拱的荷载传递路径将上方土压力传递到下方两侧土体中，因此，可以得到抛物线状土拱微元体在均布荷载 q 作用下的侧向推力 dF_h（Leontovich）为：

$$dF_h = \frac{qL^2}{8f} = \frac{qL}{2\tan\theta} = \frac{qL\tan\varphi}{2} \tag{4-22}$$

式中：拱高 $f = (L\tan\theta)/4 = L/(4\tan\varphi)$。

作用在拱脚上的水平应力为 $\sigma_{hr} = dF_h/dh$，假设 σ_{hr} 在拱底部是个常数，且沿土拱微元体厚度均匀分布。由式(4-21)和式(4-22)可得水平应力 σ_{hr} 为：

$$\sigma_{hr} = \frac{dF_h}{dh} = \frac{L\tan\varphi}{2}(\gamma − \frac{\sigma_{vr}}{C − H_{ar}}) \tag{4-23}$$

假设抛物线拱的下表面是土体破裂面，也即意味着破裂面上 A 点的应力状态对应于莫尔圆与土体强度包络线相交切点 P_A 的应力状态。所以，由莫尔圆可得竖向应力 σ_{vr} 与水平应力 σ_{hr} 的关系为：

$$\sigma_{vr} = K_{cr}\sigma_{hr} \tag{4-24}$$

$$K_{cr} = \frac{\cos^2\varphi}{1 + \sin^2\varphi} \tag{4-25}$$

将式(4-24)代入式(4-25)可得 σ_{vr} 为：

$$\sigma_{vr} = \frac{\gamma L K_{cr}(C − H_{ar})}{2(C − H_{ar})\cot\varphi + K_{cr}L} \tag{4-26}$$

所以，当抛物线拱的跨度为L时，其下方的土体压应力q_{mp}为：

$$q_{mp} = \frac{V}{L} = \gamma L \left[\frac{1}{6\tan\varphi} + \frac{K_{cr}(C - H_{ar})}{2(C - H_{ar})\cot\varphi + K_{cr}L} \right] \quad (4\text{-}27)$$

由土拱效应模型试验研究可知，当活板门向下的滑移量相对较大时，其上方一定范围内的土体沿着两个近似垂直的滑动面向下滑移，此时，土拱表现为矩形状。在开挖面稳定性模型试验中，Idinger、Takano 和 Ansgar 等通过 DIC 技术（即 Digital Image Correlation，也指 PIV，即 Particle Image Velocimetry）或是 CT 扫描技术研究得知，当开挖面处于极限支护力状态时，在开挖面前方隧道顶部以上土体中也出现一定高度、近似垂直的带状剪应变集中区域，当隧道埋深较小时，剪切带发展到地表；当隧道埋深达到一定深度时，开挖面前方隧道顶部以上剪切带并未发展到地表，并且剪切带高度几乎不再随着埋深的增大而增大。实际上，开挖面稳定性试验中观察到的剪切带是由于开挖面前方隧道顶部以上土体的相对滑移量较大，导致矩形拱两侧土体抗剪强度充分发挥作用而出现的，由于矩形拱范围内移动土体部分和两侧相邻不动土体部分之间的相对滑移量较大，而导致土体中出现剪切滑动破坏现象。

为了研究隧道顶部以上矩形拱两侧的剪切带高度规律，本书统计了多个典型开挖面稳定性模型试验及数值模拟的结果，在沿隧道掘进方向且过隧道中心线的垂直截面上，得到了隧道顶部以上剪切带的高度H值和矩形拱两侧剪切带之间的宽度L值（表 4-27）。

剪切带宽度和高度的统计　　表 4-27

研究者	方法	材料	C/D	H	L	φ_c
Chambon 等	离心机试验	枫丹白露砂	2	0.67D	0.33D	38°
Oblozinsky 等	离心机试验	丰浦砂	2	0.50D	0.26D	32°
Chen 等	1g 模型试验	长江砂	2	1.50D	0.75D	37°
Takano 等	1g 模型试验	丰浦砂	2	0.80D	0.5D	31.5°
Ansgar 等	1g 模型试验	石英砂	1	0.68D	0.32D	32.5°
Idinger 等	离心机试验	—	1.5	0.86D	0.46D	34°
Chen 等	离散元模拟	—	2	0.75D	0.42D	37°

在离心机模型试验中，通过在试验后挖掘预埋的彩色砂层（如 Chambon、Corté）或当研究隧道的一半时，通过分析试验中拍摄的照片（如 Oblozinsky、Kuwano、Idinger 等）来确定剪切带的高度H和宽度L值。在 1g 模型试验中，除了当研究隧道的一半时，通过分析试验中拍摄的照片（如 Ansgar）来确定剪切带的高度H和宽度L值，还可以通过监测隧道顶部上方土压力的变化（如 Chen 等）或分析 X 射线 CT 图像（如 Takano 等）来确定。

根据朗肯主动土压力理论，当土体处于主动极限平衡状态时，土体破裂面最多只能发展到与垂直线呈$(45° - \varphi/2)$角度的斜面，此时主动土压力系数为$K_a = \tan^2(45° - \varphi/2)$。而在极限支护力状态时，开挖面前方隧道顶部以上土体也是处于主动极限平衡状态。因此，推测当隧道埋深较大且开挖面处于极限支护力状态时，隧道顶部以上土体剪切带高度H值与矩形拱两侧剪切带之间宽度L值的关系可能和角度$(45° - \varphi/2)$有关。

为探究剪切带高度 H 值与宽度 L 值之间的关系，本书首先计算了表 4-28 中宽度 L 与高度 H 值之间的比值 $\eta = L/H$，然后将 η 与 $\lambda = \tan(45° - \varphi/2)$ 作了比较（图 4-43）。由图 4-43 可知，η 值与 λ 值较为接近。由式(4-28)得到两值的相对偏差 δ，由图 4-43 可知，各组的相对偏差 δ 介于 0.3%～11.0% 之间。因此，当隧道埋深较大且开挖面处于极限支护力状态时，可由式(4-29)近似得到隧道顶部以上矩形拱两侧剪切带的高度值 H_{re}。

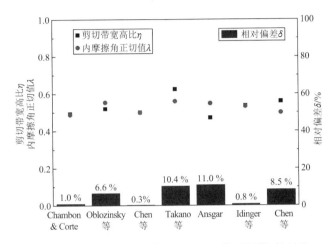

图 4-43　剪切带宽高比 η 与 $(45° - \varphi/2)$ 的正切值 λ 的对比

$$\delta = \left| \frac{\eta - \lambda}{\eta} \right| \times 100\% \tag{4-28}$$

$$H_{\text{re}} = \frac{L}{\tan\left(\dfrac{\pi}{4} - \dfrac{\varphi}{2}\right)} \tag{4-29}$$

在隧道开挖过程中，由于土体的相对滑动导致土体主应力的方向发生较大偏转，因而对隧道开挖面的坍塌压力产生重要的影响。土体主应力方向偏转的影响主要体现在移动土体与相邻不同土体间的侧压力系数 K_1 以及土中应力分布形式上。

通过活板门试验和数值模拟研究得知，当土拱效应发生时，由于土体的相对滑移将导致土体的大主应力方向发生偏转，偏转后的大主应力轨迹线接近于抛物线状。本书从土体大主应力方向发生偏转的角度出发，提出了计算侧压力系数 K_1 的新方法。首先做出如下假设：

（1）砂土服从 Mohr-Coulomb 破坏准则。

（2）当开挖面处于极限支护力状态时，在开挖面前方隧道顶部上方的矩形拱土体破坏区域内，砂土垂直向下运动。

（3）当开挖面处于极限支护力状态时，假设矩形拱内土体大主应力轨迹线的形状为开口向下的抛物线状（图 4-44）。该假设区别于 Handy 研究中的悬链状小主应力轨迹线和 Chen 等提出的圆形大主应力轨迹线。

（4）沿着抛物线状轨迹线上的大、小主应力均为常数，大、小主应力之间的比值为朗肯主动土压力系数 $K_a = \sigma_3/\sigma_1$。

从轨迹线上任意选取一个土体单元进行受力分析，由力的平衡条件可得竖向应力 σ_{v} 和水平应力 σ_{h}，如下式所示：

$$\sigma_{\text{v}} = \sigma_1 \sin^2 \theta + \sigma_3 \cos^2 \theta \tag{4-30}$$

$$\sigma_{\text{h}} = \sigma_1 \cos^2 \theta + \sigma_3 \sin^2 \theta \tag{4-31}$$

式中：σ_1和σ_3分别为拱中土体单元的大主应力和小主应力；θ为大主应力和水平面之间的夹角。因为$K_a = \sigma_3/\sigma_1$，所以式(4-30)和式(4-31)可以化简为：

$$\frac{\sigma_v}{\sigma_1} = \sin^2\theta + K_a\cos^2\theta \tag{4-32}$$

$$\frac{\sigma_h}{\sigma_1} = \cos^2\theta + K_a\sin^2\theta \tag{4-33}$$

由式(4-33)除以式(4-32)可得：

$$K = \frac{\sigma_h}{\sigma_v} = \frac{\cos^2\theta + K_a\sin^2\theta}{\sin^2\theta + K_a\cos^2\theta} \tag{4-34}$$

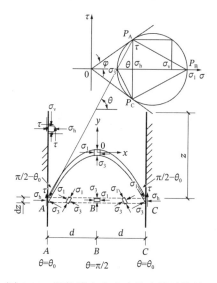

图4-44　抛物线大主应力轨迹线计算简图

在剪切滑动面A点和C点处，$\theta = \theta_0 = \pi/4 + \varphi/2$，$K = (1 - \sin^2\varphi)/(1 + \sin^2\varphi)$，在中心线（图4-44中$B$点），$\theta = 0$，$K = K_p = \tan^2(\pi/4 + \varphi/2)$。如图4-44所示，抛物线形轨迹线可表示为：

$$y = \frac{-\tan\theta_0}{2d}x^2 \tag{4-35}$$

所以，可以得到活板门上的平均竖向应力σ_{av}为：

$$\sigma_{av} = \frac{1}{2d}\int_{-d}^{d}(\sigma_1\sin^2\theta + \sigma_3\cos^2\theta)\,\mathrm{d}x \tag{4-36}$$

式中：d是活板门宽度的一半，由于本书假设沿着抛物线轨迹线的主应力为常数，由式(4-36)积分可得：

$$\sigma_{av} = \left[1 + \frac{(K_a - 1)\theta_0}{\tan\theta_0}\right]\sigma_1 \tag{4-37}$$

定义竖向应力分布系数m为：

$$m = \frac{\sigma_v}{\sigma_{av}} = \frac{\sin^2\theta + K_a\cos^2\theta}{1 + \dfrac{(K_a - 1)\theta_0}{\tan\theta_0}} \tag{4-38}$$

在滑动面上任意选取一个土体微元体,作用在该微元体边界上并且方向向上的剪应力τ为:

$$\tau = K_A \sigma_{vA} \tan \varphi \tag{4-39}$$

式中:K_A为滑动面处水平应力与竖向应力之比;σ_{vA}为滑动面处的竖向正应力。又由式(4-38)可得$\sigma_{vA} = m_A \sigma_{av}$。所以,可得滑动面上的剪应力又可以表示为:

$$\tau = K_A m_A \sigma_{av} \tan \varphi \tag{4-40}$$

所以,可得作用在滑动面处的侧压力系数K_1为:

$$K_1 = K_A m_A = \frac{\cos^2 \theta_0 + K_a \sin^2 \theta_0}{1 + \dfrac{(K_a - 1)\theta_0}{\tan \theta_0}} \tag{4-41}$$

式中:$\theta_0 = \pi/4 + \varphi/2$,$K_a = \tan^2(\pi/4 - \varphi/2)$。

为了验证抛物线状大主应力轨迹线假设的准确性,本书与各种计算土体侧压力系数的理论方法以及隧道开挖面稳定性模型试验(Chen 等)中测到的土体侧压力系数进行了对比。Chen 等开展了大型 1g 开挖面稳定性模型试验,并在试验中测得了极限支护力状态时开挖面前方隧道顶部以上的土体侧压力系数K_1,试验中隧道的直径为 1m,埋深比C/D为 2,试验所用土体的内摩擦角φ等于 37°。当开挖面处于极限支护力状态时,由于在矩形拱范围内不同深度处的土体侧压力系数变化较小,为方便比较,本书取其平均值,该值为 0.688。由表 4-28 可知,Krynine、Handy 和 Kirsh、Kolymbas 等方法计算得到的土体侧压力系数均偏小,Terzaghi、Anagnostou、Kovari 和 Chen 等计算得到的土体侧压力系数均偏大,而本书方法计算得到的土体侧压力系数与试验中测到的值最为接近。

$\varphi = 37°$时各理论方法得到的土体侧压力系数 K_1 和
模型试验(Chen 等)所测值对比　　　　　　　　　表 4-28

研究者	方法	K_1
Terzaghi	基于经验取值	1.0
Krynine	使用莫尔圆考虑了剪切面破裂上主应力方向的偏转	0.468
Handy	假设小主应力的迹线为悬链拱	0.422
Anagnostou 和 Kovari	基于经验取值	0.8
Kirsh 和 Kolymbas	根据 Jaky 经验公式计算的静止土压力系数	0.398
Chen 等	假设大主应力迹线的形状为上凸的圆弧	0.886
模型试验 Chen 等	1g 大尺寸盾构隧道开挖面稳定性模型试验实测得到	0.688
本书方法	假设大主应力迹线的形状为上凸的抛物线形	0.681

图 4-45 为砂土内摩擦角φ取大小不同的数值时矩形拱范围内土体大主应力轨迹线的形状,图 4-46 为砂土内摩擦角φ取大小不同的数值时,使用不同的理论方法计算得到的土体侧压力系数值K_1。如图 4-45 所示,当将大主应力轨迹线的形状假设为抛物线形时,随着内摩擦角φ的增大,大主应力轨迹线的偏转程度逐渐变小,因此,该假设可以反映出隧道开挖对土体的扰动程度随土体内摩擦角的变化规律。如图 4-46 所示,新方法计算得到的土体侧压力系数K_1随着内摩擦角φ的增大而减小,该变化规律与 Krynine、Handy、Kirsh、Kolymbas 以及 Chen 等提出的计算方法相同。而 Terzaghi、Anagnostou 和 Kovari 均认为土体侧压力

系数是一个常数，不随着内摩擦角的变化而变化，但是，实际上，土体的内摩擦角对土拱效应的发挥程度有较大的影响，而土拱效应的影响很大程度地体现在土体侧压力系数上，因此，K_1应该是土体内摩擦角的函数。对同一内摩擦角，本书方法计算所得的土体侧压力系数比经验公式得到的静止土压力系数K_0以及 Krynine 提出的方法计算得到的土体侧压力系数都要大，这主要是由于隧道开挖导致隧道顶部以上土体中出现土拱效应现象所致，此时，土体的竖向应力减小，水平应力增大，土体的主应力方向发生偏转。Chen 等将大主应力轨迹线的形状假设为圆弧形，基于该假设计算所得的土体侧压力系数明显大于本书方法，由表 4-28 分析可知，本书方法计算所得的土体侧压力系数更接近试验值，而圆弧形假设则偏大，即圆弧形假设高估了土拱效应的作用，而这将使得计算所得的上覆松动土压力偏于不安全，并且该假设不能反映砂土内摩擦角对土体大主应力方向偏转程度的影响，即不能反映出隧道开挖对土体的扰动程度随着内摩擦角的变化规律。由图 4-46 可知，当内摩擦角 $20° \leqslant \varphi \leqslant 40°$时，本书方法计算得到的土体侧压力系数介于 0.6～1.0 之间。

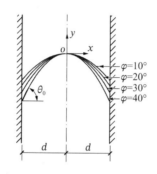

图 4-45　内摩擦角分别为$\varphi = 10°$、$20°$、$30°$、$40°$时的大主应力轨迹线形状

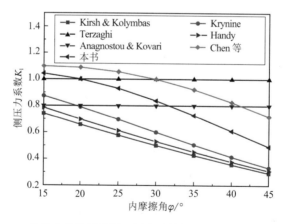

图 4-46　各种方法计算所得不同内摩擦角φ时土体侧压力系数K_1

3）松动土压力的求解

假设隧道上覆土层是均质土，满足 Mohr-Coulomb 破坏准则。在矩形拱高度范围内距地面任意深度z处取一个厚度为$\mathrm{d}z$的无穷小微元体，该微元体在竖直方向受力平衡，可得下式：

$$\begin{cases} L\sigma_{\mathrm{v}} + L\gamma\,\mathrm{d}z = L(\sigma_{\mathrm{v}} + \mathrm{d}\sigma_{\mathrm{v}}) + 2\tau\,\mathrm{d}z \\ \tau = \sigma_{\mathrm{h}}\tan\varphi = K_1\sigma_{\mathrm{v}}\tan\varphi \end{cases} \tag{4-42}$$

取一个微元体土条，其宽度为L，土体重度为γ，土体内摩擦角为φ，K_1为考虑了土体大主应力方向偏转影响的侧压力系数，由式(4-39)确定。

当埋深较大（即$H_{ar} < C$，C为隧道埋深）时，土体破坏区域未发展到地表。此时，由抛物线拱和矩形共同组成的土拱效应作用机制发挥作用，经抛物线拱对土压力进行重分布后作用在矩形拱顶部的均布力q_{mp}，求解竖向应力$\sigma_v(z)$的微分方程，并将边界条件（即$z = C - H_{re}|\sigma_v = q_{mp} + \sigma_s$）代入其中，可以得到矩形拱土体破坏区域内距地表任意深度z处的竖向应力如式(4-43)所示。

$$\sigma_v = \frac{\gamma L}{2K_1 \tan\varphi}\left[1 - e^{\frac{2K_1 \tan\varphi}{L}(C - H_{re} - z)}\right] + (q_{mp} + \sigma_s)e^{\frac{2K_1 \tan\varphi}{L}(C - H_{re} - z)} \tag{4-43}$$

当埋深较浅（即$H_{ar} \geq C$，C为隧道埋深）时，矩形拱发展到地表。距地表任意深度z处的竖向应力计算公式与 Terzaghi 松动土压力计算公式的形式是相同的，只是侧压力取为K_1，而非常经验系数 1，此时，竖向松动土压力如式(4-44)所示。

$$\sigma_v = \frac{\gamma L}{2K_1 \tan\varphi}\left\{1 - e^{-\frac{2K_1 \tan\varphi}{L}z}\right\} + \sigma_s e^{\frac{-2K_1 \tan\varphi}{L}z} \tag{4-44}$$

根据本书新建土拱效应作用机制，当$H_{ar} = C$，即可以得到深、浅埋两种形式土拱传力机制的临界埋深H_{cr}：

$$H_{cr} = L\left(\frac{1}{4\tan\varphi} + \frac{1}{\tan\left(\frac{\pi}{4} - \frac{\varphi}{2}\right)}\right) \tag{4-45}$$

4）松动土压力理论的对比分析

为了验证本书提出的土拱效应作用机制及其影响因素的合理性与正确性，本书选取 Evens 所做的活板门模型试验结果为参考依据进行对比分析，该试验为二维平面应变情况下的活板门试验，试验力学条件、试验材料、活板门宽度L、覆土厚度H以及归一化土压力P/P_0（P为活板门上所测最终土压力，P_0为活板门处初始静止土压力）。

如图 4-47 所示，当$H/L = 1.0$时，理论计算值均小于实测值，该现象可能是因为活板门上方覆土的厚度过小，当活板门下移时，土体破坏区域发展到地表，此时，下移土体的破坏范围大于本书及 Terzaghi 所假设的矩形土体破坏范围。但是，当$H/L = 1.0$时，由本书提出来的土拱效应作用机制计算得到的归一化松动土压力值P/P_0与试验中测到的值最为接近。

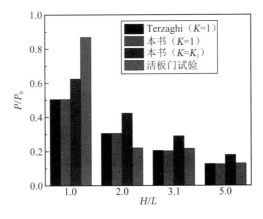

图 4-47　理论计算方法与试验实测松动土压力值的对比

当$H/L > 1.0$时，如果土体侧压力系数取值为1，本书所提土拱效应传力机制计算得到的归一化松动土压力略小于 Terzaghi 松动土压力理论得到的计算结果，且两者计算得到的归一化松动土压力均与试验实测值较为接近；但是当$H/L = 2.0$时，各理论值均大于实测值，$H/L > 2.0$时，如果土体侧压力系数取值为1，Terzaghi 松动土压力理论和本书提出来的土拱效应作用机制计算得到的归一化松动土压力小于实测值，偏于不安全，但是如果土体侧压力系数取值为考虑了土体大主应力方向偏转的K_1，则本书提出来的土拱效应作用机制计算得到的归一化松动土压力值既与实测值较为接近，同时偏于安全。因此，本书提出来的土拱效应作用机制较为合理。

5）胶囊形破坏机制计算模型

根据极限支护力状态下砂土地层深埋盾构隧道的开挖面土体破坏特征，并结合土拱效应的相关研究，本书使用极限分析法建立了砂土地层深埋盾构隧道的开挖面极限支护力胶囊形破坏机制。如图 4-48（a）所示，C为隧道埋深，D为隧道直径，σ_s为地面超载，σ_T为开挖面处支护力，在隧道顶部以下为五块截锥体计算模型，该胶囊形破坏机制的几何特征如图 4-48（b）所示；在第五块截锥体的上方作用有均布力σ_{av}，该均布力由新建立的土拱效应作用机制计算得到；对于深埋盾构隧道，当开挖面处于极限支护力状态时，由于土拱效应的作用，土体破坏区域未发展到地表，如图 4-48（a）所示，在隧道顶部以上是矩形拱和抛物线拱组成的胶囊形土拱效应作用机制，两种土拱的高度分别为H_{re}、H_{pa}，经抛物线状土拱对上方土压力进行重分布后，作用在矩形拱上方的土体竖向应力为q_m。

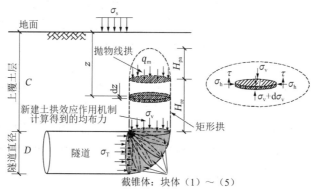

(a) 开挖面失稳破坏力学分析模型

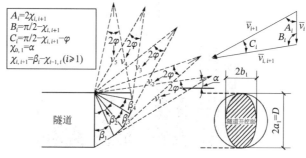

(b) 五块截锥体的几何特征

图 4-48　深埋盾构隧道的开挖面极限支护力力学计算模型

如图 4-48（b）所示，在隧道顶部以下，五个刚性截锥体以不同的速度沿着各自锥体轴线方向发生平移，并且锥体轴线与不连续表面之间的夹角为 φ，故五个刚性截锥体的开口角度均为 2φ。各个锥体的轴线与水平面之间的夹角为 $\alpha_i [1 \leqslant i \leqslant 5]$，其中第一块被截刚性斜圆锥体的轴线与水平面之间的夹角为 α。圆锥体被截后所保留的第一到第四块块体的顶角为 $\beta_i [1 \leqslant i \leqslant 4]$，五个被截斜锥体的特征参数为 $\chi_{i-1,i} [1 \leqslant i \leqslant 5]$。$\alpha,\beta_i [1 \leqslant i \leqslant 4]$ 是用来定义坍塌机制特殊几何形状的五个独立几何参数。α_i 和 $\chi_{i-1,i} [1 \leqslant i \leqslant 5]$ 与以上五个独立几何参数存在关系。

第 i 个块体的速度以及第 i 个块体与第 $i+1$ 个块体间的相对速度，可由以下等式得到：

$$v_i = v_1 \prod_{k=2}^{i} \frac{\cos(\chi_{k-1,k} + \varphi)}{\cos(\chi_{k-1,k} - \varphi)} \quad (\text{其中，} 2 \leqslant i \leqslant 5) \tag{4-46}$$

$$v_{i,i+1} = v_i \frac{\sin(2\chi_{i,i+1})}{\cos(\chi_{i,i+1} - \varphi)} \quad (\text{其中，} 1 \leqslant i \leqslant 4) \tag{4-47}$$

每两个相邻块体的交面为椭圆形，分别记为 $\Sigma_1,\Sigma_{i,i+1} [1 \leqslant i \leqslant 4]$ 和 Σ_5。各椭圆的半轴长分别记为 $a_1(b_1)$，$a_{i,i+1}(b_{i,i+1}) [1 \leqslant i \leqslant 4]$ 和 $a_5(b_5)$。与隧道开挖面相邻的第一块截锥体和圆形隧道开挖面的交面也是一个椭圆，该椭圆的半轴长 a_1 和 b_1 可由以下两式得到：

$$a_1 = \frac{D}{2} \tag{4-48}$$

$$b_1 = \frac{D}{2} \frac{\sqrt{\cos(\alpha - \varphi)\cos(\alpha + \varphi)}}{\cos\varphi} \tag{4-49}$$

所以，第一块截顶圆锥体的底面积 A_1 为：

$$A_1 = \pi a_1 b_1 = \frac{\pi D^2}{4} \frac{\sqrt{\cos(\alpha - \varphi)\cos(\alpha + \varphi)}}{\cos\varphi} \tag{4-50}$$

任意两个相邻截锥体 Ω_i 和 Ω_{i+1} 之间的接触面也均是椭圆面，各椭圆面的半轴长度 $a_{i,i+1}$ 和 $b_{i,i+1} [1 \leqslant i \leqslant 4]$ 为：

$$a_{i,i+1} = \frac{D}{2} \prod_{k=1}^{i} \frac{\cos(\chi_{k-1,k} + \varphi)}{\cos(\chi_{k,k+1} - \varphi)} \tag{4-51}$$

$$b_{i,i+1} = a_{i,i+1} \frac{\sqrt{\cos(\chi_{i,i+1} + \varphi)\cos(\chi_{i,i+1} - \varphi)}}{\cos\varphi} \tag{4-52}$$

第五块截锥体与隧道顶部水平面之间的接触面也是椭圆形，该椭圆形的半轴长 a_5 和 b_5 分别为：

$$a_5 = a_{4,5} \frac{\cos(\chi_{4,5} + \varphi)}{\sin(\alpha_5 + \varphi)} \tag{4-53}$$

$$b_5 = a_5 \frac{\sqrt{\sin(\alpha_5 + \varphi)\sin(\alpha_5 - \varphi)}}{\cos\varphi} \tag{4-54}$$

所以，两相邻块体 Ω_i 和 Ω_{i+1} 之间相交的椭圆形面积 $A_{i,i+1} [1 \leqslant i \leqslant 4]$ 以及第五块截锥体与隧道顶部水平面之间的椭圆形交面面积 A_5 为：

$$A_{i,i+1} = \frac{\pi D^2}{4} \frac{\sqrt{\cos(\chi_{i,i+1} + \varphi)\cos(\chi_{i,i+1} - \varphi)}}{\cos\varphi} \prod_{k=1}^{i} \left[\frac{\cos(\chi_{k-1,k} + \varphi)}{\cos(\chi_{k,k+1} - \varphi)} \right]^2 \tag{4-55}$$

$$A_5 = \frac{\pi}{\cos\varphi} \frac{(h_5' \sin 2\varphi)^2}{4[\sin(\alpha_5 + \varphi)\sin(\alpha_5 - \varphi)]^{\frac{3}{2}}} \tag{4-56}$$

各个截顶圆锥体的体积V_1、$V_i[2 \leqslant i \leqslant 4]$和$V_5$分别为：

$$V_1 = \frac{A_1 h_1 - A_{1,2} h_2}{3} \tag{4-57}$$

$$V_i = \frac{A_{i-1,i} h_i - A_{i,i+1} h_{i+1}}{3} \tag{4-58}$$

$$V_5 = \frac{A_{4,5} h_5 - A_5 h_5'}{3} \tag{4-59}$$

式中：$h_i[1 \leqslant i \leqslant 4]$和$h_5'$分别为：

$$\begin{cases} h_1 = D\dfrac{\cos(\alpha + \varphi)\cos(\alpha - \varphi)}{\sin 2\varphi} \\[2mm] h_2 = D\dfrac{\cos(\alpha + \varphi)\cos(\beta_1 - \alpha + \varphi)}{\sin 2\varphi} \\[2mm] h_i = h_2 \displaystyle\prod_{k=2}^{i-1} \dfrac{\cos(\chi_{k,k+1} + \varphi)}{\cos(\chi_{k-1,k} - \varphi)}, (3 \leqslant i \leqslant 4) \\[2mm] h_5' = h_5 \dfrac{\sin(\alpha_5 - \varphi)}{\cos(\chi_{4,5} - \varphi)} \end{cases} \tag{4-60}$$

本书在以下两节中将分别介绍基于新建土拱效应作用机制的三维松动土压力计算过程以及基于新建开挖面极限支护力力学计算模型的砂土地层深埋盾构隧道开挖面胶囊形破坏机制计算过程。

6）上覆松动土压力

假设隧道上覆土层是均质土，满足 Mohr-Coulomb 破坏准则。如图 4-48（a）所示，在矩形拱高度范围内距地面任意深度z处取一个厚度为dz的无穷小微元体，该微元体在竖直方向受力平衡，可得下式：

$$\begin{cases} A_5 \sigma_v + A_5 \gamma\, dz = A_5(\sigma_v + d\sigma_v) + L_5 \tau\, dz \\ \tau = c + \sigma_h \tan\varphi = c + K_1 \sigma_v \tan\varphi \end{cases} \tag{4-61}$$

式中：K_1为考虑了隧道开挖过程中土体大主应力方向发生偏转的侧压力系数。所取微元体的横截面是椭圆形，其面积为A_5，周长为L_5，分别由式(4-62)和式(4-63)确定：

$$A_5 = \pi a_5 b_5 \tag{4-62}$$

$$L_5 = \pi\left[3(a_5 + b_5) - \sqrt{(3a_5 + b_5)(a_5 + 3b_5)}\right] \tag{4-63}$$

q_{mp}与L呈线性正比例关系，也即当$L = a_5$时，q_{mp}取到最大值q_m，如式(4-64)所示，为简化计算且从安全角度考虑，取矩形拱顶处土体压应力为q_m。

$$q_m = 2\gamma a_5 \left[\frac{1}{6\tan\varphi} + \frac{K_{cr}(C - H_{ar})}{2(C - H_{ar})\cot\varphi + 2K_{cr} a_5}\right] \tag{4-64}$$

为求解竖向应力$\sigma_v(z)$的微分方程(4-59)，将边界条件（即$z = C - H_{re}|\sigma_v = q_m + \sigma_s$）代入其中，可以得到矩形拱土体破坏区域内距地表任意深度z处的竖向应力$\sigma_v(z)$，如

式 (4-65)所示：

$$\sigma_v = \frac{A_5\gamma - L_5c}{L_5K_1\tan\varphi}\left\{1 - e^{\frac{L_5K_1\tan\varphi}{A_5}\left[C-z-\frac{2a_5}{\tan(\pi/4-\varphi/2)}\right]}\right\} +$$
$$(q_{col0} + \sigma_s)e^{\frac{L_5K_1\tan\varphi}{A_5}\left[C-z-\frac{2a_5}{\tan(\pi/4-\varphi/2)}\right]} \tag{4-65}$$

值得注意的是，土体破坏区域未发展到地表的临界条件为$H_{pa} + H_{re} < C$。

7）开挖面极限支护力计算

根据极限分析上限法，为满足隧道开挖面稳定性条件，必须满足以下关系式：

$$P_e \leqslant P_v \tag{4-66}$$

式中：P_e是外部荷载的功率，P_v是内部能量耗散功率。

外部荷载的功率P_e由三部分组成：支护压力σ_T的功率P_T，竖向应力σ_v的功率P_{σ_v}以及土体重度γ的功率P_γ。所以，可得P_e为：

$$P_e = P_T + P_{\sigma_v} + P_\gamma \tag{4-67}$$

其中，支护压力功率P_T，竖向应力功率P_{σ_v}以及土体重度功率P_γ分别为：

$$P_\gamma = \left[\sum_{i=1}^{5}(V_i\upsilon_i\sin\alpha_i)\right]\gamma \tag{4-68}$$

$$P_T = -\sigma_T\upsilon_1A_1\cos\alpha \tag{4-69}$$

$$P_{\sigma_v} = \sigma_v\upsilon_5A_5\sin\alpha_5 \tag{4-70}$$

内部能量耗散功率P_v为：

$$P_v = (A_1\upsilon_1\cos\alpha_1 - A_5\upsilon_5\sin\alpha_5)c\cot\varphi \tag{4-71}$$

由外部荷载的功率等于内部能量耗散的功率，可得隧道开挖面处的支护压力σ_T为：

$$\sigma_T = \max_{\alpha,\beta_1,\beta_2,\beta_3,\beta_4}\left(N_cc + N_\gamma\gamma D + N_{\sigma_v}\sigma_v\right) \tag{4-72}$$

式中：N_c、N_γ和N_{σ_v}分别为黏聚力、土体重度和土体竖向应力的无量纲权系数，分别表示垂直应力、土体重度和黏聚力对隧道开挖面支护力大小的影响。

$$N_{\sigma_v} = \frac{A_5\upsilon_5\sin\alpha_5}{A_1\upsilon_1\cos\alpha} \tag{4-73}$$

$$N_\gamma = \frac{1}{DA_1\upsilon_1\cos\alpha}\sum_{i=1}^{5}V_i\upsilon_i\sin\alpha_i \tag{4-74}$$

$$N_c = (N_{\sigma_v} - 1)\cot\varphi \tag{4-75}$$

使用 MATLAB 编程，对以上用来定义坍塌机制特殊几何形状的五个独立几何参数$\alpha,\beta_i[1\leqslant i\leqslant 4]$进行组合优化，可以得到最大极限支护力$\sigma_{Tmax}$，即为开挖面极限支护力的上限法解答。

8）极限支护力理论计算方法与模型试验的对比分析

将抛物线拱顶恰好发展到地表时的隧道埋深定义为成拱临界埋深H_{cr}。当隧道埋深大于此值时，如图 4-48（a）所示，由矩形拱和抛物线拱共同组成的土拱效应作用机制来实现极限支护力状态下开挖面前方隧道顶部以上的土压力重分布；当隧道埋深小于此值时，如图 4-48（b）所示，隧道顶部以上的土体破坏现象大体上表现为矩形拱发展到地表。

由前述获得的开挖面稳定性数值模拟结果以及已有的离心机模型试验结果可知，在极限支护力状态下，当隧道埋深达到一定深度时，开挖面前方的土体松动坍塌破坏范围几乎不再随着埋深的增大而扩大，而隧道直径与砂土内摩擦角对其有较大影响。因此，本书计算得到了临界埋深比H_{cr}/D随内摩擦角φ的变化规律，如图 4-49 所示，临界埋深比H_{cr}/D随着内摩擦角φ的增大而减小，当内摩擦角φ从 25°增大到 45°时，H_{ar}/D从 1.01 减小到 0.57。Terzaghi 指出土拱效应有一定的影响范围，即在隧道顶部以上 1.5 倍移动土体宽度的高度范围内，隧道的开挖过程对砂土的应力状态有较大的影响，超过此范围的土体，其应力状态几乎未发生变化。由此可见，本书结果与 Terzaghi 的研究结论较为一致。

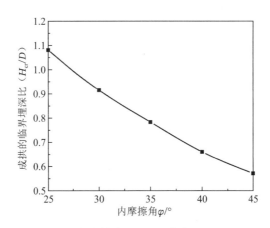

图 4-49 不同内摩擦角φ时的成拱临界埋深比H_{cr}/D

将本书方法计算得到的隧道开挖面极限支护力与 Chambon 和 Corté 所做的离心机模型试验、Anagnostou 和 Kovari 提出来的经典楔形体计算模型、Mollon 等建议给出的多块截圆锥体计算模型以及 Han 等提出的上限解答进行了对比分析。在 Chambon 和 Corté 所做的模型试验中，隧道的直径为 10m，砂土重度为 16.1kN/m³，砂土内摩擦角介于 38°～42°，试验得到了埋深比C/D分别为 2 和 4 工况下的开挖面极限支护压力，分别为 8.0kPa 和 8.2kPa。所以，本书使用各理论方法计算得到了埋深比C/D分别为 2 和 4 时的开挖面极限支护压力P_{lim}，并和离心机模型试验测得的结果进行了对比分析。

考虑到试验中砂土内摩擦角值的不确定性，并且砂土可能并非完全干燥，所用砂土可能具有较小的黏聚力（黏聚力介于 0～5kPa），所以，本书在计算中分别取了内摩擦角的两个极值$\varphi = 38°$和$\varphi = 42°$以及黏聚力c的两个极限值$c = 0$ 和$c = 5$kPa。当土体内摩擦角从 38°取为 42°，黏聚力从 0 取为 5kPa 时，本书和其他理论方法计算得到的开挖面极限支护压力均随之减小，当c取 0 时，本书及其他理论方法得到的极限支护力值均大于试验结果；当c取 5kPa 时，本书及其他理论方法得到的极限支护力值均小于试验结果。

由图 4-50 可知，当埋深比从 2 增大到 4 时，本书得到的极限支护力变化规律与极限平衡法和极限分析法一致，均不随着埋深的增大而增大，而这和试验得出的结果不同，由试验得到的开挖面极限支护力从 8.0kPa 增大到 8.2kPa，极限支护力值略有增大。

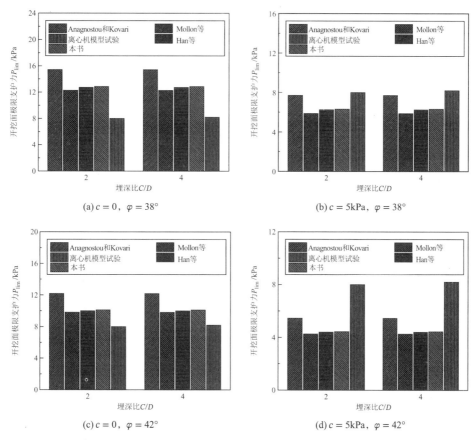

图 4-50　各理论方法所得极限支护力 $P_{\lim}$ 与模型试验（Chambon 和 Corté）的对比

由图 4-50（a）和（c）可知，由极限分析上限法（Mollon 等、Han 等和本书）计算得到的开挖面极限支护力明显小于经典楔形体-棱柱体计算模型（Anagnostou 和 Kovari），这在理论上是合理的，因为极限平衡法是基于力的平衡条件并将开挖面前方的失稳破坏土体看作刚性楔形体求解极限支护力的，因此，经典楔形体-棱柱体计算模型（Anagnostou 和 Kovari）得到的开挖面极限支护压力值较为保守。

对于极限分析上限法，较高的极限支护压力值意味着更好的求解结果，而本书提出的计算模型是基于极限分析上限法提出来的，同时较为合理地考虑了土体松动产生的拱效应。由图 4-50（b）和（d）可知，本书提出的计算模型计算得到的开挖面极限支护力要比 Mollon 等和 Han 等提出的上限解法更大，这也就意味着本书提出的计算方法为求解开挖面极限支护力值提供了一个更好的方法。

9）开挖面前方土体破坏区域的对比

开挖面极限支护力是工程中所允许的支护力最小限值，该临界状态下的土体松动坍塌破坏范围也是工程中的关注要点。在极限支护力状态下开挖面前方的土体破坏区域方面，本书将由多块体破坏机制以及新建开挖面破坏模型预测的土体破坏形状与离心机模型试验（Chambon 和 Corté）进行了对比分析。

离心机模型试验中所用砂土的内摩擦角值介于 38°～42°，由于砂土可能并非完全干燥，因而可能具有较小的黏聚力，其黏聚力值介于 0～5kPa。当取内摩擦角和黏聚力的极值计算开挖面极限支护力时，由新建立的开挖面破坏模型计算得到的开挖面极限支护力与试验值相比过大或过小，因此，在对比极限支护力状态下开挖面前方的土体破坏区域时，本书选取了内摩擦角和黏聚力的中间值作为计算参数，即$c = 2.5\text{kPa}$，$\varphi = 40°$。

如图 4-51 所示，沿隧道纵向的垂直截面上，对于隧道顶部以下的土体破坏区域，由多块体破坏机制预测得到的土体破坏区域形状与新建计算模型基本一致，且两种计算模型预测得到的土体破坏区域形状与离心机模型试验得到的结果较为相符，也即两种计算模型均可反映出极限支护力状态下开挖面前方隧道顶部以下土体的剪切滑动破坏特征。但是对于隧道顶部以上的土体破坏区域，多块体机制预测得到的土体破坏区域形状与离心机模型试验相差较大，但是本书提出的计算模型预测得到的土体破坏区域形状与离心机模型试验结果较为相似：在隧道纵向上，由新建开挖面计算模型预测得到的土体破坏区域外轮廓延伸到开挖面前方大约为 $0.30D$ 处，在竖直方向上，延伸到隧道顶部以上 $0.72D$ 处，而由离心机模型试验预测得到的土体破坏区域外轮廓，在隧道纵向上延伸到开挖面前方大约为 $0.33D$ 处，在竖直方向上，延伸到隧道顶部以上 $1.14D$ 处。在竖直方向上，离心机模型试验得到的土体破坏区域高度大于本书提出的计算模型预测得到的结果，本书推测可能是由于试验过程中支护措施控制不当，致使支护力过小，进而引起开挖面上方土体继续向上发展所致。此外，由离心机模型试验得到的开挖面极限支护力为 8.00kPa；由本书提出的新方法计算得到的开挖面极限支护力值为 8.35kPa，所得结果略大于试验值；而由多块体计算模型计算得到的开挖面极限支护力值为 7.99kPa，略小于试验值，因此，基于极限分析上限法的多块体计算模型计算得到的开挖面极限支护力偏于不安全，而由本书方法计算得到的极限支护力安全，同时与试验值较为接近。根据以上分析可知，本书所建土体破坏机制计算得到的极限支护压力和预测得到的土体破坏区域与离心机模型试验得到的结果均较为一致。

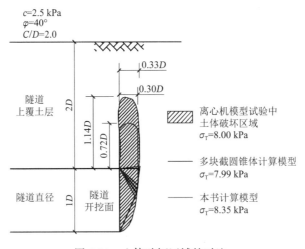

图 4-51　土体破坏区域的对比

此外，当隧道埋深大于成拱临界埋深时，为了给工程实践提供借鉴与参考，本书基于新建开挖面极限支护力计算模型计算得到了不同隧道埋深比C/D、不同砂土内摩擦角φ工况下的归一化极限支护力P_{lim}/P_0，计算结果如图 4-52 所示。对于相同埋深比C/D，归一化极限支护力P_{lim}/P_0随着内摩擦角φ的增大而减小；对于相同内摩擦角φ，归一化极限支护力P_{lim}/P_0几乎不随着相对埋深比C/D的增大而增大，这在一定程度上可反映出在当隧道埋深达到一定深度时开挖面极限支护力几乎不再增大的规律，可为工程实践提供借鉴与指导。

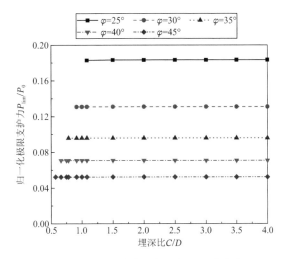

图 4-52　深埋隧道的归一化极限支护力

2. 基于普氏拱的极限支护力力学计算模型

基于普氏拱理论，本书提出一种适用于深埋砂土地层盾构隧道的主动破坏模式，如图 4-53 所示。隧道直径为D，隧道埋深为C，开挖面上的支护力以均布力σ_T的形式施加在开挖面上。将整个破坏区定义为塌陷破坏区①与滑动破坏区②。破坏区①的形状为一抛物线绕轴旋转形成的拱形区域，高度为H。当开挖面处于极限状态时，塌陷破坏区①的土体由于重力作用在滑动破坏区②上。滑动破坏区由于开挖面前方土体发生剪切破坏，沿剪切面滑动形成。

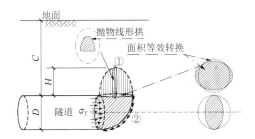

图 4-53　针对深埋砂土地层的新的破坏模式

图 4-54 给出了本章提出的开挖面极限支护力的计算模型，假定开挖面支护力为均布荷载。开挖面前第i个刚性截锥体由第i圆锥体被截面i和截面$i+1$个截面所截得到（$i=1,2,3,4,5$），第 6 个截面为第 5 个圆锥体被过隧道顶部且平行于隧道方向的平面所截。所有截面均为椭圆形。计算第 6 个截面上方松动区土体重力的时候，参考极限平衡法中的隧道面积与楔形块面积等效的方法，将塌陷区下口假定为与椭圆截面 6 等面积的圆。

开挖面前方第i个截面和第$i+1$个截面的夹角为β_i，第i个刚性截锥体速度方向与水平方向的夹角为α_i，第i个椭圆锥体的特征参数为θ_i。假定椭圆截面i的长轴长度为a_i，短轴长度为b_i。

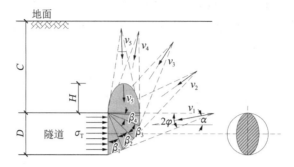

图 4-54　破坏模式几何构成图

假定角度变量为β_i和α_1，将α_1记为α。根据几何关系有：

$$\alpha_i = \begin{cases} \alpha & (i=1) \\ \sum\limits_{i=1}^{i-1}\beta_i + \theta_i & (i=2,3,4,5) \end{cases} \tag{4-76}$$

$$\theta_i = \begin{cases} \alpha & (i=1) \\ \beta_i - \theta_{i-1} & (i=2,3,4,5) \end{cases} \tag{4-77}$$

第i个椭圆截面的长轴a_i、短轴b_i、面积A_i的值有：

$$a_i = \begin{cases} \dfrac{D}{2} & (i=1) \\ \dfrac{D}{2}\prod\limits_{k=1}^{i}\dfrac{\cos(\theta_i+\varphi)}{\cos(\theta_{i+1}-\varphi)} & (i=2,3,4,5) \\ \dfrac{a_5\cos(\beta_4-\beta_3+\beta_2-\beta_1+\alpha+\varphi)}{\sin(2\beta_4+2\beta_2+\alpha+\varphi)} & (i=6) \end{cases} \tag{4-78}$$

$$b_i = \begin{cases} a_i\dfrac{\sqrt{\cos(\theta_i+\varphi)\cos(\theta_i-\varphi)}}{\cos\varphi} & (i=1,2,3,4,5) \\ a_6\dfrac{\sqrt{\sin(\sum\limits_{i=1}^{5}\theta_i+\varphi)\sin(\sum\limits_{i=1}^{5}\theta_i-\varphi)}}{\cos\varphi} & (i=6) \end{cases} \tag{4-79}$$

$$A_i = \pi a_i b_i \tag{4-80}$$

如图 4-54 所示，破坏区域②由 5 个刚性滑块组成，刚性滑块为椭圆锥体被平面所截形成，记为滑块i（$i=1,2,3,4,5$），则滑块i的体积V_i为：

$$V_i = \begin{cases} \dfrac{A_1h_1-A_2h_2}{3} & (i=1) \\ \dfrac{A_ih_i-A_{i+1}h_{i+1}}{3} & (i=2,3,4) \\ \dfrac{A_5h_5-A_5h_5'}{3} & (i=5) \end{cases} \tag{4-81}$$

式中：h_i表示椭圆锥体被截面i截取后剩余椭圆锥体的锥体高度，h_i'为截面 6 截取后剩余椭圆锥体的锥体高度，且有

$$\begin{cases} h_1 = \dfrac{D\cos(\alpha + \varphi)\cos(\alpha - \varphi)}{\sin(2\varphi)} \\[3mm] h_2 = \dfrac{D\cos(\alpha + \varphi)\cos(\beta_1 - \alpha + \varphi)}{\sin(2\varphi)} \\[3mm] h_i = h_2 \displaystyle\prod_{k=2}^{i-1} \dfrac{\cos(\theta_{k+1} + \varphi)}{\cos(\theta_k - \varphi)} \quad (i = 3,4,5) \\[3mm] h_5' = h_5 \dfrac{\sin(2\beta_4 + 2\beta_2 + \alpha - \varphi)}{\cos(\theta_5 - \varphi)} \end{cases} \tag{4-82}$$

而破坏区①为抛物线旋转所得，参考根据极限平衡法的筒仓理论中，楔形体尺寸由隧道界面尺寸确定的方法，假定破坏区①下口为一标准圆，且圆面积 $S = A_6 = \pi R^2$，则有：

$$R = \sqrt{\dfrac{A_6}{\pi}} \tag{4-83}$$

根据普氏拱理论，塌陷区高度 $H = R/f$，f 为普氏系数，砂土中 $f = \tan\varphi$，塌落拱曲线函数为 $f(x) = -\dfrac{H}{R^2}x + H$，则塌陷区土体体积 V_{soil} 为：

$$V_{soil} = 2\pi \int_0^R x f(x)\,\mathrm{d}x = \dfrac{\pi R^3}{2\tan\varphi} \tag{4-84}$$

刚性椭圆锥体的速度方向与椭圆锥体的轴线方向平行，假设第 i 个刚性截椭圆锥体的绝对速度为 v_i，第 i 个刚性截椭圆锥体和第 $i+1$ 个刚性截椭圆锥体的相对速度为 $v_{i,i+1}$。

根据图 4-55 的绝对速度与相对速度的递推关系有：

$$v_i = v_1 \prod_{k=2}^{i} \dfrac{\cos(\theta_k + \varphi)}{\cos(\theta_{k+1} - \varphi)} \quad (i \geqslant 2) \tag{4-85}$$

$$v_{i,i+1} = \dfrac{v_i \sin(2\theta_{i+1})}{\cos(\theta_{i+1} - \varphi)} \quad (i \geqslant 1) \tag{4-86}$$

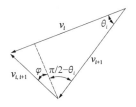

图 4-55　速度矢量图

（1）支护力求解

根据极限分析法，当隧道开挖面保持稳定时，根据外力功率与内能耗散功率相等的原则，则有：

$$P_e \leqslant P_v \tag{4-87}$$

式中：P_e 指的是外力虚功率，P_v 指的是破坏区范围内部能量耗散率。外力虚功率 P_e 包括开挖面支护力的虚功率 P_T、塌陷区土体重力功率 P_{soil} 以及滑动区土体重力功率 P_γ 组成，即：

$$P_e = P_T + P_{soil} + P_\gamma \tag{4-88}$$

开挖面支护力的虚功率 P_T 为

$$P_T = -A_1 \cos\alpha\, \sigma_T v_1 \tag{4-89}$$

塌陷区①土体重力功率P_{soil}为

$$P_{soil} = V_{soil}\gamma \sin(2\beta_2 + 2\beta_4 + \alpha)v_5 \tag{4-90}$$

破坏区②中土体重力功率P_γ为

$$P_\gamma = [V_1 \sin\alpha v_1 + V_2 \sin(2\beta_1 - \alpha)v_2 + V_3 \sin(2\beta_2 + \alpha)v_3 + \\ V_4 \sin(2\beta_1 + 2\beta_3 - \alpha)v_4 + V_5 \sin(2\beta_2 + 2\beta_4 + \alpha)v_5]\gamma \tag{4-91}$$

破坏区②中能量耗散率P_v为

$$P_v = \left(\frac{A_1 \cos\alpha}{\sin\varphi}v_1 - \frac{A_5 \sin(2\beta_2 + 2\beta_4 + \alpha)}{\sin\varphi}v_5\right)c\cos\varphi \tag{4-92}$$

将式(4-88)～式(4-91)代入式(4-87)并使外力的虚功率等于破坏区内部能量耗散率，取$\alpha,\beta_1,\beta_2,\beta_3,\beta_4$为变量，可得砂土地层中深埋盾构隧道开挖面的极限支护力上限解为：

$$\sigma_T = \max_{\alpha,\beta_1,\beta_2,\beta_3,\beta_4}[N_\gamma\gamma D] \tag{4-93}$$

式中：N_γ表示土体重度对开挖面极限支护力的影响系数，且

$$N_\gamma = \left[\frac{V_1 \sin\alpha}{A_1 \cos\alpha} + \frac{V_2 \sin(2\beta_2 - \alpha)}{A_1 \cos\alpha}\frac{v_2}{v_1} + \frac{V_3 \sin(2\beta_2 + \alpha)}{C}\frac{v_3}{v_1} + \\ \frac{V_4 \sin(2\beta_1 + 2\beta_3 - \alpha)}{A_1 \cos\alpha}\frac{v_4}{v_1} + \frac{(V_5 + V_{soil})\sin(2\beta_2 + 2\beta_4 + \alpha)}{A_1 \cos\alpha}\frac{v_5}{v_1}\right]/D \tag{4-94}$$

根据破坏模式的相容速度约束和几何条件约束，确定角度变量$\alpha,\beta_1,\beta_2,\beta_3,\beta_4$的变化范围，利用 MATLAB 软件对破坏区的形状进行优化，求解砂土地层中深埋盾构隧道开挖面极限支护力的最优解。

（2）与数值模拟的对比分析

新的破坏模式可以用于计算砂土地层深埋隧道开挖面极限支护力，且该支护力不随埋深的变化而变化。采用相同计算参数，将本书提出的计算模型得到的开挖面极限支护力与数值模拟结果进行对比，如图 4-56 所示。可以看出，随着隧道直径的增大，两种方法计算得到的开挖面极限支护力均不断增大，呈线性关系，两条直线的斜率相近。新的理论模型计算结果要大于数值模拟结果，这与很多理论模型结果是一致的，较大的极限支护力是偏于安全的，具有一定的安全储备；在地层内摩擦角增大时，本书解析解和数值模拟解均随着隧道直径的增大而减小，近似呈对数关系，且两条曲线随地层内摩擦角的变化规律较为一致。

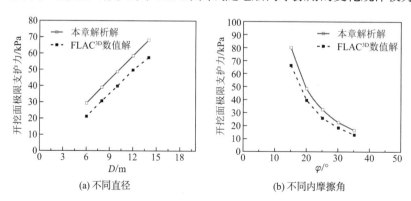

图 4-56　本章理论解与数值模拟对比

（3）与经典理论结果的对比分析

在无水砂土地层中，假定深埋隧道（$C/D = 2$）的土体重度为$\gamma = 18\text{kN/m}^3$，用本书方

法计算 $\varphi = 20°$，$D = 6m$、$8m$、$10m$、$12m$、$14m$ 和 $D = 10m$，$\varphi = 15°$、$20°$、$25°$、$30°$、$35°$ 等工况下的极限支护力，并将本书方法与已有的理论计算方法进行对比，如图 4-57 所示。

从图 4-57（a）可得：在深埋（$C/D = 2$）砂土盾构隧道中，当以隧道直径 D 为变量时，新的破坏机制得到的开挖面极限支护力比 Leca 的单块体及二块体破坏模式、Soubra 的多锥体破坏模式等以往成果获得的极限支护力大。可得在深埋（$C/D = 2$）砂土盾构隧道中，当以地层内摩擦角 φ 为变量，新的破坏机制得到的开挖面极限支护力比 Leca、Soubra 得出的极限支护力大；另外，从图 4-57 可以看出，各种方法取得的极限支护力随着隧道直径 D、地层内摩擦角 φ 的整体变化一致，且图中计算模型中，利用极限分析法求得的解均小于极限平衡法。

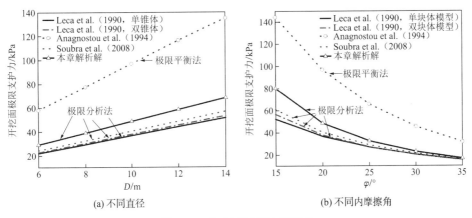

(a) 不同直径　　　　　　　　　(b) 不同内摩擦角

图 4-57　与现有计算方法对比

（4）与经典理论、离心试验对比

根据 Gregor 在砂土地层展开的离心试验，原型隧道 $D = 5m$，$\gamma = 15kN/m^3$，$\varphi = 34°$。当 $C/D = 1.5$ 时，极限支护力为 8.5kPa。根据该试验提供的参数，利用新的计算模型和已有的理论方法进行计算，计算结果对比如图 4-58 所示。从图 4-58 可得，采用本章计算方法得到的极限支护力比 Leca、Soubra 得到的大，最为接近离心试验取得的极限支护力。验证了本书的破坏机制具有更好的精确性和优越性。

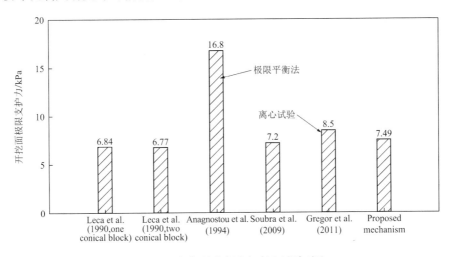

图 4-58　本章理论方法与离心试验对比

（5）新破坏模式下的破坏区域范围与相关研究对比

Chambon 通过离心试验得到了无黏性土地层中，开挖面前方土体发生主动破坏的破坏机制，并将破坏区域划了出来。如图 4-59 所示，当 $C/D=1$，$D=5m$，$\varphi=35°$，使用新的计算方法得到的破坏机制轮廓与上述离心试验的结果进行对比。从图中可以看出，破坏区下端的滑动区与离心试验具有较好的一致性。上部塌陷区宽度分别为 0.35D 与 0.3D，较为接近。但是理论计算和离心试验得到的塌陷区高度差距较大，结合相关研究分析，认为在离心试验进行过程中，达到极限状态时会形成一个塌落拱，随着时间的推移，塌落拱的拱脚位置变化较小，拱顶不断向上扩大发展，形成一个高度较高的塌陷区。

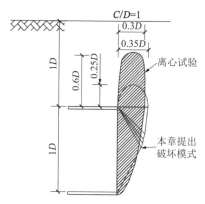

图 4-59　本章计算的破坏区与离心试验破坏区域对比

通过数值模拟得到的位移云图，与本章提出的新的破坏模式、Soubra 提出的五块体破坏模式得到的破坏区范围进行对比，如图 4-60 所示。

从图 4-60 可知，当土体内摩擦角发生变化时，本章提出的新的破坏模式计算得到的破坏区范围与数值模拟结果吻合较好。与 Soubra 的五块机构相比，新的破坏模式求得的破坏区上部范围更大、更合理（更接近于数值模拟）。更大的破坏范围决定了计算模式中塌陷破坏区域①作用于下部滑动区②的力更大，这也是新的破坏模式求得的极限支护力大于 Soubra 的五锥体破坏模式得到的极限支护力的原因。

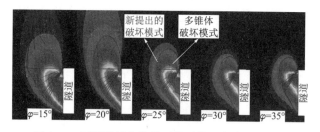

图 4-60　不同摩擦角条件下的开挖面失稳破坏区域

4.4　基于渗流影响的盾构隧道开挖面牛角形失稳模型研究

目前关于盾构隧道开挖面前方渗流场的研究较少。现有的研究仅是对盾构隧道前水头分布进行了简化分析，且对开挖面渗流场的研究大多针对开挖面水压为零的情况，实际上盾构隧道开挖面的实际水压通常不为零。本章提出了隧道开挖面前渗流场 3D 理论解析模型，推导了水头分布计算公式。然后，通过一系列数值模拟验证了理论解析模型的合理性，分析了h_w/D对水头分布的影响。此外，还分析了开挖面水压对水头分布的影响。

1. 渗流分析解决方案

（1）渗流场边界条件

基于拉普拉斯方程，方程(4-21)在各向异性渗透率恒定时可以得到：

$$k_x\frac{\partial^2 h}{\partial x^2} + k_y\frac{\partial^2 h}{\partial y^2} + k_z\frac{\partial^2 h}{\partial z^2} = 0 \tag{4-95}$$

如果渗透率是各向同性的，即$k_x = k_y = k_z$，则变为拉普拉斯控制方程：

$$\frac{\partial^2 h}{\partial x^2} + \frac{\partial^2 h}{\partial y^2} + \frac{\partial^2 h}{\partial z^2} = 0 \tag{4-96}$$

求解拉普拉斯方程需要对渗流问题进行一些假设和简化，如图 4-61 所示，从而可以得到开挖面前地下水的水头分布。

首先，认为开挖面前渗流状态为稳态水头场，地层为均质、各向同性。其次，分别为隧道衬砌和隧道开挖面假设一个不透水边界和一个固定的测压头h_F。假设地面远场边界处的水头等于地下水位的初始高度h_0。此外，假设地下水位的初始高程h_0有足够的地表地下水补给。开挖面前方水头分布的有效范围可以用一个长方体表示，如图 4-62 所示。

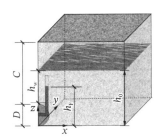 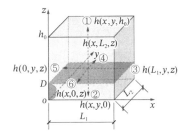

图 4-61　盾构隧道前方渗流问题示意图　　图 4-62　隧道开挖面前方的水头边界

长方体区域六个边界处的水头分布如下所示。

$$\begin{cases} h(x,y,h_0) = f_1(x,y) = h_0 \\ h(x,y,0) = f_2(x,y) \\ h(L_1,y,z) = f_3(y,z) = h_0 \\ h(x,L_2,z) = f_4(x,z) = h_0 \\ h(0,y,z) = f_5(x,y) \\ h(x,0,z) = f_6(x,z) \\ \qquad = \begin{cases} f_{6r}(x,z) = h_F\left(0 \leqslant z \leqslant D, 0 \leqslant x \leqslant \sqrt{[D*D/4-(z-D/2)^2]}\right) \\ f_{6R}(x,z)\begin{cases}(D \leqslant z \leqslant h_{0,0} \leqslant x \leqslant L_1) \\ \left(0 \leqslant z \leqslant D, \sqrt{[D*D/4-(z-D/2)^2]} \leqslant x \leqslant L_1\right)\end{cases}\end{cases} \end{cases} \tag{4-97}$$

其中$f_1(x,y)$、$f_2(x,y)$、$f_3(y,z)$、$f_4(x,z)$、$f_5(x,y)$和$f_6(x,z)$表示在六个区域边界。$f_1(x,y)$、

$f_3(y,z)$和$f_4(x,z)$是已知条件。$f_1(x,y)$、$f_3(y,z)$和$f_4(x,z)$分别为土地面远场边界的水头，均由h_0规定。$f_2(x,y)$、$f_5(x,y)$和$f_6(x,z)$（更具体的描述是$f_{6R}(x,z)$情况下）在这个问题中是未知的。此外，确定每个区域的边界条件也很关键。

对于$f_2(x,y)$，渗流边界条件可以用一个矩形区域表示，如图4-63所示。每个边界条件的数学表达式如式(4-98)所示。

$$\begin{cases} f_2(x,L_2)=f_{21}(x)=h_0 \\ f_2(x,0)=f_{22}(x) \\ f_2(L_1,y)=f_{23}(y)=h_0 \\ f_2(0,y)=f_{24}(y) \end{cases} \tag{4-98}$$

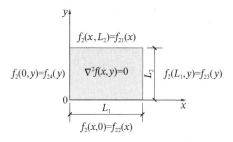

图4-63　$f_2(x,y)$的水头边界

对于探究区域的边界问题，$f_{21}(x)$和$f_{23}(y)$分别为已知边界条件，初始地下水位和远离开挖面的渗流水头，均等于固定常数h_0。但是，该区域的其他两个边界条件，即$f_{22}(x)$和$f_{24}(y)$，是未知条件。因此，需要通过数值模拟的近似函数方程来拟合边界条件$f_{22}(x)$和$f_{24}(y)$。

与第二区的分析方法类似，第五区的渗流边界条件也可以描述为一个矩形区域，如图4-64所示。各边界条件的数学表达式如式(4-99)所示。

$$\begin{cases} f_5(y,h_0)=f_{51}(y)=h_0 \\ f_5(y,0)=f_{52}(y) \\ f_5(L_2,z)=f_{53}(z)=h_0 \\ f_5(0,z)=f_{54}(z)\begin{cases} f_{54u}(z) \\ f_{54l}(z)=h_F \end{cases} \end{cases} \tag{4-99}$$

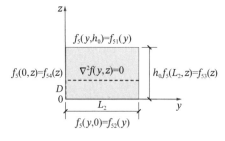

图4-64　$f_5(x,y)$的水头边界

要获得第五区域的显式解，应通过数值模拟确定$f_{52}(y)$和$f_{54}(z)$的近似函数方程的边界条件。

对于渗流场的第六个区域$f_6(x,z)$，渗流边界条件可以用一个矩形区域来表示，如

图 4-65 所示。每个边界条件的数学表达式为方程 (4-100)：

$$\begin{cases} f_6(x, h_0) = f_{61}(x) = h_0 \\ f_6(x, 0) = f_{62}(x) \\ f_6(L_1, z) = f_{63}(z) = h_0 \\ f_6(0, z) = f_{64}(z) \begin{cases} f_{64u}(z) \\ f_{64l}(z) = h_F \end{cases} \end{cases} \tag{4-100}$$

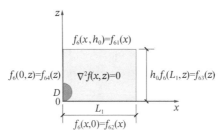

图 4-65　$f_6(x, z)$ 的水头边界

对于第六区域的边界问题，该区域的两个边界条件 $f_{62}(x)$ 和 $f_{64}(z)$ 都是未知条件。通过数值模拟，可以得到 $f_{62}(x)$ 和 $f_{64}(z)$ 的近似函数方程。

（2）数值模拟

为研究开挖面前地层地下水渗流场分布特征及未知边界条件下的近似分布方程，采用有限差分软件对渗流进行模拟分析。

根据已有研究，当地层渗透率高于 $10^{-7} \sim 10^{-6}$m/s，掘进开挖速度 $\leqslant 0.1 \sim 1.0$m/h 时，开挖面前地层可以被认为是一种排水条件。隧道开挖面渗流研究表明，当隧道开挖面开挖速度 < 500m/月，地层渗透率 $> 10^{-6}$m/s 时，普通稳流数值分析可以得到接近于真实值。

如图 4-66 所示，考虑到开挖前三维渗流场的对称性，模型仅显示了沿中心轴纵向切割的圆形隧道的一半。模型的纵向长度和横向长度分别是隧道直径的 8 倍和 4 倍（8D 和 4D）。为重点分析开挖面前渗流场，采用简化的单步开挖方案模拟开挖过程，开挖隧道周长固定位移。在本研究中，在数值模拟过程中一步挖掘出 4D。模型的总高度为 $C + 5D$。3D 模型是使用非均匀网格设计的。数值模型的边界条件为隧道衬砌设置为不透水的，地下水位设置为从隧道拱顶测量的 h_w，地下水位被认为是恒定的。表 4-29 通过数值模拟提供了 $D = 10$m 和 $h_w/D =$1～4 的未知边界条件的近似分布方程。

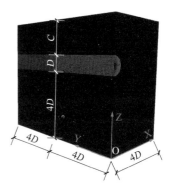

图 4-66　盾构隧道的数值模型

未知边界的近似分布方程　　　　　　　　　　　　　表 4-29

近似分布方程	h_w/D	拟合参数
$f_{22}(x) = h_F + \Delta h \times \exp(A \times L_1/x + B)$	1.0	$A = -0.06974$, $B = 0.08804$
	2.0	$A = -0.07311$, $B = 0.08717$
	3.0	$A = -0.07478$, $B = 0.0882$
	4.0	$A = -0.0757$, $B = 0.08832$

近似分布方程	h_w/D	拟合参数
$f_{24}(y) = f_{52}(y) = h_F + \Delta h \times \exp(A \times L_2/y + B)$	1.0	$A = -0.04253$，$B = 0.03589$
	2.0	$A = -0.04585$，$B = 0.03489$
	3.0	$A = -0.04743$，$B = 0.0354$
	4.0	$A = -0.04836$，$B = 0.03593$
$f_{54u}(z) = f_{64u}(z) = h_F + \Delta h \times \exp(A \times h_w/(z - D) + B)$	1.0	$A = -0.10686$，$B = 0.04893$
	2.0	$A = -0.05444$，$B = 0.00686$
	3.0	$A = -0.03599$，$B = 0.00552$
	4.0	$A = -0.02719$，$B = 0.00875$

备注：$\Delta h = h_0 - h_F$

在图 4-67 中，将近似分布方程得到的水头分布结果与数值模拟得到的结果进行了比较。$f_{22}(x)$ 和 $f_{24}(y)$ 几乎不受 h_w/D 的影响。在 $x = 0$ 和 $y = 0$ 处，沿拱顶的垂直表面，渗水头分布 $f_{54u}(z)$ 随 h_w/D 增加。h_w/D 越大，$x = 0$ 和 $y = 0$ 处的渗流水头越快，随着 z 坐标的增加，恢复初始地下水位的速度越快。通过近似分布方程得到的渗流水头与数值模拟得到的数值吻合较好。对于实际工程中的其他水位条件，可以采用插值的方法得到不同边界条件下的近似分布函数。

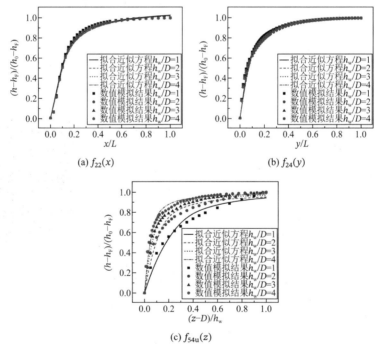

图 4-67　验证边界条件拟合方程的效果

水头分布分析

偏微分控制方程和边界条件表示如下：

$$\frac{\partial^2 h}{\partial x^2} + \frac{\partial^2 h}{\partial y^2} + \frac{\partial^2 h}{\partial z^2} = 0 \quad (0 \leqslant x \leqslant L_{1,0} \leqslant y \leqslant L_{2,0} \leqslant z \leqslant h_0) \tag{4-101}$$

$$\begin{cases} h(x, y, h_0) = f_1(x, y) \\ h(x, y, 0) = f_2(x, y) \\ h(L_1, y, z) = f_3(y, z) \\ h(x, L_2, z) = f_4(x, z) \\ h(0, y, z) = f_5(x, y) \\ h(x, 0, z) = f_6(x, z) \end{cases} \quad (4\text{-}102)$$

由于控制方程和边界条件的线性性质，方程(4-28)的解析解可分解为六个部分，分别表示如下：

$$h(x, y, z) = h_1(x, y, z) + h_2(x, y, z) + h_3(x, y, z) + h_4(x, y, z) + h_5(x, y, z) + h_6(x, y, z)$$

$$(4\text{-}103)$$

其中$h_1(x, y, z)$, $h_2(x, y, z)$, $h_3(x, y, z)$, $h_4(x, y, z)$, $h_5(x, y, z)$以及$h_6(x, y, z)$满足以下方程。

$$\frac{\partial^2 h_i}{\partial x^2} + \frac{\partial^2 h_i}{\partial y^2} + \frac{\partial^2 h_i}{\partial z^2} = 0 \quad (0 \leqslant x \leqslant L_{1,0} \leqslant y \leqslant L_{2,0} \leqslant z \leqslant h_0, i = 1,2,3,4,5,6) \quad (4\text{-}104)$$

基于方程(4-102)，以$h_1(x, y, z)$为例：

$$\begin{cases} h_1(x, y, h_0) = f_1(x, y) \\ h_1(x, y, 0) = 0 \\ h_1(L_1, y, z) = 0 \\ h_1(x, L_2, z) = 0 \\ h_1(0, y, z) = 0 \\ h_1(x, 0, z) = 0 \end{cases} \quad (4\text{-}105)$$

通过引入一个变量$X(x), Y(y)$以及$Z(z)$的三个函数，$h_1(x, y, z)$的解函数如下：

$$h_1(x, y, z) = X(x)Y(y)Z(z) \quad (4\text{-}106)$$

将方程(4-106)代入到方程(4-105)中，以下方程可以获得：

$$\begin{cases} X(x)Y(y)Z(h_0) = f_1(x, y) \\ X(x)Y(y)Z(0) = 0 \\ X(L_1)Y(y)Z(z) = 0 \\ X(x)Y(L_2)Z(z) = 0 \\ X(0)Y(y)Z(z) = 0 \\ X(x)Y(0)Z(z) = 0 \end{cases} \quad (4\text{-}107)$$

基于方程(4-107)，以下关系很容易得到：

$$\begin{cases} Z(h_0) = f_1(x, y) \neq 0 \\ Z(0) = 0 \\ X(L_1) = 0 \\ Y(L_2) = 0 \\ X(0) = 0 \\ Y(0) = 0 \end{cases} \quad (4\text{-}108)$$

基于本征函数展开法与关系式 (4-108)，以下关系方程可以得到：

$$\begin{cases} X = \sin \alpha\, x \\ Y = \sin \beta\, y \\ Z = \sinh\left(\sqrt{\alpha^2 + \beta^2}\, z\right) \end{cases} \quad (4\text{-}109)$$

$$\alpha_n = \frac{n\pi}{L_1}, \beta_m = \frac{m\pi}{L_2}, \gamma_{nm} = \pi\sqrt{\frac{n^2}{L_1^2} + \frac{m^2}{L_2^2}} \tag{4-110}$$

其中n和m对应于任意正整数。

将方程(4-109)与方程(4-110)代入至方程(4-106)，$h_{1-nm}(x, y, z)$的任意一般解可以得到：

$$h_{1-nm}(x, y, z) = \sin(\alpha_n x)\sin(\beta_m y)\sinh(\gamma_{nm} z) \tag{4-111}$$

因为方程(4-106)是一个均匀的线性偏微分方程，可以通过叠加所有$h_{1-nm}(x, y, z)$来获得$h_1(x, y, z)$的一般解：

$$h_1(x, y, z) = \sum_{n,m=1}^{\infty} A_{nm}\sin\left(\frac{n\pi}{L_1}x\right)\sin\left(\frac{m\pi}{L_2}y\right)\sinh\left(\pi\sqrt{\left(\frac{n}{L_1}\right)^2 + \left(\frac{m}{L_2}\right)^2}z\right) \tag{4-112}$$

基于边界条件$f_1(x, y)$与方程(4-111)，方程(4-112)可以推导得到：

$$f_1(x, y) = \sum_{n,m=1}^{\infty} A_{nm}\sin\left(\frac{n\pi}{L_1}x\right)\sin\left(\frac{m\pi}{L_2}y\right)\sinh\left(\pi\sqrt{\left(\frac{n}{L_1}\right)^2 + \left(\frac{m}{L_2}\right)^2}h_0\right) \tag{4-113}$$

根据方程(4-112)和傅里叶扩展方程，系数A_{nm}可以用方程(4-114)表示：

$$A_{nm} = \frac{4}{L_1 L_2 \sinh\left(\pi\sqrt{\left(\frac{n}{L_1}\right)^2 + \left(\frac{m}{L_2}\right)^2}h_0\right)}\int_0^{L_1}\mathrm{d}x\int_0^{L_2}\mathrm{d}y\, f_1(x, y)\sin\left(\frac{n\pi}{L_1}x\right)\sin\left(\frac{m\pi}{L_2}y\right)$$

$$\tag{4-114}$$

同样，可以通过相同的求解方法获得$h_3(x, y, z)$与$h_4(x, y, z)$的解析解：

$$\begin{cases} h_3(x, y, z) = \sum_{n,m=1}^{\infty} C_{nm}\sin\left(\frac{n\pi}{h_0}z\right)\sin\left(\frac{m\pi}{L_2}y\right)\sinh\left[\pi\sqrt{\left(\frac{n}{h_0}\right)^2 + \left(\frac{m}{L_2}\right)^2}x\right] \\ h_4(x, y, z) = \sum_{n,m=1}^{\infty} D_{nm}\sin\left(\frac{n\pi}{L_1}x\right)\sin\left(\frac{m\pi}{h_0}z\right)\sinh\left[\pi\sqrt{\left(\frac{n}{L_1}\right)^2 + \left(\frac{m}{h_0}\right)^2}y\right] \end{cases} \tag{4-115}$$

扩展系数C_{nm}与D_{nm}被推导如下：

$$\begin{cases} C_{nm} = \dfrac{4}{h_0 L_2 \sinh\left(\pi\sqrt{\left(\frac{n}{h_0}\right)^2 + \left(\frac{m}{L_2}\right)^2}L_1\right)}\int_0^{h_0}\mathrm{d}z\int_0^{L_2}\mathrm{d}y\, f_3(y, z)\sin\left(\frac{n\pi}{h_0}z\right)\sin\left(\frac{m\pi}{L_2}y\right) \\[4mm] D_{nm} = \dfrac{4}{h_0 L_1 \sinh\left(\pi\sqrt{\left(\frac{n}{L_1}\right)^2 + \left(\frac{m}{h_0}\right)^2}L_2\right)}\int_0^{h_0}\mathrm{d}z\int_0^{L_1}\mathrm{d}x\, f_4(x, z)\sin\left(\frac{n\pi}{L_1}x\right)\sin\left(\frac{m\pi}{h_0}z\right) \end{cases}$$

$$\tag{4-116}$$

值得注意的是，$h_2(x, y, z)$，$h_5(x, y, z)$与$h_6(x, y, z)$的分析解更为复杂，并且在下一部分中详细推导。

通过边界条件$f_2(x, y)$，$h_2(x, y, z)$被推导，如方程(4-117)～方程(4-119)所示。然而，$f_2(x, y)$是未知的。

$$h_2(x, y, z) = \sum_{n,m=1}^{\infty} B_{nm} \sin\left(\frac{n\pi}{L_1}x\right) \sin\left(\frac{m\pi}{L_2}y\right) \sinh\left[\pi\sqrt{\left(\frac{n}{L_1}\right)^2 + \left(\frac{m}{L_2}\right)^2}(h_0 - z)\right] \quad (4\text{-}117)$$

$$f_2(x, y) = \sum_{n,m=1}^{\infty} B_{nm} \sin\left(\frac{n\pi}{L_1}x\right) \sin\left(\frac{m\pi}{L_2}y\right) \sinh\left[\pi\sqrt{\left(\frac{n}{L_1}\right)^2 + \left(\frac{m}{L_2}\right)^2}(h_0 - 0)\right] \quad (4\text{-}118)$$

$$B_{nm} = \frac{4}{L_1 L_2 \sinh\left(\pi\sqrt{\left(\frac{n}{L_1}\right)^2 + \left(\frac{m}{L_2}\right)^2}h_0\right)} \int_0^{L_1} dx \int_0^{L_2} dy\, f_2(x, y) \sin\left(\frac{n\pi}{L_1}x\right) \sin\left(\frac{m\pi}{L_2}y\right)$$

$$(4\text{-}119)$$

基于本征函数展开方法，可以获得 $f_2(x, y)$ 的解析解。偏微分控制方程和边界条件表示如下：

$$\frac{\partial^2 f_2}{\partial x^2} + \frac{\partial^2 f_2}{\partial y^2} = 0 \quad (0 \leqslant x \leqslant L_{1,0} \leqslant y \leqslant L_2) \quad (4\text{-}120)$$

$$\begin{cases} f_2(x, L_2) = f_{21}(x) \\ f_2(x, 0) = f_{22}(x) \\ f_2(L_1, y) = f_{23}(y) \\ f_2(0, y) = f_{24}(y) \end{cases} \quad (4\text{-}121)$$

其中 $f_{21}(x)$，$f_{22}(x)$，$f_{23}(y)$ 以及 $f_{24}(y)$ 代表渗流场的矩形区域的四个边界条件。

方程 (4-121) 的解组成如下：

$$f_2(x, y) = h_{21}(x, y) + h_{22}(x, y) + h_{23}(x, y) + h_{24}(x, y) \quad (4\text{-}122)$$

偏微分控制方程和边界条件表示如下：

$$\frac{\partial^2 h_{2i}}{\partial x^2} + \frac{\partial^2 h_{2i}}{\partial y^2} = 0 \quad (0 \leqslant x \leqslant L_{1,0} \leqslant y \leqslant L_2, i = 1,2,3,4) \quad (4\text{-}123)$$

基于方程 (4-121)，以 $h_{21}(x, y)$ 为例：

$$\begin{cases} h_{21}(x, L_2) = f_{21}(x) \\ h_{21}(x, 0) = 0 \\ h_{21}(L_1, y) = 0 \\ h_{21}(0, y) = 0 \end{cases} \quad (4\text{-}124)$$

由于控制方程和边界条件的线性属性，方程 (4-46) 可以被视为 $h_{21}(x, y)$，$h_{22}(x, y)$，$h_{23}(x, y)$ 以及 $h_{24}(x, y)$ 的四个方程 (4-124) 中的基本方程的线性叠加。

根据本征函数展开方法的原理，可以使用等式中的方程 (4-125) 来表示 $h_{21}(x, y)$，$h_{22}(x, y)$，$h_{23}(x, y)$ 以及 $h_{24}(x, y)$：

$$\begin{cases} h_{21}(x, y) = \sum_{j=1}^{\infty} a_{5j} \sin\left(\frac{j\pi}{L_1}x\right) \cdot \sinh\left(\frac{j\pi}{L_1}y\right) \\ h_{22}(x, y) = \sum_{j=1}^{\infty} b_{5j} \sin\left(\frac{j\pi}{L_1}x\right) \cdot \sinh\left[\frac{j\pi}{L_1}(L_2 - y)\right] \\ h_{23}(x, y) = \sum_{j=1}^{\infty} c_{5j} \sin\left(\frac{j\pi}{L_2}y\right) \cdot \sinh\left(\frac{j\pi}{L_2}x\right) \\ h_{24}(x, y) = \sum_{j=1}^{\infty} d_{5j} \sin\left(\frac{j\pi}{L_2}y\right) \cdot \sinh\left[\frac{j\pi}{L_2(L_1 - x)}\right] \end{cases} \quad (4\text{-}125)$$

其中扩展系数 a_{2j}，b_{2j}，c_{2j} 以及 d_{2j} 被提供至方程(4-126)。

$$\begin{cases} a_{2j} = \dfrac{2}{L_1}\,\mathrm{csch}\left(\dfrac{j\pi}{L_1}L_2\right)\displaystyle\int_0^{L_1} f_{21}(x)\cdot\sin\left(\dfrac{j\pi}{L_1}x\right)\mathrm{d}x \\[3mm] b_{2j} = \dfrac{2}{L_1}\,\mathrm{csch}\left(\dfrac{j\pi}{L_1}L_2\right)\displaystyle\int_0^{L_1} f_{22}(x)\cdot\sin\left(\dfrac{j\pi}{L_1}x\right)\mathrm{d}x \\[3mm] c_{2j} = \dfrac{2}{L_2}\,\mathrm{csch}\left(\dfrac{j\pi}{L_2}L_1\right)\displaystyle\int_0^{L_2} f_{23}(y)\cdot\sin\left(\dfrac{j\pi}{L_2}y\right)\mathrm{d}y \\[3mm] d_{2j} = \dfrac{2}{L_2}\,\mathrm{csch}\left(\dfrac{j\pi}{L_2}L_1\right)\displaystyle\int_0^{L_2} f_{24}(y)\cdot\sin\left(\dfrac{j\pi}{L_2}y\right)\mathrm{d}y \end{cases} \quad (4\text{-}126)$$

其中 $f_{21}(x)$，$f_{22}(x)$，$f_{23}(y)$ 以及 $f_{24}(y)$ 是第二个区域的边界条件。此外，j 是扩展系数。$f_{21}(x)$ 与 $f_{23}(y)$ 是未知条件，$f_{22}(x)$ 以及 $f_{24}(y)$ 的近似分布方程可以通过数值模拟获得。

类似地，可以通过解决方程 $h_2(x,y,z)$ 以获得方程 $h_5(x,y,z)$：

$$h_5(x,y,z) = \sum_{n,m=1}^{\infty} E_{nm}\sin\left(\frac{n\pi}{h_0}z\right)\sin\left(\frac{m\pi}{L_2}y\right)\sinh\left[\pi\sqrt{\left(\frac{n}{h_0}\right)^2+\left(\frac{m}{L_2}\right)^2}\,(L_1-x)\right] \quad (4\text{-}127)$$

$$E_{nm} = \frac{4}{h_0 L_2 \sinh\left(\pi\sqrt{\left(\frac{n}{h_0}\right)^2+\left(\frac{m}{L_2}\right)^2}\,L_1\right)}\int_0^{h_0}\mathrm{d}z\int_0^{L_2}\mathrm{d}y\, f_5(y,z)\sin\left(\frac{n\pi}{h_0}z\right)\sin\left(\frac{m\pi}{L_2}y\right)$$

$$(4\text{-}128)$$

$$f_5(y,z) = \sum_{k=1}^{\infty} a_{5k}\sin\left(\frac{k\pi}{L_2}y\right)\cdot\sinh\left(\frac{k\pi}{L_2}z\right) + \sum_{k=1}^{\infty} b_{5k}\sin\left(\frac{k\pi}{L_2}y\right)\cdot\sinh\left[\frac{k\pi}{L_2}(h_0-z)\right] + \\ \sum_{k=1}^{\infty} c_{5k}\sin\left(\frac{k\pi}{h_0}z\right)\cdot\sinh\left(\frac{k\pi}{h_0}y\right) + \sum_{k=1}^{\infty} d_{5k}\sin\left(\frac{k\pi}{h_0}z\right)\cdot\sinh\left[\frac{k\pi}{h_0}(L_2-y)\right]$$

$$(4\text{-}129)$$

其中相应的系数 a_{5k}，b_{5k}，c_{5k} 以及 d_{5k} 如方程(4-130)所示，且 k 是扩展系数。

$$\begin{cases} a_{5k} = \dfrac{2}{L_2}\,\mathrm{csch}\left(\dfrac{k\pi}{L_2}h_0\right)\displaystyle\int_0^{L_2} f_{51}(y)\cdot\sin\left(\dfrac{k\pi}{L_2}y\right)\mathrm{d}y \\[3mm] b_{5k} = \dfrac{2}{L_2}\,\mathrm{csch}\left(\dfrac{k\pi}{L_2}h_0\right)\displaystyle\int_0^{L_2} f_{52}(y)\cdot\sin\left(\dfrac{k\pi}{L_2}y\right)\mathrm{d}y \\[3mm] c_{5k} = \dfrac{2}{h_0}\,\mathrm{csch}\left(\dfrac{k\pi}{h_0}L_2\right)\displaystyle\int_0^{h_0} f_{53}(z)\cdot\sin\left(\dfrac{k\pi}{h_0}z\right)\mathrm{d}z \\[3mm] d_{5k} = \dfrac{2}{h_0}\,\mathrm{csch}\left(\dfrac{k\pi}{h_0}L_2\right)\displaystyle\int_0^{h_0} f_{54}(z)\cdot\sin\left(\dfrac{k\pi}{h_0}z\right)\mathrm{d}z \end{cases} \quad (4\text{-}130)$$

因为第六个区域存在隧道面，$h_6(x,y,z)$ 的推导最为复杂。与之前的推导类似，$h_6(x,y,z)$ 的相对应的系数 F_{nm} 可以获得：

$$F_{nm} = \frac{4}{h_0 L_1 \sinh\left(\pi\sqrt{\left(\frac{n}{L_1}\right)^2+\left(\frac{m}{h_0}\right)^2}\,L_2\right)}\int_0^{h_0}\mathrm{d}z\int_0^{L_1}\mathrm{d}x\, f_6(x,z)\sin\left(\frac{n\pi}{L_1}x\right)\sin\left(\frac{m\pi}{h_0}z\right) \quad (4\text{-}131)$$

F_{nm} 的积分函数 $f_6(x,z)$ 可以表示为以下的分段函数：

$$f_6(x,z) = \begin{cases} f_{6r}(x,z) = h_F \left(0 \leqslant z \leqslant D, 0 \leqslant x \leqslant \sqrt{\left[D * \dfrac{D}{4} - \left(z - \dfrac{D}{2} \right)^2 \right]} \right) \\[4mm] f_{6R}(x,z) \begin{cases} (D \leqslant z \leqslant h_{0,0} \leqslant x \leqslant L_1) \\[3mm] \left(0 \leqslant z \leqslant D, \sqrt{\left[D * \dfrac{D}{4} - \left(z - \dfrac{D}{2} \right)^2 \right]} \leqslant x \leqslant L_1 \right) \end{cases} \end{cases} \quad (4\text{-}132)$$

其中 $f_6(x,z)$ 可以表示为基本方程的线性叠加。

$$f_6(x,z) = \sum_{u=1}^{\infty} a_{6u} \sin\left(\frac{u\pi}{L_1} x\right) \cdot \sinh\left(\frac{u\pi}{L_1} z\right) + \sum_{u=1}^{\infty} b_{6u} \sin\left(\frac{u\pi}{L_1} x\right) \cdot \sinh\left[\frac{u\pi}{L_1(h_0 - z)}\right] +$$
$$\sum_{u=1}^{\infty} c_{6u} \sin\left(\frac{u\pi}{h_0} z\right) \cdot \sinh\left(\frac{u\pi}{h_0} x\right) + \sum_{u=1}^{\infty} d_{6u} \sin\left(\frac{u\pi}{h_0} z\right) \cdot \sinh\left[\frac{u\pi}{h_0(L_1 - x)}\right] \quad (4\text{-}133)$$

其中相应的系数 a_{6u}，b_{6u}，c_{6u} 与 d_{6u} 如方程(4-134)所示，且 u 表示扩展系数。

$$\begin{cases} a_{6u} = \dfrac{2}{L_1} \operatorname{csch}\left(\dfrac{u\pi}{L_1} h_0\right) \displaystyle\int_0^{L_1} f_{61}(x) \cdot \sin\left(\dfrac{u\pi}{L_1} x\right) \mathrm{d}x \\[4mm] b_{6u} = \dfrac{2}{L_1} \operatorname{csch}\left(\dfrac{u\pi}{L_1} h_0\right) \displaystyle\int_0^{L_1} f_{62}(x) \cdot \sin\left(\dfrac{u\pi}{L_1} x\right) \mathrm{d}x \\[4mm] c_{6u} = \dfrac{2}{h_0} \operatorname{csch}\left(\dfrac{u\pi}{h_0} L_1\right) \displaystyle\int_0^{h_0} f_{63}(z) \cdot \sin\left(\dfrac{u\pi}{h_0} z\right) \mathrm{d}z \\[4mm] d_{6u} = \dfrac{2}{h_0} \operatorname{csch}\left(\dfrac{u\pi}{h_0} L_1\right) \displaystyle\int_0^{h_0} f_{64}(z) \cdot \sin\left(\dfrac{u\pi}{h_0} z\right) \mathrm{d}z \end{cases} \quad (4\text{-}134)$$

因此，偏微分方程 (4-135) 的通解如下所示：

$$h(x,y,z) = \sum_{n,m=1}^{\infty} A_{nm} \sin\left(\frac{n\pi}{L_1} x\right) \sin\left(\frac{m\pi}{L_2} y\right) \sinh\left(\pi\sqrt{\left(\frac{n}{L_1}\right)^2 + \left(\frac{m}{L_2}\right)^2}\, z\right) +$$
$$\sum_{n,m=1}^{\infty} B_{nm} \sin\left(\frac{n\pi}{L_1} x\right) \sin\left(\frac{m\pi}{L_2} y\right) \sinh\left[\pi\sqrt{\left(\frac{n}{L_1}\right)^2 + \left(\frac{m}{L_2}\right)^2}\,(h_0 - z)\right] +$$
$$\sum_{n,m=1}^{\infty} C_{nm} \sin\left(\frac{n\pi}{L_1} \cdot \frac{L_1}{h_0} z\right) \sin\left(\frac{m\pi}{L_2} y\right) \sinh\left[\pi\sqrt{\left(\frac{n}{h_0}\right)^2 + \left(\frac{m}{L_2}\right)^2}\, x\right] +$$
$$\sum_{n,m=1}^{\infty} D_{nm} \sin\left(\frac{n\pi}{L_1} x\right) \sin\left(\frac{m\pi}{L_2} \cdot \frac{L_2}{h_0} z\right) \sinh\left[\pi\sqrt{\left(\frac{n}{L_1}\right)^2 + \left(\frac{m}{h_0}\right)^2}\, y\right] +$$
$$\sum_{n,m=1}^{\infty} E_{nm} \sin\left(\frac{n\pi}{L_1} \cdot \frac{L_1}{h_0} z\right) \sin\left(\frac{m\pi}{L_2} y\right) \sinh\left[\pi\sqrt{\left(\frac{n}{h_0}\right)^2 + \left(\frac{m}{L_2}\right)^2}\,(L_1 - x)\right] +$$
$$\sum_{n,m=1}^{\infty} F_{nm} \sin\left(\frac{n\pi}{L_1} x\right) \sin\left(\frac{m\pi}{L_2} \cdot \frac{L_2}{h_0} z\right) \sinh\left[\pi\sqrt{\left(\frac{n}{L_1}\right)^2 + \left(\frac{m}{h_0}\right)^2}\,(L_2 - y)\right] \quad (4\text{-}135)$$

值得注意的是，在分析渗水场边界线的水头分布时，应将模型退化为二维。这是一个非常特殊的情况。

（3）结果分析

图 4-68 为 $D = 10m$ 情况下渗流水头分布 $h(x, y, z)$ 沿 $z/D = 0.5$ 和 1.5 两个水平面的不同展开值，$x = 0.5D$，$C/D = 3.0$，$h_w/D = 3.0$。理论上，展开级系数越大，得到的水头分布越准确；但是，考虑到时间和计算成本，需要确定一个合理的展开系数。如图 4-68 所示，当展开系数为 1 时，渗流水头分布明显偏离其他曲线。当展开系数为 5 时，除少数点外，大部分结果与较大展开系数的结果吻合良好。当展开系数为 10 级或 20 级时，水头分布曲线基本相同。

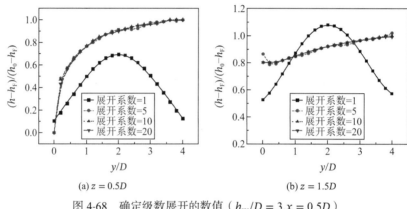

(a) $z = 0.5D$ (b) $z = 1.5D$

图 4-68 确定级数展开的数值（$h_w/D = 3$, $x = 0.5D$）

因此，在后续的渗水头分布计算中，展开系数设置为 10，可以很好地平衡计算精度和效率。还应该提到的是，通过数值模拟获得水头分布大约需要 4h。对于性能为 AMD Ryzen 52600 3.40GHz 的计算机，本书所提出的水头解析解 $h(x, y, z)$ 的计算时间只需大约 20min。

当 $h_w/D = 1$ 时，图 4-69 给出了解析解和数值模拟在不同截面和高度的水头分布的比较。随着开挖面前方距离逐渐增加，水头变化趋势逐渐减慢。不同情况下的水头恢复到地下水位的初始高度，当 y 在 3.5D 和 4.0D 之间时不再变化。这也证实了数值模型的尺寸设置是合理的。在 $x = 1.0D$ 的情况下，不同位置的水头分布明显大于其他情况（$x = 0$ 和 0.5D）。

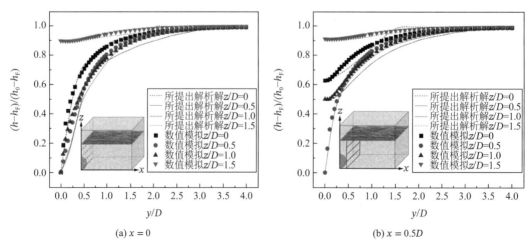

(a) $x = 0$ (b) $x = 0.5D$

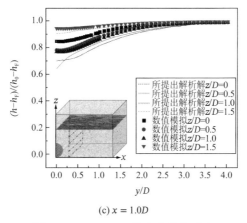

(c) $x = 1.0D$

图 4-69　$h_w/D = 1$ 的水头分布对比

比较不同截面的水头可知，当 $y \geqslant 2D$ 时，所提出的水头分布方程与数值模拟所得的水头值基本相同。然而，当 $y < 2D$ 时，两者的差距较大。当 $x = 0$ 和 $z = 1.5D$ 时，水头逐渐恢复到 $y \geqslant 3D$ 时的地下水位初始标高。这也说明研究渗流场 x 方向水头分布具有重要意义。

图 4-70 展示了当 $h_w/D = 2$ 时理论模型与数值模拟的水头分布对比。当 z 为常数时，水头随着 x 方向位移的增加而逐渐增加。不同断面 $z = 2.5D$ 处的水头不变，但需要研究 $h_w/D = 2$ 情况下 $z \leqslant 1.5D$ 时的水头变化。

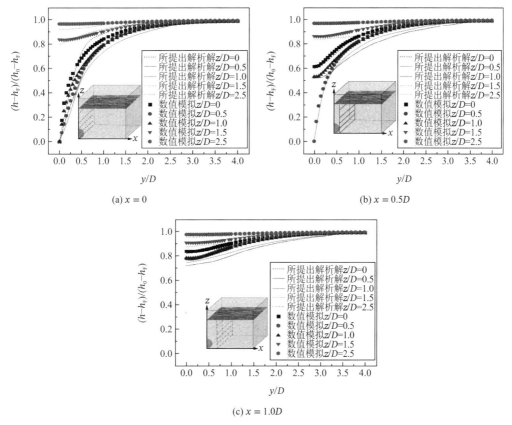

(a) $x = 0$

(b) $x = 0.5D$

(c) $x = 1.0D$

图 4-70　$h_w/D = 2$ 工况的水头分布对比

对于不同的工况，水头在$y \geqslant 3.5D$均逐渐恢复至初始水位。

将本研究提出的渗流场三维理论解析获得的水头分布与本书所采用 FLAC^{3D} 获得的水头分布进行了比较。如图 4-71 所示，数值模拟所得的水头分布的趋势和数值与解析解是一致的。我们还可以得出结论，水头随着x方向位移的增加而逐渐增加。不同x值下$z \geqslant 2.5D$的水头分布沿y方向略有变化，尤其是$z = 3.5D$时。根据图 4-71 所示，当$h_w/D = 3$时，将数值模型的大小设置为$4D$是合理的。

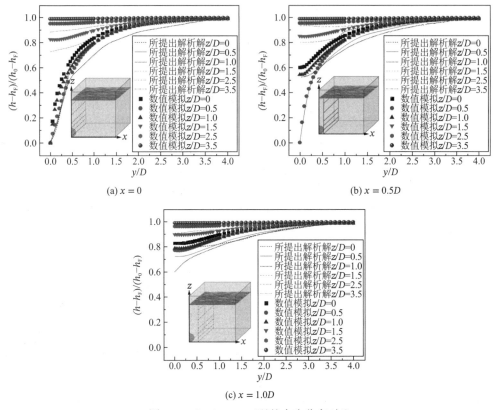

图 4-71　$h_w/D = 3$ 工况的水头分布对比

图 4-72 显示了当$h_w/D = 4$时本机构与数值模拟的水头分布对比。随着y方向位移的增加，两种方法的水头逐渐增加，但曲线的曲率几乎相同。当x取不同值时，$z \geqslant 3.5D$的水头分布沿y方向几乎没有变化。

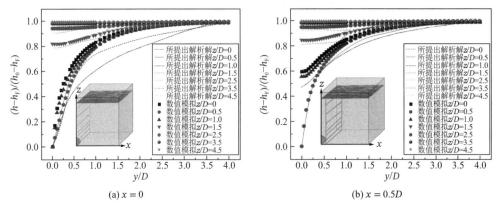

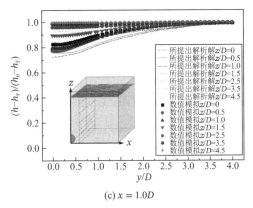

(c) $x = 1.0D$

图 4-72　$h_w/D = 4$ 工况的水头分布对比

图 4-73 给出了 h_w/D 对水头分布的影响分析。当 $z/D = 1.5$ 时，h_w/D 对水头分布的影响更为明显，但随着 h_w/D 的增大和 x 方向位移的增加，其影响逐渐减小。此外，对于同一坐标，水头随着 h_w/D 的增加而逐渐减小。随着 y 方向位移的增加，不同水位比的水头曲率几乎相同。

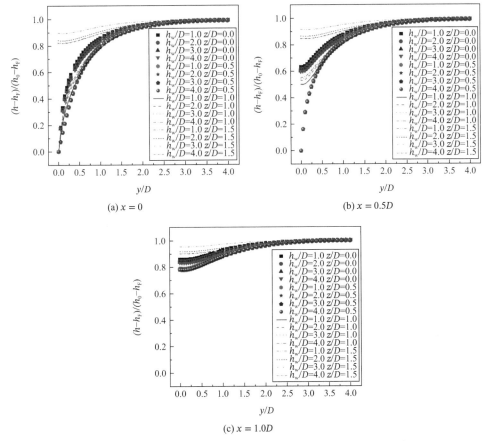

图 4-73　不同横截面的液压头分布分析

（4）开挖面水压的影响

目前对开挖面排水效果稳定性的研究大多针对开挖面水压为零的情况，而现实生活中盾构隧道开挖面并非如此。隧道表面水压示意图如图 4-74 所示。

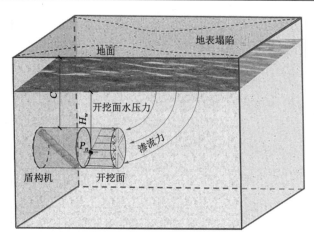

图 4-74 作用于开挖面的水压力示意图

隧道开挖面任意点 n 处的水压可表示为：

$$P_n = \beta \gamma_w H_w \tag{4-136}$$

其中，H_w 为开挖面上的点 n 与水位之间的距离。

分析在空间中不同高度位置的开挖面水压对水头分布的影响，通过分析水压系数对隧道前方水头分布的影响可以发现，数值模拟所得的解与所提出的渗流场解析解吻合良好。开挖面水压系数对开挖面前方水头分布的影响随着高度的增加而减小。开挖面水压系数的变化对水头分布有较大影响。因此，如果在分析开挖面前水头分布时不考虑水压，将会显著低估水头值，从而导致所计算的渗流力不准确。

基于三维（3D）水头分布方程和极限分析方法，推导了开挖面稳定性计算公式。根据渗流场模型，推导了考虑渗透系数各向异性的水头分布解析公式，并通过数值模拟验证了其合理性。然后，从极限支护压力和破坏面积两个角度分析了渗流对开挖面稳定性的影响。最后，重点研究了水压对开挖面稳定性的影响。

2. 渗流下开挖面解析解

1）牛角形解析模型

图 4-75 描绘了三维（3D）失效机制和离散点的产生。空间离散化技术实际上是通过正交规律得到了一系列点，然后通过数学分析软件对解析公式进行优化，从而确定最优解。

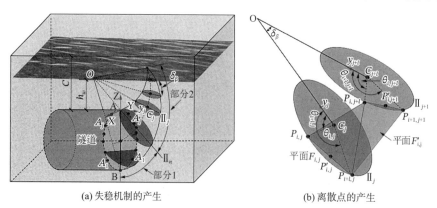

(a) 失稳机制的产生　　　　　　　　(b) 离散点的产生

图 4-75 空间离散化技术

首先将隧道剖面离散为 n 个离散点（n 为偶数），记为（$1 \leqslant j \leqslant n/2$）。每个牛角形径向旋转表面表示为 Π_j。此外，根据向量的正交规律，从相邻的两个点到径向旋转面上，可以在径向旋转面上生成一个新的离散点，如图 4-75（b）所示。值得注意的是，每三个相邻的离散点又可以形成一个离散面，并构成三角形离散面。

2）功方程的计算

基于极限分析上限法，隧道开挖面稳定条件是

$$P_e \leqslant P_v \tag{4-137}$$

P_e 和 P_v 分别代表外部负载的功率和能量耗散速率。P_e 由四个部分组成：支护压力 σ_c 的功率 P_{σ_c}，失稳区域中土体重力的功率 P_γ，地表附加荷载的功率 P_s 以及孔隙水压的功率 P_w，即

$$P_e = P_{\sigma_c} + P_\gamma + P_s + P_w \tag{4-138}$$

支护压力 σ_c 的功率 P_{σ_c} 可以被写为：

$$P_{\sigma_c} = \iint S_{\sigma_c}\, \sigma_c \upsilon\, \mathrm{d} S_{\sigma_c} = \omega \sigma_c \sum_j (R_{\sigma_c j} S_{\sigma_c j} \cos \beta_{\sigma_c j}) \tag{4-139}$$

其中，σ_c 是作用在隧道面上的支护压力。$R_{\sigma_c j}$ 与 $\beta_{\sigma_c j}$ 是隧道面离散表面 $S_{\sigma_c j}$ 重心的极性坐标。ω 是整个隧道面的故障机理的旋转角速度。

P_γ 表示如下：

$$\begin{aligned} P_\gamma &= \iiint V \gamma \upsilon\, \mathrm{d} V = \sum_{i,j} (\gamma_{i,j} \upsilon_{i,j} V_{i,j} + \gamma_{i,j}' \upsilon_{i,j}' V_{i,j}') \\ &= \omega \sum_i \sum_j (\gamma_{i,j} R_{i,j} V_{i,j} \sin \beta_{i,j} + \gamma_{i,j}' R_{i,j}' V_{i,j}' \sin \beta_{i,j}') \end{aligned} \tag{4-140}$$

$R_{i,j}$ 和 $\beta_{i,j}$（$R_{i,j}'$ 与 $\beta_{i,j}'$）分别是离散表面 $F_{i,j}$（$F_{i,j}'$）的极性坐标。$V_{i,j}$ 与 $V_{i,j}'$ 分别是三角离散表面 $F_{i,j}$ 与 $F_{i,j}'$ 的相应体积。$\gamma_{i,j}$（$\gamma_{i,j}'$）是三角离散表面位置 $F_{i,j}$（$F_{i,j}'$）位置的重力，如下所示：

$$\gamma_{i,j} = \begin{cases} \gamma_{\text{sat}} \\ \gamma_\mathrm{d} \end{cases} \quad h_{i,j} \leqslant h_0\, h_{i,j} \geqslant h_0 \tag{4-141}$$

$$\gamma_{i,j}' = \begin{cases} \gamma_{\text{sat}} \\ \gamma_\mathrm{d} \end{cases} \quad h_{i,j}' \leqslant h_0\, h_{i,j}' \geqslant h_0 \tag{4-142}$$

其中 $h_{i,j}$ 与 $h_{i,j}'$ 分别是 $V_{i,j}$ 与 $V_{i,j}'$ 相应的高度。它们可以表示为：

$$\begin{cases} h_{i,j} = D + \dfrac{(z_{i,j} + z_{i+1,j} + z_{i,j+1})}{3} \\ h_{i,j}' = D + \dfrac{z_{i+1,j} + z_{i,j+1} + z_{i+1,j+1}}{3} \end{cases} \tag{4-143}$$

地表荷载功率 P_s 如下：

$$P_s = \iint S_{\sigma_s}\, \sigma_s \upsilon\, \mathrm{d} S_{\sigma_s} = \omega \sigma_s \sum_j (R_{\sigma_s j} S_{\sigma_s j} \sin \beta_{\sigma_s j}) \tag{4-144}$$

其中 σ_s 是地表的附加荷载。$R_{\sigma_s j}$ 与 $\beta_{\sigma_s j}$ 是地面和隧道面的损伤机理的水平截面的单位离散表面 $S_{\sigma_s j}$ 的重心位置的极坐标。

功率 P_w 被推导如下：

$$P_w = P_{\text{buoyancy}} + P_{\text{seepage}} = -\iiint\limits_V \left(\frac{\partial h}{\partial x} \upsilon_x + \frac{\partial h}{\partial y} \upsilon_y + \frac{\partial h}{\partial z} \upsilon_z - \upsilon_z \right) \gamma_w\, \mathrm{d} V \tag{4-145}$$

其中，$\partial h/\partial x$，$\partial h/\partial y$与$\partial h/\partial z$分别表示x，y与z方向中渗水头的变化梯度。水头h可以表示为渗流水头u/γ_w和位置水头z的总和。$P_{buoyancy}$与$P_{seepage}$分别代表浮力和渗流力的功率。

浮力所做功率$P_{buoyancy}$如下：

$$P_{buoyancy} = \iiint V\gamma\upsilon\,\mathrm{d}V = -\sum_{i,j}(\gamma_{wi,j}\upsilon_{i,j}V_{i,j} + \gamma'_{wi,j}\upsilon'_{i,j}V'_{i,j})$$
$$= -\omega\sum_i\sum_j(\gamma_{wi,j}R_{i,j}V_{i,j}\sin\beta_{i,j} + \gamma'_{wi,j}R'_{i,j}V'_{i,j}\sin\beta'_{i,j}) \tag{4-146}$$

渗流力所做功率$P_{seepage}$如下：

$$P_{seepage} = -\iiint V\gamma_w\left(\frac{\partial h}{\partial y}\upsilon_y + \frac{\partial h}{\partial z}\upsilon_z\right)\mathrm{d}V$$
$$= \omega\sum_i\sum_j(R_{i,j}F_{yi,j}\cos\beta_{i,j} + R_{i,j}F_{zi,j}\sin\beta_{i,j} + R'_{i,j}F'_{yi,j}\cos\beta'_{i,j} + R'_{i,j}F'_{zi,j}\sin\beta'_{i,j})$$
$$= \omega\sum_i\sum_j\left[R_{i,j}\left(\iiint V_{i,j}\gamma_{wi,j}\frac{\partial h}{\partial y}\mathrm{d}V_{i,j}\right)\cos\beta_{i,j} + R_{i,j}\left(\iiint V_{i,j}\gamma_{wi,j}\frac{\partial h}{\partial z}\mathrm{d}V_{i,j}\right)\sin\beta_{i,j} + \right.$$
$$\left. R'_{i,j}\left(\iiint V_{i,j}\gamma_{wi,j}\frac{\partial h}{\partial y}\mathrm{d}V'_{i,j}\right)\cos\beta'_{i,j} + R'_{i,j}\left(\iiint V_{i,j}\gamma_{wi,j}\frac{\partial h}{\partial z}\mathrm{d}V'_{i,j}\right)\sin\beta'_{i,j}\right]$$
$$\tag{4-147}$$

如图4-76所示，$F_{yi,j}$与$F_{zi,j}$（$F'_{yi,j}$ and $F'_{zi,j}$）是由离散单位$V_{i,j}$（$V'_{i,j}$）所产生的渗透力，$P'_{i,j}$，$P'_{i+1,j}$与$P'_{i,j+1}$（$P'_{i+1,j}$，$P'_{i,j+1}$与$P'_{i+1,j+1}$）是点$R_{i,j}$，$R_{i+1,j}$与$R_{i,j+1}$（$R_{i+1,j}$，$R_{i,j+1}$与$R_{i+1,j+1}$）的投影。$V_{i,j}$（$V'_{i,j}$）由$P_{i,j}$，$P_{i+1,j}$，$P_{i,j+1}$，$P'_{i,j}$，$P'_{i+1,j}$和$P'_{i,j+1}$（$P_{i+1,j}$，$P_{i,j+1}$，$P_{i+1,j+1}$，$P'_{i+1,j}$，$P'_{i,j+1}$与$P'_{i+1,j+1}$）组成。

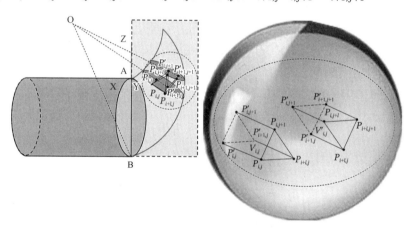

图4-76　离散单元示意图

黏聚力所做耗散功率P_v被表示为：

$$P_v = \iint Scv\cos\varphi\,\mathrm{d}S = \omega c\cos\varphi\sum_i\sum_j(R_{i,j}S_{i,j} + R'_{i,j}S'_{i,j}) \tag{4-148}$$

其中，$S_{i,j}$与$S'_{i,j}$分别是三角离散面$F_{i,j}$和$F'_{i,j}$的面积。

$$\sigma_c = \gamma_{sat}DN_\gamma - cN_c + \sigma_sN_s + \gamma_wh_w(N_{buoyancy} + N_{seepage}) \tag{4-149}$$

其中，N_γ，N_c，N_s，$N_{buoyancy}$与$N_{seepage}$代表无量纲参数，这些参数分别通过土体重度，内聚力，地表的附加荷载，地下水浮力和渗流力来影响隧道开挖面的稳定性。N_γ，N_c，N_s，$N_{buoyancy}$与$N_{seepage}$的表达如下：

$$\begin{cases} N_\gamma = \dfrac{\sum\limits_i \sum\limits_j \left(\gamma_{i,j} R_{i,j} V_{i,j} \sin\beta_{i,j} + \gamma'_{i,j} R'_{i,j} V'_{i,j} \sin\beta'_{i,j} \right)}{\gamma_{\text{sat}} D \sum\limits_j \left(R_{\sigma_c j} S_{\sigma_c j} \cos\beta_{\sigma_c j} \right)} \\[4mm] N_c = \dfrac{\cos\varphi \sum\limits_i \sum\limits_j \left(R_{i,j} S_{i,j} + R'_{i,j} S'_{i,j} \right)}{\sum\limits_j \left(R_{\sigma_c j} S_{\sigma_c j} \cos\beta_{\sigma_c j} \right)} \\[4mm] N_s = \dfrac{\sum\limits_j \left(R_{\sigma_s j} S_{\sigma_s j} \sin\beta_{\sigma_s j} \right)}{\sum\limits_j \left(R_{\sigma_c j} S_{\sigma_c j} \cos\beta_{\sigma_c j} \right)} \\[4mm] N_{\text{seepage}} = \dfrac{\begin{aligned} &\sum\limits_i \sum\limits_j \Bigg[R_{i,j} \left(\iiint V_{i,j}\, \gamma_{\text{w}i,j} \frac{\partial h}{\partial y}\, dV_{i,j} \right) \cos\beta_{i,j} + R_{i,j} \left(\iiint V_{i,j}\, \gamma_{\text{w}i,j} \frac{\partial h}{\partial z}\, dV_{i,j} \right) \sin\beta_{i,j} + \\ &\quad R'_{i,j} \left(\iiint V_{i,j}\, \gamma_{\text{w}i,j} \frac{\partial h}{\partial y}\, dV'_{i,j} \right) \cos\beta'_{i,j} + R'_{i,j} \left(\iiint V_{i,j}\, \gamma_{\text{w}i,j} \frac{\partial h}{\partial z}\, dV'_{i,j} \right) \sin\beta'_{i,j} \Bigg] \end{aligned}}{\gamma_{\text{w}} h_{\text{w}} \sum\limits_j \left(R_{\sigma_c j} S_{\sigma_c j} \cos\beta_{\sigma_c j} \right)} \\[4mm] N_{\text{buoyancy}} = \dfrac{-\sum\limits_i \sum\limits_j \left(\gamma_{\text{w}i,j} R_{i,j} V_{i,j} \sin\beta_{i,j} + \gamma'_{\text{w}i,j} R'_{i,j} V'_{i,j} \sin\beta'_{i,j} \right)}{\gamma_{\text{w}} h_{\text{w}} \sum\limits_j \left(R_{\sigma_c j} S_{\sigma_c j} \cos\beta_{\sigma_c j} \right)} \end{cases}$$

(4-150)

3）具有各向异性渗透率的水头分布解析解

（1）各向异性理论

当每个方向的渗透系数不同时即为各向异性。各向异性场示意图如图 4-77 所示，其中 q 和 J 分别为渗流速度矢量。如果 q 和 J 方向相同，则为各向同性场，否则（q 与 J 之间的夹角为 φ'）为各向异性场。

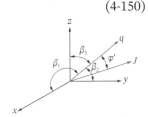

图 4-77　各向异性场示意图

层状土也可以转化为各向异性均质场，层状土的水平渗透率大于垂直方向。根据毛昶熙,图 4-78 所示的层状土体中 x 方向和 z 方向的渗透系数可以通过式(4-151)和式(4-152)获得。

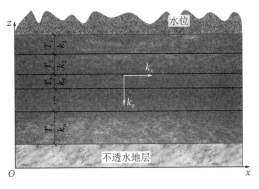

图 4-78　成层土示意图

$$k_x = \frac{\sum\limits_{i=1}^{n} k_i T_i}{T}$$

(4-151)

$$k_z = \frac{T}{\sum\limits_{i=1}^{n} \frac{T_i}{k_i}}$$ (4-152)

此外，可以发现层状土的水平透水率总是大于垂直方向的。

（2）分析解决方案

根据上述内容，通解$h(x, y, z)$方程(4-153)可表示为：

$$
\begin{aligned}
h(x, y, z) = & \sum_{n,m=1}^{\infty} A_{nm} \sin\left(\frac{n\pi}{L_1}x\right) \sin\left(\frac{m\pi}{L_2}y\right) \sinh\left(\pi\sqrt{\left(\frac{n}{L_1}\right)^2 + \left(\frac{m}{L_2}\right)^2}\, z\right) + \\
& \sum_{n,m=1}^{\infty} B_{nm} \sin\left(\frac{n\pi}{L_1}x\right) \sin\left(\frac{m\pi}{L_2}y\right) \sinh\left[\pi\sqrt{\left(\frac{n}{L_1}\right)^2 + \left(\frac{m}{L_2}\right)^2}\,(h_0 - z)\right] + \\
& \sum_{n,m=1}^{\infty} C_{nm} \sin\left(\frac{n\pi}{L_1} \cdot \frac{L_1}{h_0}z\right) \sin\left(\frac{m\pi}{L_2}y\right) \sinh\left[\pi\sqrt{\left(\frac{n}{h_0}\right)^2 + \left(\frac{m}{L_2}\right)^2}\, x\right] + \\
& \sum_{n,m=1}^{\infty} D_{nm} \sin\left(\frac{n\pi}{L_1}x\right) \sin\left(\frac{m\pi}{L_2} \cdot \frac{L_2}{h_0}z\right) \sinh\left[\pi\sqrt{\left(\frac{n}{L_1}\right)^2 + \left(\frac{m}{h_0}\right)^2}\, y\right] + \\
& \sum_{n,m=1}^{\infty} E_{nm} \sin\left(\frac{n\pi}{L_1} \cdot \frac{L_1}{h_0}z\right) \sin\left(\frac{m\pi}{L_2}y\right) \sinh\left[\pi\sqrt{\left(\frac{n}{h_0}\right)^2 + \left(\frac{m}{L_2}\right)^2}\,(L_1 - x)\right] + \\
& \sum_{n,m=1}^{\infty} F_{nm} \sin\left(\frac{n\pi}{L_1}x\right) \sin\left(\frac{m\pi}{L_2} \cdot \frac{L_2}{h_0}z\right) \sinh\left[\pi\sqrt{\left(\frac{n}{L_1}\right)^2 + \left(\frac{m}{h_0}\right)^2}\,(L_2 - y)\right]
\end{aligned}
$$ (4-153)

根据沙金煊和上述方程，渗透率各向异性下的水头分布方程（HHD）$h_{an}(x, y, z)$可推导为：

$$
\begin{aligned}
& h_{an}(x, y, z) \\
= & \sum_{n,m=1}^{\infty} A_{nm} \sin\left(\sqrt{\frac{k_z}{k_x}}\frac{n\pi}{L_1}x\right) \sin\left(\sqrt{\frac{k_z}{k_y}}\frac{m\pi}{L_2}y\right) \sinh\left(\pi\sqrt{\left(\frac{n}{L_1}\right)^2 + \left(\frac{m}{L_2}\right)^2}\, z\right) + \\
& \sum_{n,m=1}^{\infty} B_{nm} \sin\left(\sqrt{\frac{k_z}{k_x}}\frac{n\pi}{L_1}x\right) \sin\left(\sqrt{\frac{k_z}{k_y}}\frac{m\pi}{L_2}y\right) \sinh\left[\pi\sqrt{\left(\frac{n}{L_1}\right)^2 + \left(\frac{m}{L_2}\right)^2}\,(h_0 - z)\right] + \\
& \sum_{n,m=1}^{\infty} C_{nm} \sin\left(\frac{n\pi}{L_1} \cdot \frac{L_1}{h_0}z\right) \sin\left(\sqrt{\frac{k_z}{k_y}}\frac{m\pi}{L_2}y\right) \sinh\left[\sqrt{\frac{k_z}{k_x}}\pi\sqrt{\left(\frac{n}{h_0}\right)^2 + \left(\frac{m}{L_2}\right)^2}\, x\right] + \\
& \sum_{n,m=1}^{\infty} E_{nm} \sin\left(\sqrt{\frac{k_z}{k_x}}\frac{n\pi}{L_1}x\right) \sin\left(\frac{m\pi}{L_2} \cdot \frac{L_2}{h_0}z\right) \sinh\left[\sqrt{\frac{k_z}{k_y}}\pi\sqrt{\left(\frac{n}{L_1}\right)^2 + \left(\frac{m}{h_0}\right)^2}\, y\right] + \\
& \sum_{n,m=1}^{\infty} F_{nm} \sin\left(\frac{n\pi}{L_1} \cdot \frac{L_1}{h_0}z\right) \sin\left(\sqrt{\frac{k_z}{k_y}}\frac{m\pi}{L_2}y\right) \sinh\left[\pi\sqrt{\left(\frac{n}{L_1}\right)^2 + \left(\frac{m}{L_2}\right)^2}\left(L_1 - \sqrt{\frac{k_z}{k_x}}x\right)\right] + \\
& \sum_{n,m=1}^{\infty} G_{nm} \sin\left(\sqrt{\frac{k_z}{k_x}}\frac{n\pi}{L_1}x\right) \sin\left(\frac{m\pi}{L_2} \cdot \frac{L_2}{h_0}z\right) \sinh\left[\pi\sqrt{\left(\frac{n}{L_1}\right)^2 + \left(\frac{m}{h_0}\right)^2}\left(L_2 - \sqrt{\frac{k_z}{k_y}}y\right)\right]
\end{aligned}
$$

(4-154)

（3）比较分析

为验证本书提出的考虑渗透率各向异性的水头分布方程的合理性，进行了数值模拟。如图 4-79 所示，建立的数值模型的情况设定为 $D = 10m$，$k_v = 1.0 \times 10^{-5}m/s$，$h_w/D = 3.0$，$C/D = 4.0$，$k_h/k_v = 4.0$。在饱和土稳态渗流条件下，由于超孔隙水压力已完全消散，可采用先渗流后力学流固耦合法进行分析。完成初始平衡后，先固定开挖前水压保持初始值不变，通过渗流计算形成稳态孔隙水压力场，然后在稳态孔隙水压力场基础上进行力学分析。需要注意的是，为避免力学变化引起的孔隙压力变化，应将流体模量设置为零。

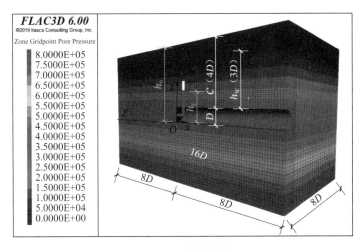

图 4-79　数值模拟

数值模型的长度和宽度分别是直径的 16 倍和 8 倍。为了重点分析隧道开挖面前的水头分布，采用简化的单步（$8D$）开挖方案模拟开挖过程。

数值模拟和理论模型得到的截面 $x = 0.5D$ 的 HHD（水头分布）如图 4-80 所示。数值模拟和理论分析得到的 HHD 轮廓基本一致。也就是说，本书提出的水头分布方程是合理的。

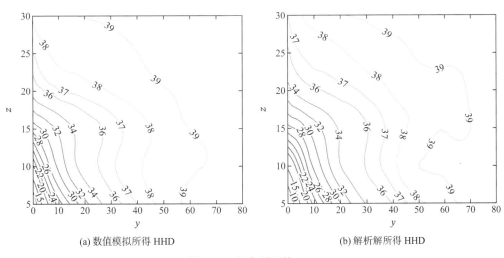

(a) 数值模拟所得 HHD 　(b) 解析解所得 HHD

图 4-80　竖向平面的 HHD

图 4-81 为在 $D = 10\text{m}$、$C/D = 4.0$ 和 $h_\text{w}/D = 3.0$ 工况下计算的 HHD。结果表明，归一化水头随着 k_h/k_v 的增加而减小，并且减小的幅度越来越小。值得注意的是，当渗透系数为各向同性时，在开挖面前方 $y/D = 3.0 \sim 4.0$ 处，水头几乎恢复到地下水位的初始标高。然而，对于渗透率各向异性的渗流场，恢复距离 y 随 k_h/k_v 的增加而增加。也就是说，可以利用开挖面附近的水头来增加土基的渗透性，以保证开挖面的稳定性。此外，可以发现 $z = 0.5D$ 的 HHD 斜率比 $z = 1.0D$ 的斜率更陡。

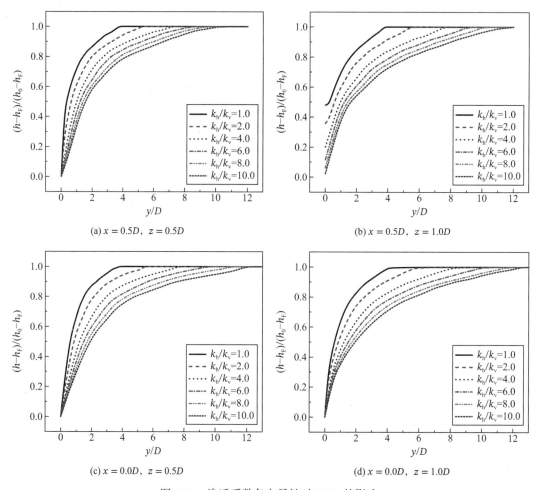

(a) $x = 0.5D$, $z = 0.5D$

(b) $x = 0.5D$, $z = 1.0D$

(c) $x = 0.0D$, $z = 0.5D$

(d) $x = 0.0D$, $z = 1.0D$

图 4-81　渗透系数各向异性对 HHD 的影响

3. 渗透系数各向同性工况下的比较与分析

（1）极限支撑压力对比分析

为了验证所提模型的合理性，图 4-82 展示了本书计算的归一化极限支撑压力与其他已有研究结果的比较，$c/\gamma_\text{sat}D = 0$，$\varphi = 35°$，$\gamma_\text{w}/\gamma_\text{sat} = 0.64$，$\gamma_\text{d} = 15.2\text{kN/m}^3$，$D = 5\text{m}$，$C/D = 2.0$。本书的结果略高于 Li 等获得的结果。基于极限分析和二维解析公式的水头分布。本书的 3D 渗流水头分布方程相对于 2D 水头分布方程，考虑了垂直于开挖方向的水头变化。随着与开挖方向垂直的位移增大，水头会逐渐增大，所以渗流力会更大。

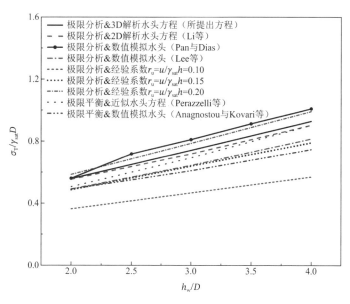

图 4-82　归一化极限支护压力的对比

本书提出的牛角型模型解析解略小于 Pan 和 Dias 根据极限分析和数值模拟计算的归一化极限支护压力。产生这种现象的原因是开挖面附近分布更均匀，渗流水头坡度变化更慢，计算出的渗流力会更小。与 Lee 等给出的结果相比，本书提出的牛角形模型解析解略大。两者的区别主要是因为 Lee 等简化了渗流力，只计算了开挖面处的渗流力。此外，图 4-82 还给出了考虑渗流力影响的经验系数法 r_u 的极限支护压力曲线。可以看出，本书的解析解位于 $r_u = 0.15$ 和 0.20 的曲线之间。但可以明显看出，当 $r_u = 0.10$ 时，经验系数法明显低估了开挖面极限支护压力。因此，虽然经验系数法计算渗流层孔隙水压力比较简单方便，但对于经验系数 r_u 的取值具有一定的随机性，该方法的可靠性和适用性较差。

基于极限平衡法，Perazzelli 等采用渗流水头近似分布方程计算。与本书相比，忽略了垂直于隧道开挖方向的水头变化，因此该方法得到的值较小。此外，Anagnostou 和 Kovari 等通过数值模拟和极限平衡法计算了基于水头的水力。与本书提出的方法相比，由于该方法采用简化的方法研究开挖面的渗流力功率，结果相对较小。

对于 $\gamma_d = 18\text{kN/m}^3$ 和 $D = 10\text{m}$ 的常值，图 4-83 显示了所提方法与有限差分法数值模拟之间的比较。在进行数值模拟的同时，一步到位挖掘 $4D$。在对开挖隧道周围各节点施加固定约束后，采用开挖面支护压力逐渐减小的方法得到支护压力与隧道开挖面中心水平位移的关系曲线。水平位移急剧增加对应的支护压力值就是极限支护压力。结果表明，两种比较方法在不同摩擦角和埋深下水位直径比工况下得到的变化趋势一致。所提模型得到的值与数值模拟结果吻合较好。这也印证了本书所提方法的合理性。此外，值得一提的是，本书提出的牛角形模型的计算效率远高于数值模拟。

为了检验渗流对开挖面稳定性的影响，本节研究了极限支护压力和破坏机理。本节参数分析将根据 $c = 0\text{kPa}$、$\varphi = 20°\sim45°$、$\gamma_w/\gamma_{sat} = 0.43$、$\gamma_d = 18\text{kN/m}^3$、$D = 10\text{m}$、$C/D = 4.0$ 和地下水位 $h_w/D = 0.0\sim4.0$。

图 4-84 为 $\varphi = 20°\sim45°$ 时随地下水位变化的变化曲线。如图 4-83 所示，随着地下水位的增加呈线性增加。随着水位的变化，增加率随着 φ 的增加而减小。即 φ 越小，地下水位对

σ_T的影响越大。

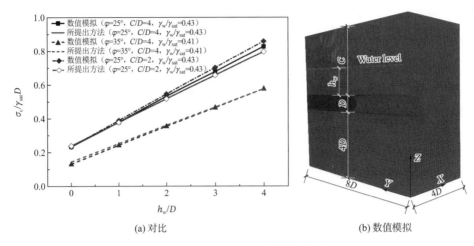

(a) 对比　　　　　　　　　　(b) 数值模拟

图 4-83　所提出方法与数值模拟的对比

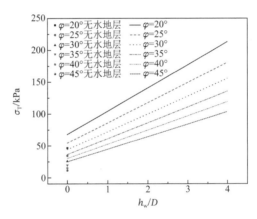

图 4-84　不同φ时h_w/D对σ_T的影响

图 4-85 中，在$\varphi = 45°$、$h_w/D = 0.0$ 的情况下，含水地层中的σ_T约为无水地层条件下开挖面支护力的 2.2 倍。当$h_w/D = 4.0$ 时，含水地层的极限支撑压力比干地层提高 9.5 倍。此外，随着内摩擦角的减小，其放大倍数逐渐减小。

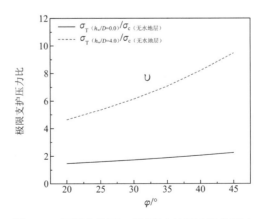

图 4-85　不同水位下φ对极限支护压力比的影响

（2）失稳区域对比分析

图 4-86 给出了 $\varphi = 25°$ 和 $C/D = 4.0$ 条件下的三维破坏机制，地下水位分别为 $h_w/D = 1.0$ 和无水土层。可见，地下水位对破坏模式有显著影响。

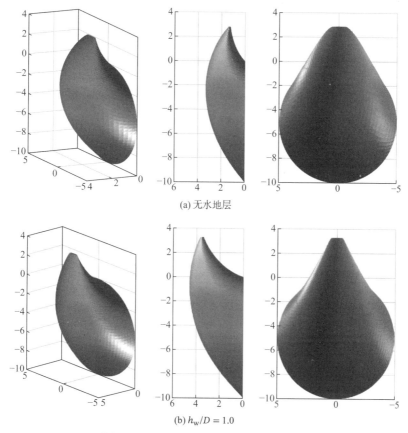

图 4-86　3D 螺旋失效机制（单位：m）

为了更好地了解地下水位对破坏机制的影响，图 4-87 给出了地下水位 $h_w/D = 0.0 \sim 4.0$ 时隧道开挖面破坏机制的竖向对称面。随着 h_w/D 的增大，开挖面失稳区域更倾向于向开挖面前方扩展，但扩展程度逐渐减小。

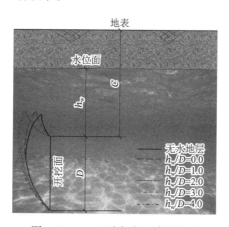

图 4-87　h_w/D 对失稳区域的影响

4. 渗透系数各向异性工况下的比较与分析

（1）极限支护压力对比分析

对于图 4-88 所示的情况，土壤参数为 $\varphi = 25°$，$c = 0\text{kPa}$，$\gamma_w/\gamma_{sat} = 0.43$ 和 $\gamma_d = 18\text{kN/m}^3$。$\sigma_T$ 与 k_h/k_v 的关系如图 4-89 所示。可以看出，本书提出的模型得到的趋势与数值模拟得到的趋势是一致的。另外，两者的结果基本一致，尤其是在 k_h/k_v 值比较小的时候。

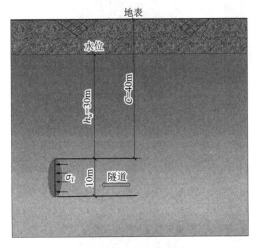

图 4-88　研究工况

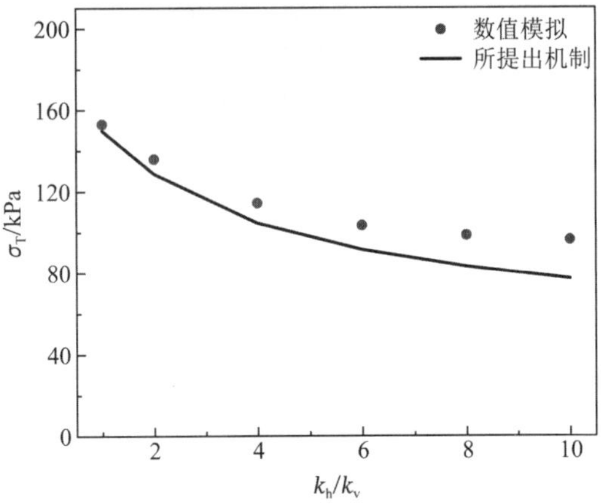

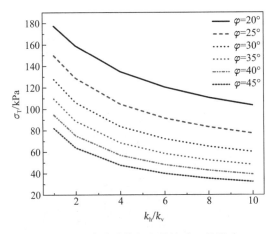

图 4-89　数值模拟与理论解析的对比

对于图 4-89 所示的情况，不同内摩擦角得到的值随着 k_h/k_v 的增加而逐渐减小，并且减小的幅度越来越平缓（图 4-90）。此外，还发现了一个更重要的现象，即土中的内摩擦角越小，k_h/k_v 对的影响越大。根据上述现象可以得出结论，可以通过增加渗透系数的各向异性或增加内摩擦角提高开挖面稳定性，这为工程实践提供了指导和参考。

图 4-90　渗透系数各向异性对 σ_T 的影响

（2）失稳区域对比分析

当 $D = 10\text{m}$、$C/D = 4.0$、$h_w/D = 3.0$ 与 $\varphi = 20°$时，不同 k_h/k_v 下开挖面失稳区域的变化趋势如图 4-91 所示。结果表明，随着 k_h/k_v 的增加，破坏区呈向开挖面前方延伸的趋势，破坏区的高度也呈逐渐减小的趋势，上述两种趋势均逐渐放缓。为了进一步呈现失稳区域的三维形式，图 4-92 分别描绘了 $k_h/k_v = 1.0$（渗透系数各向同性）和 $k_h/k_v = 10.0$ 的失稳区域示意图，可以证实上述结论。

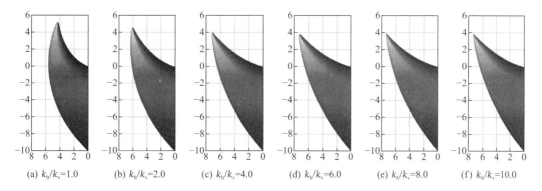

(a) k_h/k_v=1.0　　(b) k_h/k_v=2.0　　(c) k_h/k_v=4.0　　(d) k_h/k_v=6.0　　(e) k_h/k_v=8.0　　(f) k_h/k_v=10.0

图 4-91　渗透系数各向异性对失稳区域的影响（单位：m）

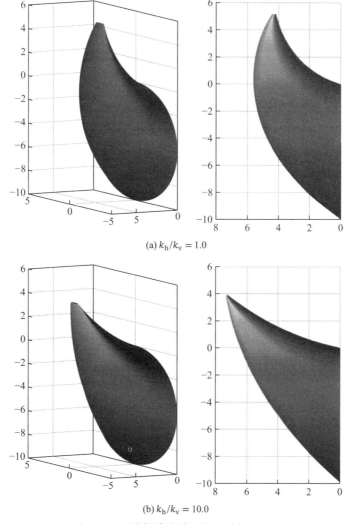

(a) $k_h/k_v = 1.0$

(b) $k_h/k_v = 10.0$

图 4-92　三维螺旋失效机制（单位：m）

（3）水压的影响

现有排水条件下的研究大多是基于开挖面水压为 0 的假设进行的，但实际情况下水压一般不为 0。在排水条件下，当地下水渗流达到稳定状态时，进行边界的受力分析。开挖面前部受地下水压力和土骨架作用于开挖面的有效应力影响，开挖面后部受盾构机提供的支护压力。即开挖面主动破坏时的总极限支护压力等于地下水的水压力与土骨架作用于开挖面的有效应力之和。

如图 4-93 所示，土骨架的有效应力包括两部分：土骨架自重引起的有效应力和地下水渗流引起的有效应力。

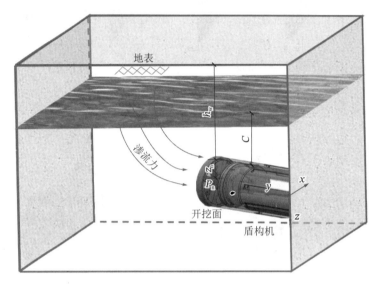

图 4-93 水压力示意图

因此，总极限支护压力包括水压力、土骨架自重引起的有效应力和排水条件下的总渗流力。综合以上分析可知，对于水压而言，在排水工况下，稳态渗流盾构开挖面失稳时的极限支护压力计算大致可分为三种情况：

①$\beta = 0$

此时，由土骨架自重引起的有效应力和开挖面总渗流力组成。

②$0 < \beta < 1.0$

在这种情况下，极限支护力等于开挖面水压、土骨架自重引起的有效应力和开挖面总渗流力之和。

③$\beta = 1.0$

在这种特殊情况下，极限支护力等于初始静水压力 P_n 和由土骨架重量引起的有效应力之和。

其中，$P_n = \beta \times \gamma_w \times (h_w + z_n)$，$\beta$ 为作用于开挖面的水压系数。z_n 是隧道开挖面上点 n 的 z 方向值。

以各角度参数的变化范围为约束条件，利用数学分析软件对有效支护压力的目标函数进行优化，得到有效支护压力的最优解。在计算中，如果水位高于地表，则以有效重力计算整个土体。如果水位低于地表，则水位以上的土体采用干重计算，水位以下的土体采用有效重量计算。同样，根据上述的推导，可以得到地下水产生的渗流力。

图 4-94 展示了水压系数对不同h_w/D的渗流力和极限支护压力的影响。随着水压系数的增加，σ_T在不同的h_w/D下呈线性增加，说明水压系数对σ_T的影响很大。此外，该系数对地下水位的影响随着地下水位的升高而逐渐增大。

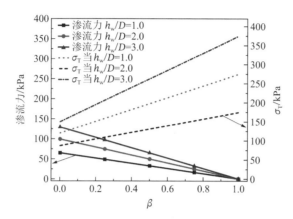

图 4-94　水压系数对不同h_w/D的渗流力和极限支护压力的影响

此外，随着水压系数的增加，渗流力逐渐减小，随着水位的升高，水压系数对渗流力的影响逐渐增大。

当h_w/D为常数时，图 4-95 给出了不同φ下水压系数对渗流力和极限支护压力的影响。值得注意的是，随着水压系数的增加，σ_T逐渐增加，而与不同的φ无关。随着水压系数的增大，不同内摩擦角下的σ_T之差逐渐减小。

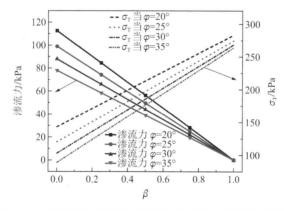

图 4-95　水压系数对不同φ的渗流力和极限支护压力的影响

此外，图 4-95 还表明，随着水压系数的增大，渗流力逐渐减小，随着φ的增大，水压系数对渗流力的影响逐渐减小。

图 4-96 说明了$D=10m$、$C/D=4.0$、$h_w/D=3.0$ 和$\varphi=25°$工况不同k_h/k_v下水压系数对渗流力和极限支护压力的影响。随着水压系数的增大，极限支护压力σ_T在不同的k_h/k_v下呈线性增加，说明水压系数对σ_T的影响很大。此外，水压系数对σ_T的影响随着k_h/k_v的增加而逐渐减小。此外，随着k_h/k_v的增加，渗流力逐渐减小，随着k_h/k_v的增加，水压系数对渗流力的影响逐渐减小。

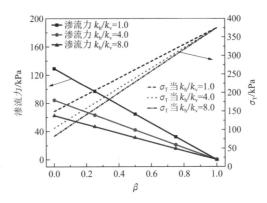

图 4-96　不同k_h/k_v下水压系数对渗流力和σ_T的影响

对于$D = 10\text{m}$和$C/D = 4.0$,随着水压系数的增加,图 4-97～图 4-99 给出了在不同h_w/D下所提出的方法得到的破坏区域的结果。随着水压系数的增大,失稳机理在不同的h_w/D下逐渐延伸。值得注意的是,随着水位的升高,失稳机制逐渐延伸。然而,h_w/D对失稳机制的影响明显小于水压系数。

此外,还可以发现,随着水压系数的增加,失稳区域的体积逐渐减小。即无渗流时失稳机理区域最小。

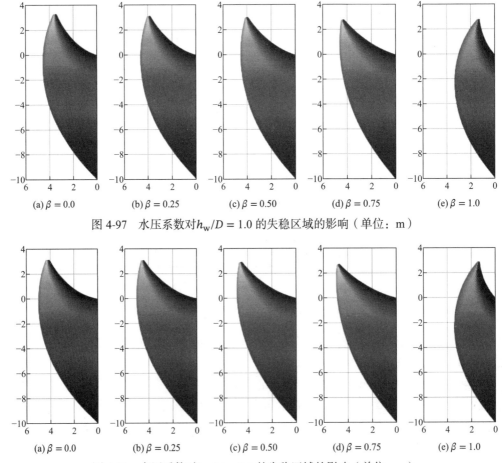

图 4-97　水压系数对$h_w/D = 1.0$的失稳区域的影响(单位:m)

图 4-98　水压系数对$h_w/D = 2.0$的失稳区域的影响(单位:m)

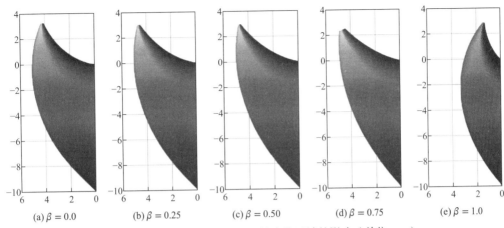

图 4-99　水压系数对$h_w/D = 1.0$ 的失稳区域的影响（单位：m）

图 4-100、图 4-101 给出了当$D = 10m$、$C/D = 4.0$、$h_w/D = 3.0$ 和$\varphi = 25°$时$k_h/k_v = 1.0$ 和$k_h/k_v = 4.0$ 时β对开挖面前破坏区域的影响。结果表明，随着β的增大，在不同k_h/k_v下，破坏机制逐渐向开挖面前方延伸，且当$k_h/k_v = 4.0$ 时，β对破坏区域的影响比$k_h/k_v = 1.0$ 时更显著。

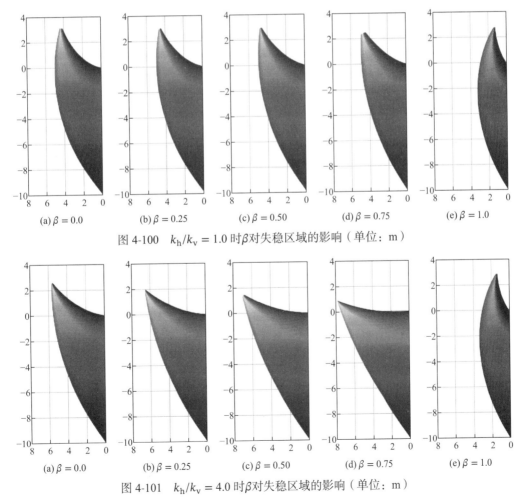

图 4-100　$k_h/k_v = 1.0$ 时β对失稳区域的影响（单位：m）

图 4-101　$k_h/k_v = 4.0$ 时β对失稳区域的影响（单位：m）

为了更直观地观察 β 对失效区域的影响，图 4-102、图 4-103 显示了 $k_{\mathrm{h}}/k_{\mathrm{v}} = 1.0$ 和 $k_{\mathrm{h}}/k_{\mathrm{v}} = 4.0$ 的三维螺旋失效机理。

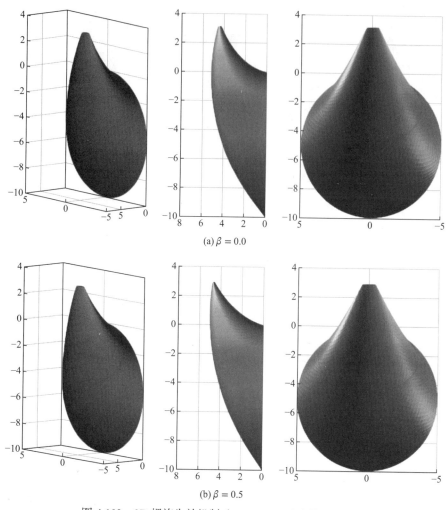

(a) $\beta = 0.0$

(b) $\beta = 0.5$

图 4-102 3D 螺旋失效机制（$k_{\mathrm{h}}/k_{\mathrm{v}} = 1.0$）（单位：m）

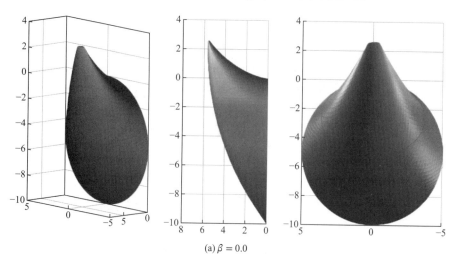

(a) $\beta = 0.0$

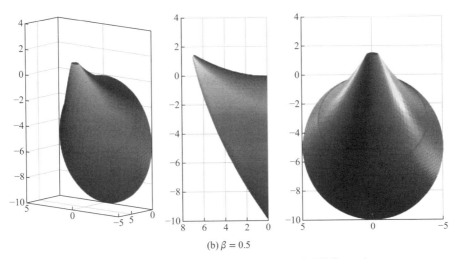

(b) $\beta = 0.5$

图 4-103　三维螺旋失效机制（$k_h/k_v = 4.0$）（单位：m）

第 5 章
盾构滚刀磨损视觉测量与带压换刀工艺

5.1 砂卵复合地层中刀具磨损原因与材料分析

在隧道掘进过程中，盘形滚刀作为盾构机的主要破岩刀具，掘进时盘形滚刀直接与岩石接触，由刀盘所给的推力和扭矩作用下刀圈贯入岩石，完成破岩过程。盘形滚刀结构如图 5-1 所示，盘形滚刀主要由刀圈、刀体、刀轴、挡圈、O 形密封条、浮动油封和端盖组成，盘形滚刀通过刀轴安装在刀座上，刀座固定在刀盘上。在盾构机施工过程中，刀盘在向掌子面推进的同时做绕刀盘中心定轴转动，安装在刀盘上的盘形滚刀既随着刀盘的旋转进行公转，同时在刀圈和岩石摩擦力的作用下进行自转。

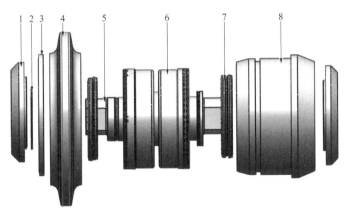

1—端盖；2—O 形密封条；3—挡圈；4—刀圈；5—刀轴；6—圆锥滚子轴承；7—浮动密封；8—刀体

图 5-1 盘形滚刀的结构组成

在隧道掘进施工过程中，盘形滚刀在掌子面上滚压，岩石受到刀具的力作用从岩石面脱落，完成破岩。通常利用弹塑性理论或者赫兹接触理论来分析破岩过程，在盘形滚刀压入岩石的同时产生剪切和张拉破坏如图 5-2 所示，盘形滚刀破岩过程十分复杂，因此采用第三种岩石综合破碎机理。

如图 5-2 所示，盘形滚刀在破岩过程中，受到刀盘推力与刀盘扭矩作用将向岩石面压入，随着岩石的最大抗压强度的不足以抵抗岩石所受的压力时，岩石会发生弹塑性破坏，刀圈下方的岩石压碎，并将部分压成粉末形成月牙形的密实核，压力通过密实核扩展到四周，形成发射状裂纹，产生的径向裂纹和侧向裂纹相互交互，使岩渣从岩面脱落，中间裂纹继续向岩石内部扩展，完成破岩过程。盘形滚刀破岩机理直接影响着盘形滚刀受力模型的建立，为盘形滚刀受力提供理论依据。

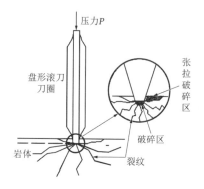

图 5-2　岩石综合破碎理论

1. 刀具磨损原因与材料分析

大量实践证明，砂卵石地质条件下，盘形滚刀失效是影响隧道施工成本和掘进效率的主要因素，整理归纳施工产生的已失效盘形滚刀并进行失效原因分析，减少盘形滚刀失效情况，可以节约施工成本，对盘形滚刀磨损进行准确预测，可以科学有效地预设换刀时间，甚至减少换刀次数，节约施工时间、提高施工效率。

盘形滚刀磨损主要分为正常磨损和非正常磨损两类，正常磨损指盘形滚刀刀圈沿半径磨损程度基本一致，当刀圈磨损半径超过规定值时，认为该盘形滚刀失效，进行更换，这种失效形式是盘形滚刀磨损的主要形式，占总数的 80%～90%；如图 5-3 所示为正常磨损更换下来的盘形滚刀。

图 5-3　盘形滚刀正常磨损

将磨损后的滚刀刀圈带回，并对刀圈材料进行分析和制样试验，首先对试件进行切割，随后进行试验试件准备阶段。由于切下的金属样品较小，因此需要做金属样品的热镶，在热镶样机（图 5-4）上进行操作，制成圆柱样固体（图 5-5），将待观察面露在圆柱底面上。

将镶嵌好的样品经不同道次的砂纸对试样进行处理，砂纸由粗到细，如 120—400—600—800—1200—1500—2000 目，每一道磨制时保证样品表面纹路一致，换一次道次的砂纸，按样品上一次打磨的纹路进行旋转 90°打磨，没有杂纹方可进行下一道次的操作，打磨后的样品如图 5-6 所示。

图 5-4　热镶机　　　　　　　　　图 5-5　镶成后的样品

图 5-6　打磨后的样品

抛光，打磨后表面光亮的样品在抛光机（图 5-7）上进行抛光操作，可喷涂 0.5～2.5 研磨度的抛光试剂和补充水，跟打磨样品一样的操作，每次拿起放下旋转 90°，至表面没有细纹，待观察面光洁如镜面般即可，抛光后的样品如图 5-8 所示。

图 5-7　抛光机　　　　　　　　　图 5-8　抛光后的样品

完成了材料的扫描电镜测试，能量色谱仪 EDS（Energy Dispersive Spectrometer）是扫描电镜的附件之一，从而完成试件材料的元素含量测量。刀圈材料内部结构如图 5-9 所示，元素含量如图 5-10 所示。

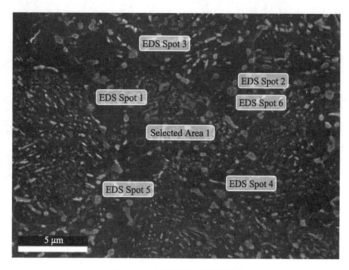

图 5-9　刀圈材料内部结构

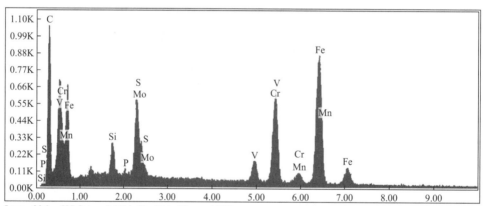

图 5-10　元素含量图

2. 刀具异常损坏原因分析

（1）滚刀一般为硬岩刀具，刀具启动力矩较大，在软岩地层中进行掘进，无法达到滚刀自转条件，容易造成滚刀偏磨。

（2）按理随着刀盘贯入度的增加，即外负载为中心刀提供的启动力矩和回转力矩应该增大，但由于软岩的低稳定性，可能造成掌子面局部坍塌，反而减小了外负载为中心刀提供的启动力矩和回转力矩，同时软岩中大量黏土的存在，渣土流动性非常差，刀具容易被黏土封实，易产生偏磨、弦磨。

（3）人为掘进参数的不合理调整，特别掘进推力的盲目增大会加剧刀具的不正常损坏，刀具受力超过刀轴本身的允许承载力而破坏。

（4）对于异常磨损和损坏的刀具，必须进行更换。同时根据实际情况对原因进行分析，在原因未明之前或问题没有被确认之前，禁止进行掘进。

3. 滚刀破岩仿真模拟

本项目基于 CSM 模型计算了滚刀工作过程中所受到的合力，该受力模型是基于大量的工程试验及现场数据总结得来，具体为：

$$\begin{cases} F_\text{t} = \dfrac{P^0 \varphi RT}{1+\psi} \\ \phi = \arccos\left(\dfrac{R-h}{R}\right) \\ P^0 = C^3\sqrt{\dfrac{S}{\phi\sqrt{RT}}\sigma_\text{c}^2\sigma_\text{t}} \end{cases} \tag{5-1}$$

式中：F_t是滚刀所受合力（kN）；R是滚刀半径（mm）；T是滚刀刀刃宽度（mm）；ψ是刀尖压力分布系数，随刀刃宽度增加而减小，$\psi = -0.2\sim0.2$；φ是滚刀刀刃与岩石的接触角（弧度）。h是滚刀贯入度（mm）；P^0是岩石破碎区压力，与岩石强度、滚刀几何形状、贯入度、刀间距有关，$\left[P^0 = f(\sigma_\text{t},\sigma_c,T,R,\varphi,S)\right]$；$C$是类似岩石接触角$\varphi$的常数，取值为 2.12；$S$为滚刀的刀间距（mm）；$\sigma_\text{c}$是岩石的单轴抗压强度；$\sigma_\text{t}$是岩石抗拉强度。滚刀作用岩石的压力分布如图 5-11 所示。

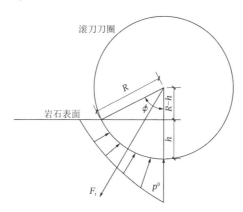

图 5-11　滚刀作用岩石压力分布

则计算滚刀的垂直力F_n与切向力F_r为

$$F_\text{n} = F_\text{t}\cos\frac{\varphi}{2}, \quad F_\text{r} = F_\text{t}\sin\frac{\varphi}{2} \tag{5-2}$$

通过滚刀受力分析可以看出，在滚刀破岩过程中滚刀不仅会受到掌子面所带来的垂直力，同时还要受到岩石等较硬物质的磨损，所谓的掌子面是已开挖面和未开挖面的岩层的分界，是掘进过程中正对着刀盘的那个不断向前移动的工作面。盘形滚刀相对于刀盘的相对运动是定轴转动，盘形滚刀随刀盘的牵连运动也是定轴转动。相对运动主要使盘形滚刀对岩石产生滚压作用，而牵连运动不仅使盘形滚刀对岩石产生滚压作用，还使盘形滚刀相对于岩石产生侧向滑动，侧向滑动使盘形滚刀与岩石产生滑动摩擦。滚刀磨损以磨粒磨损为主，掌子面岩土颗粒对滚刀刀圈所做的摩擦功用于破坏刀圈材料的分子结合，假设单位摩擦力所做的功$\text{d}W$与单位磨损体积$\text{d}V$成正比，即对任意单元区域均满足式(5-3)。

$$\text{d}V = \eta\,\text{d}W \tag{5-3}$$

式中：η为磨损系数（m³/J），表示单位摩擦功产生的磨损量。

由于滚刀在破岩中的滑动摩擦力远大于滚动摩擦力，因此，滑动摩擦力是导致滚刀磨损的主要因素，忽略滚刀的滚动摩擦力。可写为。

$$dW = F_f \upsilon \, dt \tag{5-4}$$

式中：F_f 为单元区域内摩擦力（N），$F_f = \mu F_n$；F_n 为岩石对刀圈的正压力（N）；μ 为摩擦系数；υ 为单元区域岩石颗粒相对刀圈的速度（m/s）；dt 为时间步长（s）。

滚刀在完成一次破岩的过程中，滚刀不仅受到相对运动，还受到牵连运动，因此，刀圈破岩点的滑移弧长是一条三维曲线，滑移比指滑移距离与总接触距离的比值。根据推导，正滚刀每转一圈，刀刃上任意一点破岩点的滑动距离 S_p 的解析解为：

$$S_p = \int_s ds = \int_s \sqrt{x_p^2 + y_p^2 + z_p^2} \, dp \tag{5-5}$$

式中：$x_p = \frac{R^2}{R_c}(1 - \cos\phi) = \frac{R}{R_c} h$，$y_p = R \arccos\left(\frac{R-h}{R_d} - \sqrt{2Rh - h^2}\right)$，$z_p = R(1 - \cos\phi) = -h$，$R_c$ 为滚刀在刀盘上的安装半径。滚刀每转一圈，刀刃破岩点与岩石的总接触距离为滚刀前进方向的半弧，则总接触距离为：

$$L_p = R\varphi \approx \sqrt{Dh} \tag{5-6}$$

式中：D 为滚刀的直径（mm）。

滑移距离与接触总距离的比值即滚刀正常滚压岩石的滑移比为：

$$\lambda = S_p / L_p \tag{5-7}$$

滚刀正常磨损时，滑移比小，当滚刀发生偏磨时，滑移比为 1，此时滚刀的磨损将大幅度增加；因此要尽量避免和减少因偏磨引起的滚刀非正常磨损。

滚刀每转一圈滑动摩擦力所做的功为：

$$W_p = FS_p = 2\mu F_n \lambda R_p \pi \tag{5-8}$$

滚刀每转一圈的体积磨损量 V_p 为：

$$V_p = IW_p \tag{5-9}$$

式中：I 为能量磨损率，即单位摩擦功造成的滚刀材料的体积磨损量。可以利用盘形滚刀材料制成钢针对现场相关岩石材料进行岩石腐蚀试验得出，基于隧道施工资料，统计得出施工段的岩石化学蚀变指数为 3.2，单位为 0.1mm，即锥角为 90° 的钢针磨损到锥底直径为 0.32mm。钢针垂直力为 70N，移动距离为 10mm，钢针与花岗岩的摩擦系数取 0.4，则可获得滚刀材料的能量磨损率 I 为 $1.53 \times 10^{-4} \text{mm}^3/\text{J}$。

掘进 L 距离，滚刀的径向磨损量为：

$$X_p = \frac{V_p L}{2\pi RTh} \times \frac{R_c}{R} = \frac{\lambda \mu F_n I R_c L}{TRh} \tag{5-10}$$

可以对盘形滚刀磨损进行计算预测，但前提是该式中的参数需要确定，通过分析可以看出，根据岩石和盘形滚刀室内试验可得出参数有盘形滚刀材料的能量磨损率 I 和盘形滚刀与岩石之间的摩擦系数 μ；根据掘进参数和刀具的记录和统计，可以得出刀具结构参数盘形滚刀刀圈半径 R、盘形滚刀安装半径 R_c、掘进总里程 L、盘形滚刀刀尖宽度 T 和贯入度 h。不能够直接获取的参数有某盘形滚刀破岩点的垂直力 F_n、磨损体积 V_p 和滑移量 S_p，需要进一步利用其他方法解决，确定其参数，完成盘形滚刀磨损预测理论模型。

模型中盘形滚刀受力和摩擦功无法直接从现场掘进数据中获得，通常是利用建立盘形滚刀破岩试验台和软件仿真模拟盘形滚刀破岩过程来确定其相关参数，由于建立盘形滚刀破岩试验台造价高，而且考虑制备岩石和刀具，并需要多次试验才可能获取合适的试验结果，但这大大增加了试验成本，考虑到现在仿真软件的可完成度、可持续化和价格低廉，因此本书利用仿真软件进行模拟盘形滚刀破岩过程，获取破岩时的受载和摩擦功，基于有限元方法构建了盘形滚刀的破岩仿真模型，如图 5-12 所示。

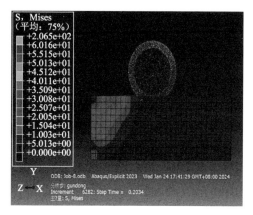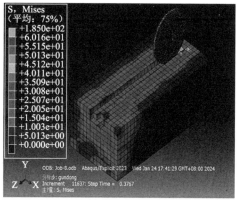

图 5-12　滚刀破岩仿真

在主菜单栏中的创建三个边界条件类型，分别命名为 BC-f，BC-d，BC-r。在 BC-f 中将岩石模型地面固定不动，设置边界条件类型为端部固定，即约束住岩石底面三个方向上的旋转和位移；在 BC-d 中将盘形滚刀刀圈向下侵入岩石一定位移，同时将盘形滚刀刀圈的平移和旋转速度命令打开，在 BC-r 中对盘形滚刀施加平移和旋转速度命令，完成盘形滚刀破岩过程。在作业栏提交本次盘形滚刀破岩作业。

考虑到贯入度对盘形滚刀受力的影响，在实际掘进过程中盘形滚刀破岩时的贯入度是不断变化的，因此改变贯入度的值，再通过上述同样的仿真过程，可以计算得出不同贯入度下垂直力和切向力的平均值，同时对比目前应用比较广泛的盘形滚刀 CSM 受力预测模型所得垂直力和切向力，对比图如图 5-13 所示。

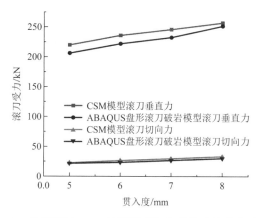

图 5-13　盘形滚刀 CSM 计算模型和仿真模型的受力对比图

由图 5-13 可以看出，通过改变贯入度，盘形滚刀受力是随着贯入度的增加而增加，而且盘形滚刀 CSM 模型计算出的理论值和盘形滚刀破岩仿真模型得出的数值变化趋势一致，两者的数值也比较接近，两种模型中垂直力的相对误差平均值为4%，切向力的相对误差平均值为8%，其中产生误差的原因是CSM模型的计算值是基于大量滚刀破岩的试验数据所得，岩石的各向异性会造成一定的误差，而ABAQUS盘形滚刀破岩仿真中数值是在理想状态下得出的，且岩石的失效准则有一定的范围性，并和仿真模型的网格划分等因素有关。

在后处理界面中导出所有贯入度下的摩擦功的消耗见表5-1。

不同贯入度对应的摩擦功消耗　　　　　　　　　　　　　表 5-1

贯入度/mm	摩擦功/J	贯入度/mm	摩擦功/J
3	66.3	6	123.8
4	75.6	7	159.8
5	98.2	8	221.6

根据工程实际参数，取能量磨损率$I = 4.3 \times 10^{-4}$mm³/J，由公式可得不同贯入度下的磨损体积如表5-2所示。

不同贯入度对应的滚刀磨损体积　　　　　　　　　　　　表 5-2

贯入度/mm	磨损体积/mm³	贯入度/mm	磨损体积/mm³
3	2.9×10^{-2}	6	5.3×10^{-2}
4	3.3×10^{-2}	7	5.9×10^{-2}
5	4.2×10^{-2}	8	9.5×10^{-2}

通过对盾构机掘进过程中的滚刀磨损数据进行统计分析，得出实际过程中滚刀磨损与刀号之间的关系，同时对滚刀磨损预测模型所计算出的滚刀径向磨损长度进行随刀号变化而变化，将滚刀磨损预测模型应用到刀盘上的不同滚刀上，假定盾构机在该段施工过程中的地质条件不变，且贯入度不变为7mm，计算滚刀仿真磨损量。如图5-14所示为滚刀实际磨损量和滚刀在贯入度为7mm时的滚刀仿真磨损量。

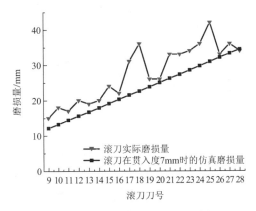

图 5-14　实际滚刀磨损量与仿真磨损量

由图5-14可以看出，实际滚刀磨损量与仿真磨损量随着滚刀刀号的增大而增大，且变化趋势相同，两者之间的相对误差平均值为16%。很大程度上可以验证滚刀磨损预测模型的正确性。导致误差原因分析如下：①由于实际工程过程中，盾构机面对的地层是时刻发生变化的，对不同地层其能量磨损率I也是变化的；②同时为了更优化使用盾构机，通常调整掘进参数来应对地层变化，对盘形滚刀贯入度修改是主要的调整方式；③在仿真过程中没有考虑某把滚刀磨损失效后，换刀带来的新滚刀与相邻滚刀之间的滚刀差所带来的磨损影响。

5.2　盘形滚刀磨损几何尺寸视觉测量方法及系统

在破岩过程中，滚刀受到岩石摩擦、岩块冲击，滚刀不可避免地会发生磨损，包括：正常磨损和非正常磨损。正常磨损是指刀圈在直径方向均匀地减少的过程，非正常磨损主要指刀圈断裂、崩刃、卷刃和偏磨等。当刀圈正常磨损量达到一定程度或者发生非正常磨损后，滚刀需要进行更换作业，否则会加重刀盘上其他滚刀负载和磨损，严重地会导致整个刀盘的滚刀全部报废。据统计，在更换的滚刀中，正常磨损需要更换的滚刀占更换滚刀的 80%～90%，滚刀磨损量的测量阶段还是首先将盾构机停机，人工攀爬在刀盘上对每个滚刀进行卡尺测量，此种工法不仅耗费大量人力物力，同时增加施工人员的危险系数。现有技术中一般是人工使用卡尺、圆度仪等手工仪器直接在刀盘上攀爬测量滚刀尺寸，来确定滚刀的磨损量。测量效率低，且测量耗时耗力，有很大的施工安全问题，人为引入误差导致精确度严重不足。现阶段滚刀磨损测量基于实验室测量，盾构机施工条件复杂难以复制，同时各滚刀磨损状态不一，很难对整个刀盘滚刀进行实验室测量。

已有文献中公开的滚刀磨损量检测方法及装置，是通过在第一侧距刀刃边缘第一预设距离处设置标记；获取滚刀的局部图像，其中，局部图像包括标记及滚刀的部分刀刃边缘；根据局部图像确定刀刃边缘沿第一预设方向至标记的实际距离；根据初始距离和实际距离之间的差值确定滚刀的磨损量。但是上述发明仍未解决现场滚刀磨损量的可视化检测问题，无法对刀盘各个滚刀进行刀号定位，确定各个滚刀磨损量。针对上述问题，发明的目的是提供一种滚刀磨损几何尺寸视觉测量方法及系统，其能有效解决现场施工滚刀磨损纯人工测量难题，构建滚刀磨损几何尺寸视觉测量系统，能够准确定位滚刀刀号，图像视觉测量滚刀磨损，提高测量精度，减少人工。

具有的优点：①能够完成在实际掘进过程中利用摄像机拍摄图像定位各把滚刀位置并对滚刀磨损量进行测量，代替原先人工手动测量，缓解施工过程中安全风险，同时测量精度提高，减少人工测量误差；能够在实际掘进工作条件下进行测量，实践性强，人为因素添加得少。②前盾挡板上方开孔，焊接法兰盘，安装可视化系统，利用可视化系统对刀盘和滚刀进行拍摄图像，可视化系统采用鱼眼镜头相机，能够拥有180°的可观测范围，同时镜头也可以旋转一定角度，实现对刀盘及盘形滚刀的全覆盖拍摄。③本发明在滚刀刀座上喷涂反光材料，定下反光标记，能够通过反光标记和滚刀在刀盘的排列规律，实现对滚刀的刀号确定；进而完成定位每把滚刀及测量该滚刀磨损量。

具体实施方式：

（1）对经过预先处理的滚刀进行图像拍摄，获取未磨损刀盘滚刀图像。

预先处理包括设置可视化系统以及建立刀盘直角坐标系；其中，可视化系统的设置为：在前盾挡板上方开孔，且该孔与滚刀其他部件不相互干涉，在前盾挡板上方开孔处焊接法兰盘，通过法兰盘安装有可视化系统；在本实施案例中，可视化系统采用鱼眼镜头相机，其拥有180°的可观测范围，同时该鱼眼镜头也可以旋转一定角度，实现对刀盘及盘形滚刀的全覆盖拍摄。可视化系统采用箱体结构，位于箱体结构前部开孔，并在开孔处焊接有法兰，鱼眼镜头相机通过法兰安装在开孔处，位于鱼眼镜头相机两侧分别设置有一个平行光源设备，鱼眼镜头能够完成上下左右旋转；平行光源前向照明，用于给予充足光源。

刀盘直角坐标系是通过在刀座上喷射反光喷涂材料建立：利用反光喷涂材料在刀盘上画出直角坐标系，并设定其中一条为 1 轴（即 y 轴），另一条则为 2 轴（即 x 轴），此时该坐标系为源坐标系。其中，反光喷涂材料为反光漆，反光漆的反光原理是把照射的光线通过反光微珠反射回人的视线中，形成反光效果，它能够喷射在不平整的表面，同时具有防止颜色淡化剥离、抗腐蚀和不易脱落的能力。

滚刀位置标定为：通过提前喷射好的反光标记，结合滚刀在刀盘排列规律得到滚刀刀轴轴线距离直角坐标系原点的距离，滚刀排列方式有同心圆和阿基米德螺旋线等排列方式，一般多为阿基米德螺旋线；

拍摄滚刀图像，得出每把滚刀坐标进行计算，确定每把滚刀刀号；结合滚刀实际尺寸建立滚刀图像像素尺寸与滚刀实际尺寸之间的关系，视为系统标定；其中滚刀图像包含滚刀边缘。未磨损刀盘滚刀图像包括各个滚刀以及反光标记。在拍摄滚刀图像之前，需调整滚刀姿态：使鱼眼摄像头能完整拍摄刀盘上的所有滚刀，旋转鱼眼镜头相机，对刀盘背面区域投射光线，该光线至少能够达到获取滚刀图片及跟踪各个滚刀的边缘，保证拍摄光源充足。

（2）滚刀磨损几何尺寸视觉测量系统，其特征在于包括：未磨损刀盘滚刀图像获取模块、滚刀半径确定模块和滚刀磨损确定模块。

未磨损刀盘滚刀图像获取模块用于对经过预先处理的滚刀进行图像拍摄，获取未磨损刀盘滚刀图像；滚刀半径确定模块利用图形处理对刀盘滚刀图像进行边缘识别，获取每把滚刀的信息 $C_{is}(d_{is}, r_{is})$，进而识别刀号，确定第 i 把滚刀的半径；其中 d_{is} 为第 i 把滚刀在第 s 次拍摄到校正后的滚刀图像中心坐标 (x_{is}, y_{is})，r_{is} 为第 s 次拍摄到校正后滚刀图像的第 i 把滚刀的半径，$s = 1, 2, 3 \cdots$；刀磨损确定模块获取磨损刀滚刀图像并进行图像处理，获取每把磨损后的滚刀信息，确定刀号，将该刀号未磨损滚刀的半径减去已磨损滚刀的半径，得到每把滚刀的磨损情况。

1）初始滚刀位置标定

盾构机未启动时，对鱼眼镜头相机拍摄到的特征点的像素点进行校正，并获取校正后每个滚刀的坐标值与刀号：

（1）盾构机未启动时拍摄到的特征点坐标记为 $T11(x'_{11}, y'_{11})$、$T21(x'_{21}, y'_{21})$，通过校正后坐标分别为 $t11(x_{11}, y_{11})$、$t21(x_{21}, y_{21})$：

$$\frac{x'_{11} - x_{is}}{x_{11} - x_{is}} = \frac{\sqrt{(r_{is})^2 - (y'_{11} - y_{is})^2}}{r_{is}}, \quad y'_{11} = y_{11} \tag{5-11}$$

$$\frac{x'_{21} - x_{is}}{x_{21} - x_{is}} = \frac{\sqrt{(r_{is})^2 - (y'_{21} - y_{is})^2}}{r_{is}}, \quad y'_{21} = y_{21} \tag{5-12}$$

（2）根据预先设置的滚刀坐标方程，获得校正后滚刀布置规律的方程。

由于滚刀排列方式为阿基米德螺旋线，则根据阿基米德螺线方程得到滚刀的 x_{is}、y_{is} 坐标方程为：

$$x_{is} = b_{is} \theta_{is} \cos \theta_{is}, \quad y_{is} = b_{is} \theta_{is} \sin \theta_{is} \tag{5-13}$$

式中：b_{is}为螺旋线相邻两条曲线之间的距离，角度θ_{is}每增加一个单位，其相邻两条曲线的距离增加一个单位。θ_{is}为滚刀旋转的角度，$\theta_{is} = \arctan(x_{is}/y_{is})$。

由此，得到校正后滚刀布置规律的方程为：

$$x_{i1} = b_{i1}\theta_{i1}\cos\theta_{i1}, \quad y_{i1} = b_{i1}\theta_{i1}\sin\theta_{i1}; \qquad (5\text{-}14)$$

$$\theta_{i1} = \arctan\left(\frac{x_{i1}}{y_{i1}}\right); \qquad (5\text{-}15)$$

（3）根据校正后滚刀布置规律的方程，以及预先设置的特征点坐标值与每个滚刀中心坐标值之间的固定关系式，得到校正后滚刀的刀号。

特征点坐标值与每个滚刀中心坐标值之间的固定关系式的设置方法为：

在刀盘直角坐标系的x轴和y轴上分别喷射反光喷剂，形成特征点$t_{js}(x_{js}, y_{js})$，$j = 1,2$为特征点的个数。由于盾构机在刀盘设计时对滚刀布置已经事先设计好，故阿基米德螺线的方程已知，包括各个滚刀的中心坐标值(x_{is}, y_{is})和b_{is}、θ_{is}都是已知的，进而得到每个滚刀中心坐标值与特征点坐标值的固定关系式为：

$$l_{is} = \sqrt{\left(x_{js} - x_{is}\right)^2 + \left(y_{js} - y_{is}\right)^2} \qquad (5\text{-}16)$$

式中：l_{is}表示特征点到滚刀中心的距离，每把滚刀中心到特征点的距离是已知的，根据该距离可以确定滚刀的刀号；$i = 1,2,3\cdots n$刀位号，(x_{is}, y_{is})是第i把滚刀的坐标值满足上述阿基米德螺旋线方程；

将校正后滚刀布置规律的方程带入滚刀中心坐标值与特征点坐标值的固定关系式中，得到校正后滚刀的刀号；

（4）盾构机工作一段时间后滚刀的位置信息识别。

盾构机通过转动刀盘来向前掘进，由于旋转一定角度后，特征点相对于原来建立的坐标系会发生移动。盾构机未启动特征点校正后的坐标为$t11(x_{11}, y_{11})$、$t21(x_{21}, y_{21})$，旋转后的校正后特征点坐标记为$t12(x_{12}, y_{12})$，$t22(x_{22}, y_{22})$两者存在以下关系：

$$\begin{bmatrix} x_{12} \\ y_{12} \\ 1 \end{bmatrix} = \begin{bmatrix} 1 & 0 & \Delta x_1 \\ 0 & 1 & \Delta y_1 \\ 0 & 0 & 1 \end{bmatrix} \begin{bmatrix} x_{11} \\ y_{11} \\ 1 \end{bmatrix} \qquad (5\text{-}17)$$

$$\begin{bmatrix} x_{22} \\ y_{22} \\ 1 \end{bmatrix} = \begin{bmatrix} 1 & 0 & \Delta x_2 \\ 0 & 1 & \Delta y_2 \\ 0 & 0 & 1 \end{bmatrix} \begin{bmatrix} x_{21} \\ y_{21} \\ 1 \end{bmatrix} \qquad (5\text{-}18)$$

$$\Delta x_1 = |x_{22} - x_{21}|, \quad \Delta y_1 = |y_{22} - y_{21}| \qquad (5\text{-}19)$$

由此可以得出旋转后的校正后特征点坐标，从而可以建立刀盘的直角坐标系，根据预先设置的滚刀坐标方程，可以获得校正后滚刀布置规律的方程：

$$x_{i2} = b_{i2}\theta_{i2}\cos\theta_{i2}, \quad y_{i2} = b_{i2}\theta_{i2}\sin\theta_{i2}, \quad \theta_{i2} = \arctan\left(\frac{x_{i2}}{y_{i2}}\right) \qquad (5\text{-}20)$$

将校正后滚刀布置规律的方程带入特征点坐标值与每个滚刀中心坐标值之间的固定关系式，进而可求出滚刀的刀号。

2）图像处理方法

由于采用背光照明，且照明条件良好，因此，鱼眼镜头相机拍摄的滚刀图像边缘表现为阶跃型边缘，图像亮度在相邻两区域，两边的像素灰度值有着明显的差别，基于图像灰度值突变的特征采用边缘检测算法提取滚刀边缘轮廓，再通过圆形拟合法来确定圆心，进而得知半径大小。图像处理具体包括以下步骤：

（1）采用高斯滤波法对滚刀图像进行滤波处理。

（2）将滤波后的图像，按照灰度值的大小进行图像灰度直方图表示，随后建立图像二值化。

具体为：将图像上所有的灰度值设置为 0 或者 255，也就是将整个图像呈现出明显的黑白效果。基本原理是以阈值为分界点，阈值可以通过图像灰度直方图得出，把图像中的目标和背景看成两种成分区别开来。

（3）获取滚刀的中心坐标(x_{is}, y_{is})和半径r_{is}。

对鱼眼镜头相机拍摄到的滚刀图像进行灰度化处理，并设置一个提取阈值T，分别从四周开始向中心使用逐行逐列扫描，以从右往左为例，当扫描线上的亮度差大于阈值时，即该列像素最大值与最小值之差大于阈值，则可以获得该图像的右边界和右切点rq，其他三个边界同上，得到四个边界及切点tq（上切点）、lq（左切点）、bq（下切点），进而得到滚刀图像的中心坐标(x'_{is}, y'_{is})及半径r'_{is}：

$$x'_{is} = \frac{rq + lq}{2}, \quad y'_{is} = \frac{tq + bq}{2} \tag{5-21}$$

$$r'_{is} = \max\left(\frac{rq - lq}{2}, \frac{tq - bq}{2}\right) \tag{5-22}$$

利用经度坐标校正，该方法利用球面的经纬表示鱼眼图像中的物体，每一条经度上的不同像素在校正过的图像中具有相同的列坐标值，图像的中心坐标$O(x'_{is}, y'_{is})$，半径为r'_{is}，滚刀边缘鱼眼图像像素上一个畸变点$D(x'_{bis}, y'_{bis})$，校正后的相应点为$d(x_{bis}, y_{bis})$，根据映射公式可得：

$$\frac{x'_{bis} - x'_{is}}{x_{bis} - x'_{is}} = \frac{\sqrt{(r'_{is})^2 - (y'_{bis} - y'_{is})^2}}{r'_{is}}, \quad y'_{bis} = y_{bis} \tag{5-23}$$

可得校正后的滚刀边缘图像所有像素点(x_{bis}, y_{bis})，$b = 1,2\cdots n$表示是滚刀边缘像素点个数。通过校正后的滚刀边缘图像所有像素点(x_{bis}, y_{bis})利用最小二乘法圆拟合获得滚刀的中心坐标(x_{is}, y_{is})和半径r_{is}。

对于最小二乘法的圆拟合，其误差平方的优化目标函数为：

$$S = \sum_{b=1}^{n} \left[\sqrt{(x_{bis} - x_{is})^2 + (y_{bis} - y_{is})^2} - r_{is}\right]^2 \tag{5-24}$$

在保持优化目标函数特征的前提下，需要对其定义一个误差平方，避免了平方根，同时可得到一个最小化问题的直接解，定义如下：

$$E = \sum_{b=1}^{n} \left[(x_{bis} - x_{is})^2 + (y_{bis} - y_{is})^2 - r_{is}^2\right]^2 \tag{5-25}$$

将式(5-25)改写为：

$$E = \sum_{b=1}^{n} \left(x_{bis}^2 - 2x_{is}x_{bis} + x_{is}^2 + y_{bis}^2 - 2y_{is}y_{bis} + y_{is}^2 - r_{is}^2\right)^2 \tag{5-26}$$

令$B = -2y_{is}$，$A = -2x_{is}$，$C = x_{is}^2 + y_{is}^2 - r_{is}^2$，则式(3-48)可表示为：

$$E = \sum_{b=0}^{n} \left(x_{bis}^2 + y_{bis}^2 + Ax_{bis} + By_{bis} + C\right)^2 \tag{5-27}$$

由最小二乘法原理，参数A、B、C应使E取得极小值。根据极小值的求法，A、B和C应满足：

$$\frac{\partial E}{\partial A} = 2\sum_{b=0}^{n} \left(x_{bis}^2 + y_{bis}^2 + Ax_{bis} + By_{bis} + C\right)x_{bis} = 0 \tag{5-28}$$

$$\frac{\partial E}{\partial B} = 2\sum_{b=0}^{n} \left(x_{bis}^2 + y_{bis}^2 + Ax_{bis} + By_{bis} + C\right)y_{bis} = 0 \tag{5-29}$$

$$\frac{\partial E}{\partial C} = 2\sum_{b=0}^{n} \left(x_{bis}^2 + y_{bis}^2 + Ax_{bis} + By_{bis} + C\right) = 0 \tag{5-30}$$

求解方程组，先消去参数C，则式(3-47)$\times n -$式(3-49)$\times \sum_{b=0}^{n} x_{bis}$得：

$$\left(n\sum_{i=0}^{n} x_i^2 - \sum_{i=0}^{n} x_i \sum_{i=0}^{n} x_i\right)A + \left(n\sum_{i=0}^{n} x_i y_i - \sum_{b=0}^{n} x_{bis} \sum_{b=0}^{n} y_{bis}\right)B +$$
$$n\sum_{b=0}^{n} x_{bis}^3 + n\sum_{b=0}^{n} x_{bis} y_{bis}^2 - \sum_{b=0}^{n} \left(x_{bis}^2 + y_{bis}^2\right)\sum_{b=0}^{n} x_{bis} = 0 \tag{5-31}$$

式(3-51)$\times n -$式(3-52)$\times \sum_{b=0}^{n} y_{bis}$得：

$$\left(n\sum_{b=0}^{n} x_{bis} y_{bis} - \sum_{b=0}^{n} x_{bis} \sum_{b=0}^{n} y_{bis}\right)A + \left(n\sum_{b=0}^{n} y_{bis}^2 - \sum_{b=0}^{n} y_{bis} \sum_{b=0}^{n} y_{bis}\right)B +$$
$$n\sum_{b=0}^{n} y_{bis}^3 + n\sum_{b=0}^{n} x_{bis}^2 y_{bis} - \sum_{b=0}^{n} \left(x_{bis}^2 + y_{bis}^2\right)\sum_{b=0}^{n} y_{bis} = 0 \tag{5-32}$$

令

$$M_{11} = \left(n\sum_{b=0}^{n} x_{bis}^2 - \sum_{b=0}^{n} x_{bis} \sum_{b=0}^{n} x_{bis}\right) \tag{5-33}$$

$$M_{12} = M_{21} = \left(n\sum_{b=0}^{n} x_{bis} y_{bis} - \sum_{b=0}^{n} x_{bis} \sum_{b=0}^{n} y_{bis}\right) \tag{5-34}$$

$$M_{22} = \left(n\sum_{b=0}^{n} y_{bis}^2 - \sum_{b=0}^{n} y_{bis} \sum_{b=0}^{n} y_{bis}\right) \tag{5-35}$$

$$H_1 = n\sum_{b=0}^{n} x_{bis}^3 + n\sum_{b=0}^{n} x_{bis} y_{bis}^2 - \sum_{b=0}^{n} \left(x_{bis}^2 + y_{bis}^2\right)\sum_{b=0}^{n} x_{bis} \tag{5-36}$$

$$H_2 = n\sum_{b=0}^{n} y_{bis}^3 + n\sum_{b=0}^{n} x_{bis}^2 y_{bis} - \sum_{b=0}^{n} \left(x_{bis}^2 + y_{bis}^2\right)\sum_{b=0}^{n} y_{bis} \tag{5-37}$$

将式(3-50)、式(3-51)写成矩阵形式：

$$\begin{bmatrix} M_{11} & M_{12} \\ M_{21} & M_{22} \end{bmatrix}\begin{bmatrix} A \\ B \end{bmatrix} = \begin{bmatrix} -H_1 \\ -H_2 \end{bmatrix} \tag{5-38}$$

根据式(3-57)和式(3-49)可得：

$$A = \frac{H_2 M_{12} - H_1 M_{22}}{M_{11}M_{22} - M_{12}M_{21}} \tag{5-39}$$

$$B = \frac{H_2 M_{11} - H_1 M_{21}}{M_{12} M_{21} - M_{11} M_{22}} \tag{5-40}$$

$$C = -\frac{\sum_{b=0}^{n} \left(x_{bis}^2 + y_{bis}^2 + A x_{bis} + B y_{bis}\right)}{n} \tag{5-41}$$

从而求得最佳拟合中心坐标(x_{is}, y_{is})和半径r_{is}：

$$x_{is} = -\frac{A}{2}, \quad y_{is} = -\frac{B}{2}, \quad r_{is} = \frac{1}{2}\sqrt{A^2 + B^2 - 4C} \tag{5-42}$$

5.3 高水压盾构带压换刀进仓前的准备工艺

山西小浪底工程盾构隧道穿越地层多为砂土层、卵石层，土体自稳能力差。在这种地层下开仓时，失去了泥水的平衡保持，工作面的稳定是很困难的，开仓作业的风险就更大，必须由盾构机来提供使地层稳定的支撑压力，带压进仓进行换刀等各项作业。

盾构设备是超大直径盾构隧道项目成败的关键，超大直径盾构隧道因其横断面尺寸及结构顶覆土要求，掘进过程中不可避免遭遇多个土层，因此，盾构设备需要有较高的可靠性和技术先进性，以满足隧道所在地可能出现的复杂的水文、地质、沿线建筑物等环境。一般情况下，当监测异常，刀具磨损，我们可以直接常压更换，不需要带压进仓，大大减少了带压开仓换刀的次数与风险，但在特殊情况下，因为地层地质的变化、掘进操作的不当或突发状况等造成堵仓、滞排、刀盘结泥饼、掘进参数异常、卡刀盘、仓内传感器故障、碎石机故障等情况，必须要带压进仓；在进仓之前，应做好相应的人员、设备、材料、工具的准备工作，保证带压开仓工作安全顺利进行。

盾构掘进施工中带压进仓前的准备工艺包括盾构开仓相关设备正常运行的检查与备份，开仓作业工具准备、洞内风、水、电准备、清仓机具、材料、应急物资、活体检测等的准备，依据地质详勘资料、补勘资料以及近期所出渣土组成等信息，综合分析盾构机所处位置地质情况，确定地层稳定具备盾构机带压进仓作业的条件，并通过对地面监测工艺、气压值确定工艺、盾尾密封工艺、泥膜制作工艺、降液位工艺以及泥水仓密封效果检查工艺的控制实现盾构掘进施工中带压进仓前的准备，实现盾构掘进施工顺利带压进仓。

进一步地，地面检测工艺具体包括：

1. 监测点布设

在陆域段带压进仓换刀点位置，在刀盘里程后方 5m 设置 1 个监测断面，刀盘位置设置 1 个监测断面，刀盘前方间隔 5m 设置 2 个监测断面，共计 4 个监测断面；每个断面线路中线上设置 1 个，线路中线两侧各 5m 设置 1 个，每个断面设置 3 个地表监测点；带压进仓前监测频率 4 次/d，沉降速率未超过 2mm/d，开累沉降未超过 2cm 时，具备开仓条件；进仓期间监测频率 5 次/d，沉降速率未超过 3mm/d，开累沉降未超过 3cm 时，可以继续仓内作业；带压进仓完成正常掘进过程中监测频率 2 次/d，沉降速率未超过 3mm/d，开累沉降未超过 3cm。盾构工程沉降监测点布设如图 5-15 所示。

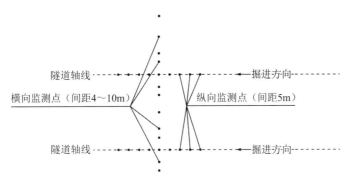

图 5-15　盾构工程沉降监测点布设

2. 监测方法

发射换能器从海面向下发射声脉冲，声脉冲在水中向下传播，遇到密度不同的海底介质时发生反射，反射后的声脉冲在海水中向上传播，并被海面的接收换能器所接收；根据声脉冲在海水中往返的时间和它在海水中的声速，就能算出换能器至海底的直线距离，即水深，根据水深的变化判断海床的沉陷情况；沉降计算公式如式(5-43)所示。

$$U_{xi} = Z + H_水 \tag{5-43}$$

式中：Z 为海平面高度，$H_水$ 为水深。

对同一测点如式(5-44)所示。

$$\Delta U_x = U_{xi} - U_{xi-1} \tag{5-44}$$

式中：ΔU_x、U_{xi}、U_{xi-1} 分别为第 x 位置测点第 i 次测得海床面沉陷值、第 i 次基准水面距海床面深度、第 $i-1$ 次测得基准水面距海床面深度。

3. 监测控制标准

（1）地表沉降累计值为 25mm。

（2）地表变化速率按 3mm/d 的控制。

（3）盾构隧道结构竖向位移和水平位移累计值：30mm，变化速率：3mm/d。

（4）盾构隧道结构净空收敛累计值：3%D，变化速率：3mm/d；其中 D 为隧道开挖直径。

4. 警戒值

根据设计要求及相关规范，当监测数据达到监测控制标准值的 70% 时，定为警戒值，应加强监测频率；当监测数据达到监测控制标准值时，应立即停止施工，修正支护参数后方能继续施工；在信息化施工中，监测后应及时对各种监测数据进行整理分析，判断监测对象的稳定性，并及时反馈到施工中去指导施工。根据上述监测控制标准，可选择监测频率：一般在Ⅲ级管理阶段监测频率可适当放大一些；在Ⅱ级管理阶段则应注意加密监测次数；在Ⅰ级管理阶段则应密切关注，加强监测，监测频率可达到 1～2 次/d 或更多；具体如表 5-3 所示。

管理等级	管理位移	施工状态
Ⅲ	$U_0 < U_n/3$	可正常施工
Ⅱ	$U_n/3 \leqslant U_0 \leqslant 2U_n/3$	应注意，并加强监测
Ⅰ	$U_0 > 2U_n/3$	应采取加强支护等措施

注：U_0 为实测位移值；U_n 为允许位移值；U_n 的取值，即监测控制标准。

进一步地，气压值确定工艺具体包括：

带压进仓气压作业工作压力值确定以能保证掌子面的稳定且上部地层不被高压气击穿为原则；计算方法如式(5-45)所示。

$$P = P_a + P_w + P_{预备} \tag{5-45}$$

式中：P 为气压作业工作压力；P_a 为计算至隧道开挖顶部的水土压力；P_w 为土体上部覆水压力；$P_{预备}$ 为预备压力，取 0.2bar；

$$P_a = K_a \lambda H \tag{5-46}$$

式中：K_a 为主动土压力系数；λ 为土体重度；φ 为墙后填土的内摩擦角；H 为土体埋深。

进一步地，盾尾密封工艺具体包括：

（1）在盾构机快到停机位置时加大同步注浆量，确保同步注浆填充饱满，同时加大盾尾油脂的注入量，避免注浆压力过大流入盾尾导致盾尾密封失效。

（2）在盾尾后 2~10 环利用管片上的二次注浆孔开孔进行水泥—水玻璃浆液双液浆的补注，同时从盾体径向孔注入聚氨酯，在盾壳外形成封闭止水圈，以保证壁后注浆的填充密实度及隔水效果，避免盾尾后的地下水流入仓内。

（3）密封措施完成后，调整气仓压力为开仓压力，通过观察泥水仓压力变化和液位变化判断盾尾止水效果。

（4）若止水效果不理想，可采取在盾尾后部管片开孔进行聚氨酯的补注，确保盾尾密封效果，在确认盾尾密封效果满足规定要求后，开始准备进行泥膜的制作。

进一步地，泥膜制作工艺具体包括：

高黏度泥浆的配比可根据带压开仓人员进仓检查掌子面泥膜实际效果进行适当的调整，以确保泥膜的质量。

（1）高黏度泥浆的调制可采用泥浆站的调制浆系统进行调制，泥浆的调制严格按照配合比进行，高黏度泥浆调制完成后必须静置 24h，并对调制完成的高黏度泥浆进行性能测试，满足规定要求后并利用混凝土运输罐车将高黏度泥浆运输至盾构机。

（2）高黏度泥浆的压注采用盾构的同步注浆系统通过进浆管向泥水仓内压注的方式进行，对仓内泥浆进行置换，做泥膜时，仓内压力须高于工作压力 0.2~0.5bar，高黏度泥浆的注入压力不得小于开仓压力，注入高黏度泥浆置换仓内泥浆过程中仓内压力需保持基本稳定；高黏度泥浆注入过程中及时进行排浆，保证仓内液位及压力稳定，泥浆置换量为仓内泥浆容积的 1.2 倍，则切口尺寸 50mm 时，需要置换的泥浆方量为 216.5m³；置换完成后低速转动刀盘一定时间，一方面，确保成型泥膜质量，另一方面，避免压力过大导致地面被击穿。

（3）泥浆补注随着开仓时间延续，为保障开挖面泥膜的持续密封效果，在每天最后一仓完成后，向刀盘前方压注新的高黏度泥浆，并通过出浆管将置换出来的浆液排出，过程中保证仓内压力稳定，置换完成后，仓内形成新的泥膜，然后静置保压不小于 2h，通过补气量判断泥膜质量。

进一步地，降液位工艺具体包括：

根据带压进仓作业目的，确定液位降低标准，一般分降低气压仓液位和降低泥水仓液位，具体为：

（1）降低气压仓液位

当仅需要带压进入气仓检修碎石机等部件或疏通排浆口堵塞物时，则只需利用盾构配备的排浆泵在旁通循环模式下将气压仓液位降低，同时增加气压设置压力，液位降低标准一般为略高于气压仓底部与泥水仓的连接通道；此时，泥水仓为满仓泥浆，而气压仓则为小半仓泥浆，气压不至于通过两仓连接通道窜至泥水仓；在降低液位、增加气压的过程中，应分梯度进行，即当液位降低 1m 时，应及时将压力设置值提高 0.1bar，避免因压力突变造成掌子面失稳。

（2）降低泥水仓液位

当需要进入泥水仓进行下部压力传感器更换、障碍物探测、刀具检修、孤石、漂石打捞等作业时，则须降低泥水仓液位；在将气压仓液位降至设计位置后，打开泥水仓和气压仓之间的联通阀，使气体通至泥水仓，并调整气压设置值；最终达到两仓液位相平，上部为气体，下部为泥水的目的。此时，气压为平衡掌子面中部水土压力的计算值。

进一步地，泥水仓密封效果检查工艺具体包括：

初次开仓前做开挖仓的保压试验，保压时间不小于 2h；根据仓内泥水、气体逸散速率判断泥膜保压性能，若供气量小于供气能力的 10%时，开挖仓压力能在 2h 内无变化或不发生大的波动时，表明保压试验合格，在气压开仓过程中若供气量大于供气能力的 50%，则应停止气压作业并重新采用浆气置换修补泥膜至保压试验合格。

供气量大于供气能力的 50%判别方法：

（1）每台盾构机保压系统共设置 4 台供气能力为 12m³/min 的空压机，总供气能力为 48m³/min。

（2）若补气量小于每小时 200m³，则说明供气量小于盾构保压系统供气能力的 50%，密封效果满足进仓作业要求，保压系统可满足仓内气体保压需求。

（3）若补气量大于每小时 200m³，则说明供气量大于盾构保压系统供气能力的 50%，仓内密封效果较差不能满足进仓作业要求，保压系统不满足仓内气体保压需求，应停止气压作业并重新采用浆气置换修补泥膜至保压试压合格。

5.4　进仓作业工艺

本节发明了一种盾构掘进带压进仓作业工艺，包括开仓确认步骤、供气方式步骤、开仓作业步骤、仓内作业步骤。通过对开仓确认步骤、供气方式步骤、开仓作业步骤以及仓内作业［包括气仓作业和泥水仓内作业（包括刀盘刀具检查作业、清泥饼作业、仓内换刀作业、入仓降压人员撤离作业）］步骤进行具体控制，为盾构机顺利完成掘进带压进仓作业提供了有力支持，也为今后类似情况提供了宝贵的经验。

一般情况下，当监测异常、刀具磨损，我们直接可以常压更换，不需要带压进仓，大大减少了我们带压开仓换刀的次数与风险，但在特殊情况下，因为地层地质的变化、掘进操作的不当或突发状况等造成堵仓、滞排、刀盘结泥饼、掘进参数异常、卡刀盘、仓内传感器故障、碎石机故障等情况，必须要带压进仓；在进仓之前，应做好相应的人员、设备、材料、工具的准备工作，保证带压开仓工作安全顺利进行。

盾构掘进带压进仓作业工艺，包括开仓确认步骤、供气方式步骤、开仓作业步骤、仓内作业步骤。

进一步地，开仓确认步骤具体包括：

（1）气压作业开仓前，应确认地层条件满足气体保压的要求，根据开挖仓压力变化情况，确定达到开仓标准要求时，方可打开仓门，开仓前需确认。

（2）开仓前需要对仓内气体进行置换并检测，符合规范要求后，作业人员进入主仓，开始加压；加压完成后，打开气仓仓门，开仓作业小组长进入气仓，将简易手持式气体检测仪或活体鸟类放入气仓下半部持续 30min 观察，如果检测仪无气体报警，则小组长通知开仓负责人，人员方可进入仓内开始作业；进入泥水仓前也必须按照气仓活体检测要求进行活体检测。

进一步地，供气方式步骤具体包括：

利用盾构机本身的气压系统和人闸加压系统，共配置 4 台供气能力为 12m³/h 的空压机，实际过程中 2 用 2 备，由配套的两台空压机进行供气，带压进仓作业过程中持续监控空气压缩机补气量，确保空压机工期可满足维持工作面稳定的地层损失量和正常工作气体循环量，且仓内气体压力波动值不大于 0.05bar。同时现场准备一台备用内燃空气压缩机。

进一步地，开仓作业步骤具体包括：

（1）人舱气密性试验

人舱是作业人员出入土仓进行维护和检查的转换通道，出入土仓的工具和材料也由此通过，人舱分为主舱和辅舱，施工过程中主仓与土仓相连一直处于加压状态，辅舱一般处于无压模式；气密性试验是通过升压、降压试验来检查人舱门、土仓门、仓壁上各种管路是否漏气，根据相关经验，从 0 升压至设计值不超过 10min 即为合格。

（2）开仓作业前，需再次检查显示仪表、温度计、通信、阀门、仓门密封件是否完好；并检查作业所需工具、设备、材料等是否齐备地放置在仓内。

（3）对仓内气体进行置换，在确保仓内气体含量符合规范要求后，方可准备开仓作业。

（4）作业人员进入主舱，关闭主舱舱门并确保它完整密封，操仓人员要通过对讲机一直与坐在主舱中的人员联系。

（5）缓慢地打开进气阀，缓慢地升高主舱的压力，达到预定计算的工作压力，开启出气阀，建立主舱进出气平衡，气压稳定在 ±0.1bar 的偏差之内；加压过程中，打开主舱外的卸压球阀以保证主舱内一定的通风量，流量计的流量值每人至少为：0.5m³/min。

（6）当主舱的压力等于盾构机气仓的压力时，主舱内人员缓慢打开主舱和气仓之间的连通球阀，在主舱和气仓之间进行了压力补偿之后，压力达到平衡，作业人员打开气仓门进入气仓。

（7）进入气仓后首先观察气仓内液位情况，确保液位稳定后，作业人员开始进行气仓作业；如果需要进入泥水仓，则打开气仓和泥水仓之间的泥水仓门。

（8）进入泥水仓，打开泥水仓门后，每个带压进仓工作组小组长先要确认泥水仓内液位及掌子面情况，再确保掌子面稳定及无漏水情况，液位稳定后，开仓作业人员才允许进入泥水仓作业。

（9）当发现泥水仓液位上涨过快、掌子面有渗漏水情况或掌子面不稳定的情况下，关闭泥水仓仓门，通知开仓负责人及值班领导，减压出仓，确定下一步的施工安排；

（10）当泥水仓内发现异常或作业完成后，关闭泥水仓门和气仓门，在确保泥水仓门和气仓门关闭完成后，作业人员进入主舱，开始减压；减压过程中作业人员必须按照操仓人员要求进行吸氧，减压过程必须按照隧道高压作业减压表要求进行减压。

进一步地，仓内作业步骤具体包括：

（1）气仓作业步骤；

（2）泥水仓内作业步骤。

进一步地，气仓作业步骤具体包括：

在不用进入泥水仓作业时，人员只进入气仓，气仓与泥水仓不需要连通，泥水仓门不需要打开，人员只在气仓内进行作业，作业步骤如下：

①主司机根据指令将气仓压力调整为既定开仓压力，然后通过循环降低气仓液位至最低位置，然后静置观察，若压力液位稳定，则通知相关人员，可以开仓。

②将作业所需的工具、材料、照明灯等放入主仓内，待操仓人员和主司机沟通确认具备开仓条件后，通知开仓作业人员进入主仓，开始加压。

③操仓人员通知加压完毕，仓内作业人员打开主仓与气仓的连通阀，待主仓和气仓压力平衡后，打开气仓门，进入气仓；气仓内作业时，一人在主仓内负责联络和传递工具，另外两人在气仓内作业。

④作业人员进入气仓后，首先观察液位情况，如有异常，应立刻返回主仓，并关闭气仓门；气仓内作业时，若靠排浆泵无法将液位降至合适位置时，可利用气仓与仓外的连接管路进行人工排浆；将气仓隔板内外连接管路上的两个球阀打开，利用气仓内的压力将浆液压出仓外，此项工作由仓内作业人员自行控制，当液位降至合适位置时，关闭连接管路的球阀即可；气仓内的液位最低不能低于泥浆门上沿10cm，防止气仓内气体通过泥浆门进入泥水仓。

⑤作业内容：

a. 检查与维修作业，根据相关技术交底进行作业，查看管路有无破损、碎石机油管有无漏油、液位传感器钢缆有无断裂、电气元件有无损坏等；利用堵漏剂、快干水泥等对破损管路进行修补；用抹布等对液位传感器、液位开关等进行擦拭清理；

b. 打捞作业，当液位降至最低位置时，作业人员下至气仓底部，先用脚进行探试，查看有无异物及异物位置，然后对其进行清理；大块的异物要借助捯链、吊带等转移到主仓带出；泥水仓底部有异物时，要使用特制的钉耙、锥形钩等工具，通过泥浆门探入泥水仓底部进行清理。

⑥作业完成或者接到出仓指令时，作业人员要将所有的工具、材料及清理出的异物带入主舱，将气仓清理干净，然后所有人员进入主舱，关闭气仓门，示意操仓人员开始减压；减压过程中，作业人员必须根据操仓人员指导进行吸氧。

进一步地，泥水仓内作业步骤具体包括：

（1）刀盘刀具检查作业。

（2）清泥饼作业。

（3）仓内换刀作业（图5-16）。

（4）人舱降压人员撤离作业。

图 5-16　人员带压进仓换刀

进一步地，刀盘刀具检查作业具体包括：

（1）主司机根据指令将气仓压力调整为既定开仓压力，打开泥水仓和气仓的连通阀，降低泥水仓内液位，同时观察液位变化情况和压力是否稳定，各项参数稳定后通知操仓人员可以开仓。

（2）作业人员开仓：作业人员进入主舱内并关闭好主舱舱门，辅助工具放入主舱内，由操仓人员把主舱压力按规定时间加压到设定压力后，作业人员打开气仓和主仓的连通阀门，待压力平衡后打开气仓门进入气仓。

（3）三人带压开仓，一人负责拍照检查，一人在气仓接应辅助，另一人在主仓负责联络。

（4）作业人员进入气仓后，首先观察液位情况，若液位稳定，则打开气仓与泥水仓之间仓门，进入泥水仓。

（5）作业人员打开泥水仓门后，小组长需要在仓门口观察仓内情况及掌子面情况，确定掌子面稳定，仓内无异常后其他作业人员才允许进入泥水仓，进行刀盘及刀具检查工作。刀盘刀具的检查作业分为以下步骤进行：

第一步：清理刀盘，对刀盘内的土块、石块采用铁锹和撬杠清理，对于刀缝间的土体采用撬杠凿松，然后用高压水枪进行清洗，清洗过程中注意对掌子面泥膜的保护，避免水流直接对泥膜进行冲击；

第二步：待清理完成后，由带压开仓作业组组长对仓内的情况进行检查：

①查看刀具运转轨迹；

②对面板刀盘背部及刮刀磨损情况进行检查；

③碎石机、格栅、管路、传感器进行检查与防护；

第三步：检查完成后，所有带压开仓作业人员进入气仓，并关好土仓门，然后所有人员进入主仓并关好气仓门；

（6）操仓人员开始减压，主舱降压，人员出仓。减压过程中，作业人员必须根据操仓人员的指导进行吸氧。

进一步地，清泥饼作业具体包括：

对于轻微的泥饼现象，可以用泥浆或高压水清洗刀盘，借助泥饼自身的重力脱离出刀盘的表面；使用工业除垢剂或者漂白剂破坏黏土土质性状，通过刀盘注水或清洗系统将工业除垢剂或者漂白剂注入刀盘处，瓦解刀盘表面泥饼的结块；由于泥饼是经过长时间挤压受热后形成，硬度极大，需要较长的清除时间，而在地质较软，或者富水地层中进行人工开仓清除泥饼，安全风险就比较大，清理泥饼前充分做好安全保障措施。

进一步地，仓内换刀作业具体包括：

盾构刀盘为常压刀盘设计，仓内换刀作业可更换的刀具为刮刀，主要包括：不可常压更换的小刮刀 150 把（海瑞克盾构机）、162 把（中铁装备盾构机）及边刮刀。依据刀具检查结果确定需要更换的刀具，在确定更换刀具后，进行换刀作业，作业步骤如下：

（1）进入泥水仓的操作程序同刀盘刀具检查操作流程。

（2）作业人员退减压出仓后，操作转动刀盘，将需要更换的刀具转到方便作业的位置，然后下一组进仓人员进入泥水仓开始刀具更换作业；刀盘控制应切换到本地控制，处于锁定状态，作业人员处于仓内期间，严禁转动刀盘，并有专人进行监管。

（3）刀具的更换方法：刀盘辐条背后安装专用工具，拆除刀具，并利用手拉葫芦将其运出泥水仓，将新的刀具安装，并安装定位销、紧固螺栓。

（4）刀具更换准则：所有刀具除开挖岩层外，还起着保护刀盘的作用，为有效地避免刀盘的磨损，当刀具磨损到一定程度或意外损坏时，就必须将其更换，现初步作出刀具更换准则，根据以后经验，再逐步完善；当刀具出现下列损坏情况时必须更换：合金断裂；刀具崩齿；异常磨损；刀座出现磨损等；因周边刮刀对刀盘外圈的保护起着重要作用，并影响盾构机的总推力，周边刮刀出现合金脱落或磨损量达到 15～20mm 必须更换；小刮刀合金掉落 2 个以上必须更换，切刀销轴螺栓有掉落或者松动的必须处理；为保证盾构的正常掘进，保护刀盘刀具，滚刀或周边刮刀掉落必须进行打捞，小刮刀 3 把以上必须进行打捞。

（5）换刀注意事项：

①换刀过程要佩戴安全防护用品，刀具倒运要固定，运进及运出的工具、刀具、螺栓、定位销等物品数量要登记，并在出仓时再次核对没有物品留在气垫仓及泥水仓内；

②在泥水仓内进行换刀时要防止螺栓等遗落。螺栓拆除时，防止对螺栓孔造成伤害。新加的紧固螺栓要涂抹密封胶后再进行安装，螺栓紧固分两次，第一次在安装单个螺栓时预紧，全部安装完成后再紧固一次，紧固力矩要达到标准；

③在整个换刀期间，盾构司机应协助作业人员调整刀盘位置并密切注意泥水仓气压及液位，发现异常立即通知作业人员撤离。

进一步地，人舱降压人员撤离作业具体包括：

（1）人舱和泥水仓之间的气垫仓门关闭。

（2）工作人员离开泥水仓进入人舱，通过人舱减压方案减压后离开人舱或通过人舱缓慢降压后离开人舱进入独立的减压仓进行减压仓减压方案减压。

（3）第二组工作人员进入人舱室，按照第一组工作人员的作业程序进行加压、检查刀盘及减压离开人舱室。

（4）以此类推，下一组工作人员开始工作。

（5）作业人员作业过程中，由操仓人员通过电话与人员仓管理员联系。

第 **6** 章

滚动降水工法结合盾构施工技术

6.1 高水压卵石层盾构隧道现场抽水试验

对于高水压卵石层滚动降水组合工法的实现，现场抽水试验是必要措施之一。本章基于小浪底引黄工程高水压地层穿越高水压卵石地层且需进仓换刀的典型掘进段 K49＋450～K47＋337 段进行单井、群井抽水试验，利用水位计观测静水位、位置水头，根据流量计获得抽水时的流量变化，并通过理论公式计算、Theis 配线法借助相关软件计算获得该地层综合静水位、单井流量、导水系数、贮水率等参数，为数值模拟提供参数支持和依据。

1. 工程概况

山西省小浪底引黄工程位于山西省运城市，工程总体走势见图 1-1，是自黄河干流上的小浪底水库枢纽工程向山西省涑水河流域调水的大型引水工程。工程南依黄河与河南省隔河相望，是一项覆盖面广阔的大型调水工程。

盾构段全长 5514.5m，隧洞外径为 5.22m，内径为 4.52m，管片环宽 1.5m，设计纵坡 1/3000，区间采用一台泥水平衡盾构机如图 6-1，自下游向上游掘进，盾构机设计最大承压能力为 0.8MPa，盾体主要由刀盘前盾、中盾Ⅰ、中盾Ⅱ和盾尾组成（如图 6-2），全长 13.8m。盾构掘进流程如图 6-3 所示。

刀盘直径为 5530mm、长 1515mm（到法兰面），重约 40t。刀盘安装 19 把双刃滚刀（4 把中心滚刀、10 把正面滚刀、5 把边缘滚刀，滚刀直径为 17in）8 把边刮刀、34 把正面刮刀，以及 3 个磨损探测装置。

图 6-1 "禹王号"泥水平衡盾构机

图 6-2 盾构机刀盘

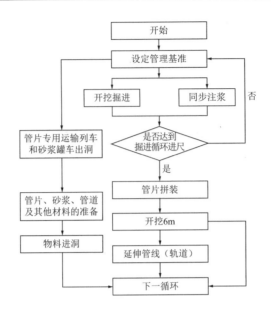

图 6-3 盾构掘进作业流程图

桩号 K49＋450～K47＋337 段盾构穿越地层主要以砂卵石为主,洞顶最大围岩厚度为 120m,洞底位于地下水位以下最大深度为 105m。

2. 地质条件

山西省小浪底引黄工程位于中条山北区域断裂构造附近,岩石裂隙非常发育,地下水位高,岩石风化程度不均匀,北西侧上盘断层破碎带上覆巨厚的第四系土层,由于丰富的地下高承压水、大小不一的风化球及岩土层接触状况的不规律性,该断层破碎带会对盾构施工带来较大的影响及威胁。

根据岩土勘查报告,场地内岩土层特征如表 6-1 所示。

区域地层详情   表 6-1

第四系全新统冲洪积层（Q_4^{al+pl}）	①₁ 粉质黏土	可塑—硬塑,土质均匀,局部夹粉土、中细砂等层,土质总体均匀
	①₂ 粉土	稍湿,稍密,土质不均匀,含砂和圆砾约10%,表层 0.0～0.2m 为种植土
	①₃ 卵石	稍湿,稍密,粒径大于 60mm 的颗粒占总质量的 60%,粒径一般 60～90mm,母岩成分主要为混合花岗岩及砂岩,多呈亚圆状,颗粒级配差,砂泥质充填
第四系上更新统冲洪积层（Q_3^{al+pl}）	②₁ 粉质黏土	硬塑—坚硬,土质均匀,含砂砾约10%,局部有少量卵石,具一定黏性,韧性
	②₂ 粉土	稍密,饱和,土质不均匀,主要成分以粉粒为主,含有圆砾和卵石约 30%,粒径一般 30～66mm,局部夹细砂
	②₃ 中细砂	稍密,饱和,粒径大于 0.25mm 的颗粒占总质量的 60%,粒径一般 11～42mm
	②₄ 圆砾土	饱和,稍密,密实,粒径大于 20mm 的颗粒约占总质量的 58%,粒径一般 22～53mm,母岩成分主要为混合花岗岩,多呈次圆状,少量次棱角状,含黏土约 32%,颗粒级配一般,泥砂充填
	②₅ 卵石	饱和,密实,粒径大于 60mm 的颗粒约占总质量的 50%,粒径一般 60～250mm,母岩成分为混合花岗岩,多呈亚圆状及次棱角状,颗粒级配好,砂、砾、泥质充填

场地内局部地段存在粉土、粉砂、中细砂土层，物理力学性能差、强度低、压缩性高、触变性高，且本工程沿线场地广泛分布卵石土、圆砾土，土质不均匀，隧道范围内不均匀地分布大小不一的漂石，具有成分不均、孔隙率大、透水性强等特点。这样的土层抗剪强度较低、扰动后松散、渗透性大，属对盾构施工不利土层，故在此特殊地层进行盾构施工，面临高水压、高渗透性挑战，且地层卵石含量高，卵石强度大，应该说是极不利的地层，要十分注意施工的安全性。

3. 水文条件

隧道段地下水水位埋深 4.5～48m（标高为 583.3～539.8m），水位变化较大。典型地质区域水文地质剖面图见图 6-4。地下水补给主要来源于大气降水入渗，第四孔隙水水量丰富，主要赋存于强、中等风化岩中的风化裂隙之中，含水层无明确界限，其透水性主要取决于裂隙发育程度、岩石风化程度和含泥量。风化程度越高、裂隙充填程度越大，渗透系数则越低。基岩裂隙水埋深大，为高承压水。根据现场勘察资料结果，典型地质区域地层渗透系数如表 6-2 所示。

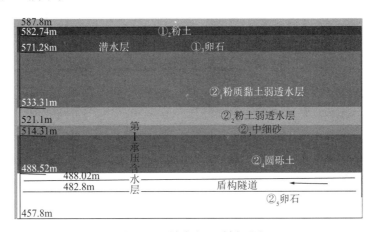

图 6-4　区域水文地质剖面图

区域地层渗透系数　　　　表 6-2

地层	地质时代	地层名称	平均地层厚度/m	底层埋深/m
①$_2$	Q$_4^{al+pl}$	粉土	5.06	5.06
①$_3$	Q$_4^{al+pl}$	卵石	11.46	16.52
②$_1$	Q$_3^{al+pl}$	粉质黏土	37.97	54.49
②$_2$	Q$_3^{al+pl}$	粉土	12.21	66.7
②$_3$	Q$_3^{al+pl}$	中细沙	16.79	73.49
②$_4$	Q$_3^{al+pl}$	圆砾土	25.79	99.28
②$_5$	Q$_3^{al+pl}$	卵石	30.72	130

4. 现场抽水试验设计

现场降水试验依托场地已钻好的降水井和额定流量为 30m³/h 的水泵进行单井和群井抽水试验。井参数见表 6-3。在观测井中安放水位计如图 6-5 所示。在抽水井中安放流量计如图 6-6 所示。流量计和水位计均采用物联网远程操控，数据自动采集后上传到数据平台如图 6-7 所示。

<table>
<tr><td colspan="5" align="center">抽水井参数表</td><td>表 6-3</td></tr>
</table>

井号	孔径/mm	管径/mm	深度/m	滤管埋深/m
J1-J5、J8	700	400	122	107～120
J6、J7、J9、J10	700	400	116	96～114
G1	700	400	97	83～96

图 6-5　地下水温水位计

图 6-6　现场流量计埋设

图 6-7　地下水远程监控平台

5. 单井抽水试验

在盾构掘进典型地层区域 K49 + 450～K47 + 337 段，以隧道中心线分两侧，分别布置 10 口试验井，其中：井 J1 与观测井 G1 相对位置为（$X = 0$m，$Y = 12.61$m）、井 J2 与观测井 G1 相对位置为（$X = 10$m，$Y = 12.61$m）、井 J3 与观测井 G1 相对位置为（$X = 0$m，$Y = -12.61$m）、井 J4 与观测井 G1 相对位置为（$X = 10$m，$Y = -12.61$m）、井 J5 与观测井 G1 相对位置为（$X = -10$m，$Y = 12.61$m）、井 J6 与观测井 G1 相对位置为（$X = -12.61$m，$Y = 12.61$m）、井 J7 与观测井 G1 相对位置为（$X = -30$m，$Y = 12.61$m）、井 J8 与观测井 G1 相对位置为（$X = -10$m，$Y = -12.61$m）、井 J9 与观测井 G1 相对位置为（$X = -20$m，$Y = -12.61$m）、井 J10 与观测井 G1 相对位置为（$X = -30$m，$Y = -12.61$m），现场抽水井位置如图 6-8 所示。

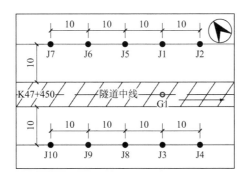

图 6-8 现场抽水试验井位布置图

6. 抽水流程

根据试验需求，进行单井群井的抽水试验，具体试验安排如表 6-4 所示。

单井抽水试验计划表　　　　　　　　　　表 6-4

抽水试验	抽水井编号	抽水时间	观测井
单井试验	（单井）J1	3 月 26 日 12:00-24:00	J6、J7、J9、J10、G1
	（单井）J-G1	3 月 29 日，10:00-18:00	J1、J6、J7、J9、J10
	（单井）J8	4 月 2 日，12:00-次日 12:00	J6、J7、J9、J10、G1

7. 试验数据分析

1）初始水位

试验前，通过水位计观察井内静水位埋深为 25.1～27.75m。

2）J1 单井降水试验数据分析

J1 抽水井于 3 月 26 日 12:00 持续抽水 12h，以具有代表性位置的 J6、J7、J9、J10、G1 作为观测井，抽水结束后立即进行水位恢复观测，在井内水位趋于稳定之后，各观测井的水位变化情况如图 6-9 所示，水位恢复情况如图 6-10 所示。

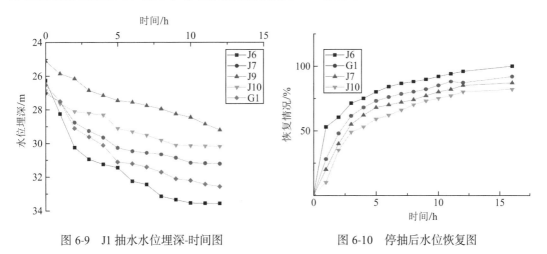

图 6-9 J1 抽水水位埋深-时间图　　　　　图 6-10 停抽后水位恢复图

以上通过 J1 单井抽水得到各观测井水位变化情况如表 6-5 所示。

J1 各抽水井水位变化表　　　　　　　　　　　表 6-5

井号	井深/m	井口标高/m	至 J1 的距离/m	初始水位埋深/m	降深/m
J6	125	588.8	20	26.24	7.32
G1	125	588.8	12.61	26.52	6.04
J7	125	588.8	30	27.02	4.19
J9	125	588.8	32.18	25.1	4.09
J10	125	588.8	39.19	26.86	3.31

根据图 6-9、图 6-10 和表 6-5 分析可得到以下结论：

（1）根据抽水井 J1 的出水流量分析得出其单井平均出水量约为 30m³/h。

（2）地下水位降深速度随时间的增加而放缓，且距离抽水井越近，变化越明显。距离最近的观测井 G1，抽水前 5h 的水位下降速度约为 0.92m/h，抽水后停止前 5h 的水位下降速度约为 0.23m/h，两个阶段的水位下降速度相差近 4 倍；距离抽水井最远的观测井 J10，抽水前 5h 的水位下降速度约为 0.45m/h，抽水后停止前 5h 的水位下降速度约为 0.13m/h，两个阶段的水位下降速度相差近 3.5 倍。

（3）距抽水井不同观测的井呈现不同的水位变化，距离越近，水位降深变化越大，整体降深呈阶梯状。距离抽水井 12.61m 的 G1 水位降深 6.04m，距离抽水井 39.19m 的 J10 水位降深 3.31m。

（4）在停抽后的水位恢复曲线可以看出，距离抽水井位置越远，水位恢复的速度越慢。同样恢复到初始水位的 50%，距离抽水井 39.19m 的 J10 约用 3h，而距离抽水井 12.61m 的 G1 约用时 2h。相同位置水位的恢复与时间有关，观测井水位恢复到初始水位 50% 均在前 4h 之内，水位较近的 G1 水位恢复至初始水位的 80% 约用时 8h。

3）J-G1 单井降水试验数据分析

J-G1 单井于 3 月 29 日 10:00 开始持续 8h 抽水试验。在持续抽水过程中，对其余 5 口观测井的水位变化进行观测，各观测井水位变化情况如图 6-11 所示。

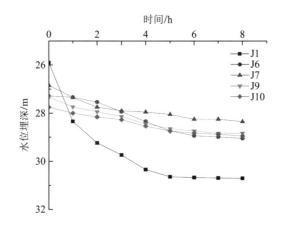

图 6-11　J-G1 抽水水位埋深-时间图

由图 6-11 可以得到 J-G1 单井抽水时各观测井的水位变化情况如表 6-6 所示。

J-G1 各观测井水位变化表 表 6-6

井号	井深/m	井口标高/m	至 J-G1 的距离/m	初始水位埋深/m	降深/m
J1	125	588.8	12.61	25.91	4.79
J6	125	588.8	23.64	27.29	1.76
J7	125	588.8	32.54	26.85	1.4
J9	125	588.8	23.64	27.34	1.5
J10	125	588.8	32.54	27.75	1.2

通过分析上面图 6-11 和表 6-6 可得出以下结论：

（1）根据抽水井 J-G1 井的抽水流量分析得出其单井平均出水量约为 28m³/h。

（2）水位变化的大小与距抽水井的距离有关，距离越近变化越大。距离抽水井 J-G1 最近的观测井 J1 降深最大为 4.79m，距离抽水井最远的观测井 J10 降深最小仅为 1.2m，整体降深大致随着距离抽水井的距离的增加呈下降阶梯状分布。

（3）水位变化速度与抽水井的距离及时间有关：距离抽水井越近变化越快，距离最近的观测井 J1 平均水位下降速度约为 0.6m/h，距离最远的观测井 J10 平均水位下降速度约为 0.15m/h，速度相差约为 4 倍。以抽水前 4h 为界，前期水位下降速度快于后期，如观测井 J9 前 4h 的平均水位下降速度约为 0.28m/h，停止抽水前 4h 的平均水位下降速度约为 0.1m/h，速度相差约为 3 倍。

4）J8 单井降水试验数据分析

J8 单井降水试验于 4 月 2 日 12:00 开始，持续抽水 24h，抽水过程中各观测井水位变化如图 6-12 所示，抽水停止后即进行水位恢复观测，如图 6-13 所示。

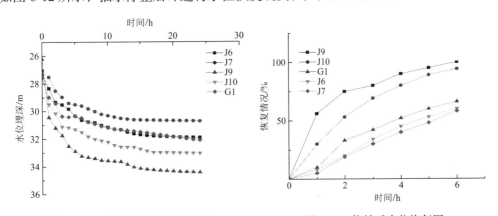

图 6-12　J8 抽水水位埋深-时间图　　　　图 6-13　停抽后水位恢复图

以上通过 J8 单井抽水得到各观测井水位变化情况如表 6-7 所示。

J8 各观测井水位变化表 表 6-7

井号	井深/m	井口标高/m	至 J8 的距离/m	初始水位埋深/m	降深/m
J9	125	588.8	10	27.31	8.21
J10	125	588.8	20	27.25	5.79

井号	井深/m	井口标高/m	至J8的距离/m	初始水位埋深/m	降深/m
J6	125	588.8	27.13	27.31	4.61
G1	125	588.8	16.09	27.59	4.51
J7	125	588.8	32.18	27.06	3.67

通过分析上面图6-12、图6-13和表6-7可得出结论：

（1）根据抽水井J8的出水流量分析可得出其单井平均出水量约为30m³/h。

（2）各观测井水位降深和与抽水井的距离有关，距离越近水位降深越大。距离最近的观测井J9抽水停止时降深为8.21m，而距离最远的观测井J7抽水停止时降深为3.67m。水位降深随距离抽水井距离增加呈下降台阶状。

（3）各观测井水位下降速度与抽水井距离和时间有关。距离越近，其下降速度越大，距离最近的观测井J9抽水期间平均下降速度约为0.34m/h，距离抽水井最远的井J7抽水期间平均降深速度约为0.15m/h，相差约为2倍；抽水前期水位降深大于后期，如观测井G1抽水前5h水位降深速度约为0.55m/h，抽水停止前5h水位降深速度约为0.06m/h，相差约9倍即在后期水位趋于稳定。

（4）抽水停止后，抽水时水位下降速度越快，其水位恢复得越快。J9水位恢复50%时用时不到1h，而J7水位恢复50%约用时5h，距离抽水井最远的井6h最终水位恢复到初始水位60%左右。

8. 群井抽水试验

群井抽水试验在典型地层后半段，在单井抽水试验水位恢复之后进行，隧道两侧相对两口井为一组，按步骤开启每组井，抽水泵继续采用单井降水时的额定流量30m³/h的设备，观察中心观测井G1的水位变化，获得群井降水所需参数。

9. 抽水流程

群井试验分五个阶段进行，时间为4月4日至4月9日，第一阶段先开启J5、J8持续抽水24h，第二阶段增开J7、J10持续抽水24h，维持4口井抽水，第三阶段增开J1、J3，维持6口井抽水24h，第四阶段增开J2、J4持续抽水48h，维持8口井抽水，第五阶段增开J6、J9持续抽水24h，维持10口井抽水，具体试验安排如表6-8所示。不同阶段观测井内水位变化情况如图6-14所示。

群井抽水试验计划表　　　　　　　　　　　　　　表6-8

抽水试验	抽水井编号	抽、停时间	观测井
群井试验	（群井2口）J5、J8	4月4日 12:00-次日 12:00	G1
	（群井4口）J5、J8、J7、J10	4月5日 12:00-次日 12:00	
	（群井6口）J5、J8、J7、J10、J1、J3	4月6日 12:00-次日 12:00	
	（群井8口）J5、J8、J7、J10、J1、J3、J2、J4	4月7日 12:00-后日 12:00	
	（群井10口）J5、J8、J7、J10、J1、J3、J2、J4、J6、J9	4月9日 12:00-次日 12:00	

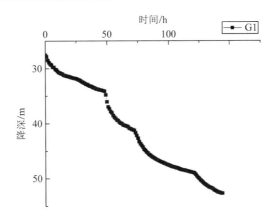

图 6-14　群井抽水期间不同阶段观测井水位埋深变化

10. 试验数据分析

根据观测井 G1 水位变化，其不同阶段水位降深如表 6-9 所示。

群井抽水各阶段水位变化情况　　　表 6-9

观测井	初始水位埋深/m	分阶段抽水	群井 2 口抽水	群井 4 口抽水	群井 6 口抽水	群井 8 口抽水	群井 10 口抽水
G1	27.59	埋深/m	31.8	34.14	41.25	48.94	52.69
		降深/m	4.21	6.55	13.66	21.35	25.1

由图 6-14 和表 6-9 可知：

（1）群井抽水期间各井的平均单井出水量在 $25 \sim 30 m^3/h$。

（2）单井两口井抽水时水位下降速度先快后慢，前 12h 水位平均下降速度约为 0.27m/h，后 12h 水位平均下降速度约为 0.08m/h，速度相差近 3 倍，四井抽水后，由曲线变化可看出，由于开启的抽水井 J7、J10 距观测井较远且抽水时间靠前，故其水位下降略有增大但并不明显；六口井同时开启抽水时，水位下降速度明显增大，两井抽水整个过程水位平均下降速度约为 0.17m/h，而加开六口井抽水，整个过程水位平均下降速度约为 0.3m/h，速度相差约 2 倍。从后续每 2 口为一组增开抽水井看，水位处于持续下降状态，且各井出水量处于饱和状态，说明承压水供给稳定，为降水减压需进行增加井数或者增大抽水泵功率。

11. 参数计算

根据现场地质条件，试验期间为当地枯水季节，附近小河处于半干涸状态，地表流量小，且水位高于降水区域地下水位，距离试验区域距离远及粉质黏土层的隔水作用，几乎不存在稳定地下水补给。因此考虑采用承压水非完整井非稳定流计算参数。Theis 推导解析法的降深方程为：

$$s(r,t) = \frac{Q}{4\pi T} W_u \quad u = \frac{r^2 \mu^*}{4Tt} \tag{6-1}$$

上式中，给定 u 的具体定义，积分部分称为井函数 $W(u)$，用 Taylor 级数表示为：

$$W(u) = -0.5772 - \ln(u) + u - \sum_{n=2}^{\infty} (-1)^n \frac{u^n}{nn!} \tag{6-2}$$

式中，r为计算点到抽水井的距离；s为抽水影响范围内，任一点一时刻的水位降深；T为导水系数；t为自抽水开始到计算时刻的时间；μ^*为含水层贮水系数；Q为抽水井的流量。Y轴的$W(u)$和X轴上的$1/u$的双对数曲线通常称为泰斯曲线，根据X轴上的t或者t/r^2和Y轴上的降深s绘制曲线，通过观测数据绘制的降深线与泰斯曲线匹配完成数据分析。根据抽水试验所用的公式，考虑到配线法手绘可能产生的误差，借助 Aquifer Test 软件对抽水试验进行图形分析。将单井试验 J1 和 J-G1 的试验数值进行泰斯理论计算，分析结果如图 6-15 和图 6-16 所示。

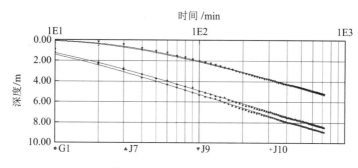

图 6-15　J1 井泰斯拟合曲线

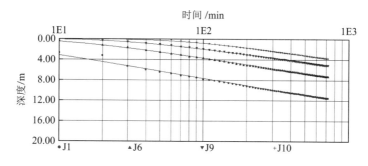

图 6-16　J-G1 井泰斯拟合曲线

将单井试验数据代入公式中，经计算分析其数据及结果如表 6-10 所示。

泰斯拟合参数结果　　　　　　　　　　　　　　表 6-10

抽水井号	泰斯理论分析		
	$K/$（m/d）	$T/$（m²/d）	μ_s
J1	2.32	41.7	3.18×10^{-3}
J-G1	2.26	40.7	2.77×10^{-3}
综合平均	2.29	41.2	2.98×10^{-3}

根据规范，完整井稳定流单井抽水影响半径计算公式为：

$$\lg R = \frac{S_1 \lg r_2 - S_2 \lg r_1}{S_1 - S_2} \tag{6-3}$$

式中，R 为影响半径；r_1，r_2 为抽水井至观测井之间的距离；S_1，S_2 为抽水稳定后观测井内水位降深。

以 J1 单井抽水试验期间，观测井 J7 和 J10 的实测数据为例，S_1 取 4.19m，S_2 取 3.31m，r_1 取 30m，r_2 取 39.19m，计算得 $R=108$m；以 J8 单井抽水试验期间，观测井 J6 和 J9 的实测数据为例，S_1 取 4.61m，S_2 取 10m，r_1 取 27.13m，r_2 取 8.21m，计算得 $R=96$m。

6.2　高水压卵石层隧道井管法降水方案比选

结合抽水试验实测数据，建立针对盾构掘进典型地层地下水三维数值模型。按照试验过程计算试验工况时的水位变化情况，将计算结果与实际试验数据比较，调整模型参数，验证模型的合理性，对高水压地层井管（深井）降水方案进行比选，通过不同井位布置形式的降水数值模拟，得到每种井位布置形式的水位降深效果，为滚动降水方案选择提供支持。

1. 数学模型

由于地下水流、天然地质体是复杂的、难以完全把握的，为了得到适用的数学模型，必须忽略掉一些不会影响研究目的和无关的因素，概化地质体，然后通过用适当的数学关系式表达其数量关系和空间形式。根据本工程的承压水的特性和边界情况，采用如下承压水非稳定流数学模型：

$$\begin{cases} \dfrac{\partial}{\partial x}\Big(K_{xx}\dfrac{\partial h}{\partial x}\Big)+\dfrac{\partial}{\partial y}\Big(K_{yy}\dfrac{\partial h}{\partial y}\Big)+\dfrac{\partial}{\partial z}\Big(K_{zz}\dfrac{\partial h}{\partial z}\Big)-W=S_s\dfrac{\partial h}{\partial t} & (x,y,z)\in\Omega \\[2mm] h(x,y,z,t)|=h_1(x,y,z) & (x,y,z)\in\Gamma_1 \\[2mm] K_{xx}\dfrac{\partial h}{\partial n_x}+K_{yy}\dfrac{\partial h}{\partial n_y}+K_{zz}\dfrac{\partial h}{\partial n_z}\Big|_{\Gamma_2}=q(x,y,z,t) & (x,y,z)\in\Gamma_2 \\[2mm] h(x,y,z,t)|_{t=t_0}=h_0(x,y,z) & (x,y,z)\in\Omega \end{cases} \tag{6-4}$$

式中：$S_s=\dfrac{S}{M}$；S 为贮水系数；S_s 为贮水率（1/m）；K_{xx}，K_{yy}，K_{zz} 分别为各向异性主方向渗透系数（m/d）；h 为点（x,y,z）在 t 时刻的水头值（m）；h_0 为计算域初始水头值（m）；h_1 为周围第一类边界的水头值（m）；t 为时间（d）；Ω 为计算域。本项目通过有限差分软件 MODFLOW 建立地下三维渗流模型。

2. 数值模拟范围

在地下水三维数值分析中，必须合理设置计算模型的区域范围，消除计算成果中的地下水边界效应。根据已有的岩土勘察报告、钻孔资料，按照计算的平面范围、地层概化以及初始条件、边界条件，同时考虑试验井在离散模型中的空间位置，以 K47+450～K47+337 待进行地层区域为中心，根据单井抽水影响半径计算结果，将边界设置在影响半径以外，然后对计算区域进行离散，建立三维数值模型。在网格剖分中，对试验区 3 倍计算区域进行了局部加密。本次计算设定的平面计算范围为基坑周边向外各取 500m，整个计算区域尺寸为 1000m×1000m，见图 6-17。计算深度为 130m，根据勘察孔位划分为七层，见图 6-18。

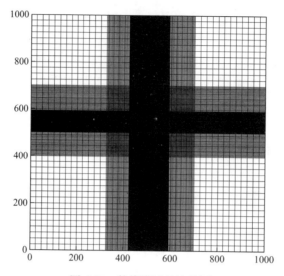

图 6-17 数值模拟基坑范围

图 6-18 数值模拟地层剖面图

3. 水文地质条件

根据现场地质勘察报告，得到水文地质参数如表 6-11 所示，各岩层给水度值如表 6-12 所示。

水文地质参数 表 6-11

地层	层顶高程/m	$K/$（cm/s）	$SS/$（1/m）	Ep	初始水头/m
①$_2$粉土	587.78	5.06×10^{-6}	1.66×10^{-3}	0.308	582
①$_3$卵石	582.74	2.6×10^{-3}	2.94×10^{-3}	0.296	582
①$_1$粉质黏土	571.28	1.225×10^{-6}	1.176×10^{-3}	0.324	582
①$_2$粉土	533.31	5.06×10^{-6}	1.96×10^{-3}	0.308	562.7
①$_3$中细砂	521.1	5.606×10^{-6}	2.744×10^{-3}	0.309	562.7
①$_4$圆砾土	514.31	1.2×10^{-3}	2.156×10^{-3}	0.34	562.7
①$_5$卵石	488.52	2.6×10^{-3}	3.92×10^{-3}	0.296	562.7

各种岩性土层给水度值   表 6-12

地层岩性	给水度	地层岩性	给水度	地层岩性	给水度
黏土	0.03～0.035	黄土状砂质粉土	0.03～0.06	中砂	0.09～0.13
黏质粉土	0.03～0.045	粉砂	0.06～0.08	中粗砂	0.1～0.15
砂质粉土	0.038～0.06	粉细砂	0.03～0.1	粗砂	0.11～0.15
黄土	0.028～0.05	细砂	0.08～0.11	砂卵砾石	0.13～0.2
黄土状黏质粉土	0.03～0.05	中细砂	0.088～0.12		

4. 参数反演与模型修正

通过现场抽水试验得到的数据，根据现场水文地质勘察报告建立三维地下水渗流模型，模型采用现场试验计算得到的渗透系数，其他参数采用相关经验值，并根据现场实际工况进行降水模拟并进行反演分析，利用模拟计算，在模型中按照现实开井顺序进行群井抽水试验，群井降水水位降深等值线图如图 6-19 所示，群井抽水 G1 水位变化曲线拟合如图 6-20 所示。

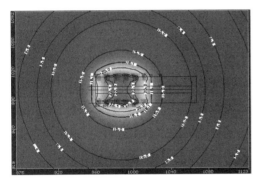

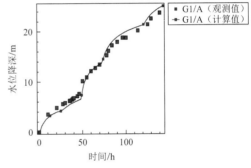

图 6-19　群井降水水位降深等值线图　　　图 6-20　群井抽水 G1 水位变化曲线拟合

通过模拟结果与实际观测拟合图可知，模拟中观测井的水位降深变化趋势整体和试验一致，尤其六井降水吻合度较高，后期增开井出现一定误差，但整体趋势相近，模拟水位降深与实测值相差 0.79m，符合误差控制。根据以上工况理论计算结果显示，理论数据基本符合抽水试验的实测水位数据，说明该模型能比较真实地反映本处水文地质情况，可作为后期模拟的依据。并且通过反复参数反演细化求参，最终确定该典型地段的承压含水层主要参数如表 6-13 所示。

反演最终水文地质参数   表 6-13

区段	μ_s / m^{-1}	$T / (m^2/d)$	$K / (m/d)$	
			K_h	K_v
K47 + 450～K47 + 337	2.5×10^{-3}	41.4	2.3	0.46

5. 不同降水方案数值模拟

在一般管井降水施工方案中，井的布置有按降水区直线形布置和梅花形布置两大类，不同的井位布置由于距离的远近、井数量的多少及群井影响作用，其产生的降水效果和影响是不同的。在高水压卵石地层，要求降水的效果满足施工需要的同时，尽可能减少水位改变对地层环境的影响，因此需要对两种井位布置的降水效果进行比选。根据现场盾构机掘进速度要求及现场试验群井平均出水量，确定在方案比选时均控制变量抽水时间为 2d，水泵抽水量为 80m³/d，以 6 口井为一组单位，通过水位变化情况确定方案结果。

6. 直线形井位布置方式

1）5m×10m 井位布置

根据选型要求，盾构机直径为 5.22m，由于降水井底标高要低于隧洞底部标高，且考虑到盾构掘进对周围土体扰动故将井距隧道中心最小距离考虑为 5m，两侧井沿着隧道掘进中线直线对称布置，井与井之间间隔 5m，如图 6-21 所示，水位降深如图 6-22 所示。

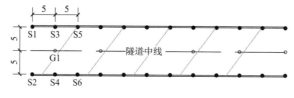

图 6-21　5m×10m 井位布置图

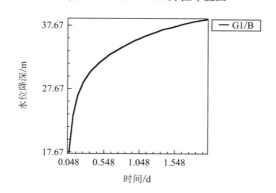

图 6-22　5m×10m 水位降深曲线图

通过图 6-21、图 6-22 可知采用 5m×10m 方式井位布置，在 2d 连续 6 口井抽水，隧道中心水位降深约 38.6m。

2）5m×16m 井位布置

保持沿线井距为 5m，增大井与隧道距离至 8m，位置图如图 6-23 所示，进行持续抽水。水位降深如图 6-24 所示。

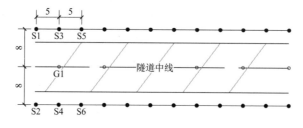

图 6-23　5m×16m 井位布置图

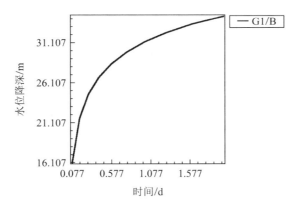

图 6-24　5m×16m 水位降深曲线图

通过上图 6-23、图 6-24 可知采用 5m×16m 方式井位布置在 2d 连续 6 口井抽水，隧道中心水位降深约 34.5m。

3）5m×20m 井位布置

保持沿线井距为 5m，增大井与隧道距离至 10m，位置图如图 6-25 所示，进行持续抽水，水位降深如图 6-26 所示。

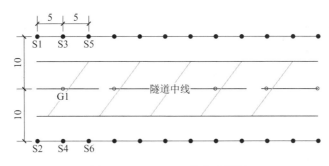

图 6-25　5m×20m 井位布置图

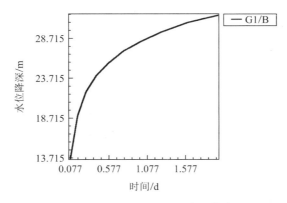

图 6-26　5m×20m 水位降深曲线图

通过图 6-25、图 6-26 可知采用 5m×20m 方式井位布置在 2d 连续 6 口井抽水，隧道中心水位降深约 31.7m。

通过定流量、定抽水时长，在固定井的距离为 5m 的基础上，通过抽水模拟试验可得到以下水位降深变化曲线（图 6-27），水位降深速度如表 6-14 所示。

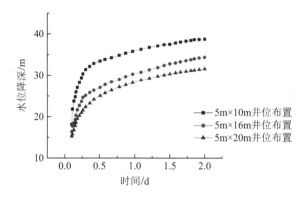

图 6-27　5m 井距直线形布置水位降深图

5m 井位布置水位降深表

表 6-14

井距/ m	井距中线距离/ m	最大降深/ m	前期降水速度/ （m/h）	稳定降水速度/ （m/h）	平均降水速度/ （m/h）
5	5	38.6	5.06	0.22	0.81
	8	34.5	4.11	0.23	0.72
	10	31.7	3.6	0.23	0.67

由以上水位降深曲线图可知：

（1）井距为 5m 条件下，距隧道中线越远，其隧道中线位置水位降深越小。在隧道两侧同时开启 6 口井，以 80m³/h 抽水速率持续抽水 2d，两侧井距隧道中线为 5m 时，水位最大降深约为 38.6m，两侧井距隧道中线为 8m 时，水位最大降深约为 34.5m，两侧井距隧道中线为 10m 时，水位最大降深约为 31.7m。

（2）井距隧道中线越近，水位下降速度越快。观察曲线图发现，降水在 6h 后整体趋于稳定状态，两侧井距隧道中线最近的井前 6h 降水速度约为 5.06m/h，而两侧井距隧道最远的井前 6h 降水速度约为 3.6m/h。

（3）群井降水可看成一口大井在抽水，在区域中心位置降深最大，且水位下降速度最快。

4）8m×10m 井位布置

将隧道两侧井距增大为 8m，两侧井距隧道中线为 5m，采用定额流量为 80m³/h 水泵持续抽水 2d，井位布置如图 6-28 所示，模拟抽水水位降深如图 6-29 所示。

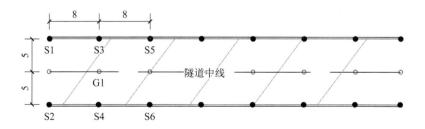

图 6-28　8m×10m 井位布置图

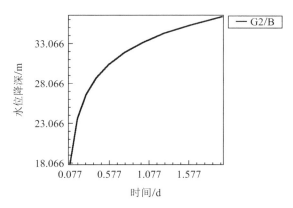

图 6-29　8m × 10m 水位降深曲线图

通过图 6-28、图 6-29 可知采用 8m × 10m 方式井位布置在 2d 连续 6 口井抽水，隧道中心水位降深约 36.42m。

5）8m × 16m 井位布置

保持沿线井距为 8m，增大井与隧道距离至 8m，位置图如图 6-30 所示，进行持续抽水，水位降深如图 6-31 所示。

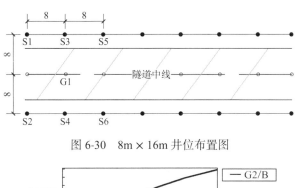

图 6-30　8m × 16m 井位布置图

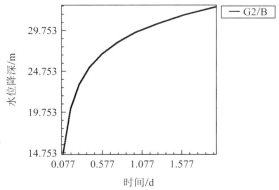

图 6-31　8m × 16m 水位降深曲线图

通过图 6-30、图 6-31 可知采用 8m × 16m 方式井位布置在 2d 连续 6 口井抽水，隧道中心水位降深约 32.65m。

6）8m × 20m 井位布置

保持沿线井距为 8m，增大井与隧道距离至 10m，位置图如图 6-32 所示，进行持续抽水，水位降深如图 6-33 所示。

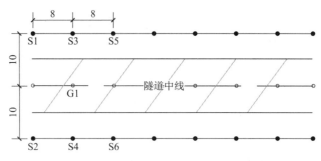

图 6-32　8m×20m 井位布置图

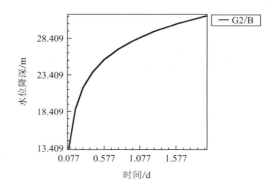

图 6-33　8m×20m 水位降深曲线图

通过图 6-32、图 6-33 可知采用 8m×20m 方式井位布置在 2d 连续 6 口井抽水，隧道中心水位降深约 31.5m。

通过定流量、定抽水时长，在固定井的距离为 8m 的基础上，通过抽水模拟试验可得到以下水位降深变化曲线（图 6-34）和水位降深（表 6-15）。

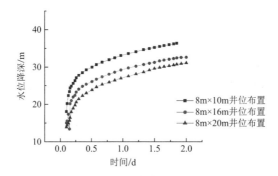

图 6-34　8m 井距直线形布置水位降深

8m 井位布置水位降深表　　　　　　　　　　表 6-15

井距/ m	井距中线距离/ m	最大降深/ m	前期降水速度/ （m/h）	稳定降水速度/ （m/h）	平均降水速度/ （m/h）
8	5	36.42	4.26	0.25	0.75
	8	32.65	3.67	0.25	0.68
	10	31.5	3.44	0.26	0.65

通过图 6-34、表 6-15 可知：

（1）井距为 8m 情况下，水位降深随着井距隧洞中线的增加而降低。距离隧道中线最近的布置方式水位最大降深约为 36.4m；距离隧道中线最远的布置方式水位最大降深约为 31.5m。

（2）在井距为 8m，单侧距离隧道中线 5m 的方式井位布置与单侧距离隧道中线 8m 的方式井位布置的前 6h 抽水速度约为 4.26m/h，单侧距离隧道中线 10m 的方式井位布置的前 6h 抽水速度约为 3.44m/h；抽水稳定后到停止抽水前 1d 的速度三种布置方式水位降深速度约为 0.18m/h，三种方式的降水速度差异主要在 6~12h 期间，此时单侧距离隧道中线 5m 的方式井位布置的水位降深速度约为 0.75m/h，单侧距离隧道中线 8m 的方式井位布置的水位降深速度约为 0.67m/h，单侧距离隧道中线 10m 的方式井位布置的水位降深速度约为 0.65m/h。

7）10m×10m 井位布置

将隧道两侧井距增大为 10m，两侧井距隧道中线距离为 5m，采用定额流量为 80m³/h 水泵持续抽水 2d，井位布置如图 6-35 所示，水位降深如图 6-36 所示。

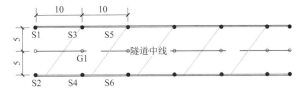

图 6-35　10m×10m 井位布置图

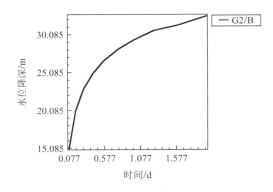

图 6-36　10m×10m 水位降深曲线图

通过上图 6-35、图 6-36 可知采用 10m×10m 方式井位布置在 2d 连续 6 口井抽水，隧道中心水位降深约 32.6m。

8）10m×16m 井位布置

保持沿线井距为 10m，增大井与隧道距离至 8m，位置图如图 6-37 所示，进行持续抽水，水位降深如图 6-38 所示。

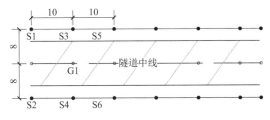

图 6-37　10m×16m 井位布置图

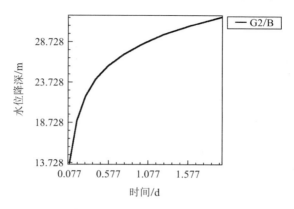

图 6-38　10m×16m 水位降深曲线

通过图 6-37、图 6-38 可知采用 10m×16m 方式井位布置在 2d 连续 6 口井抽水，隧道中心水位降深约 31.8m。

9）10m×20m 井位布置

保持沿线井距为 10m，增大井与隧道距离至 10m，位置图如图 6-39 所示，进行持续抽水，水位降深如图 6-40 所示。

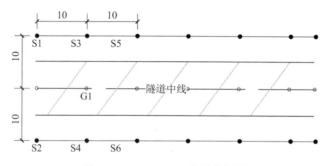

图 6-39　10m×20m 井位布置图

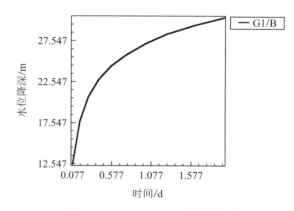

图 6-40　10m×20m 水位降深曲线图

通过图 6-39、图 6-40 可知采用 10m×20m 方式井位布置在 2d 连续 6 口井抽水，隧道中心水位降深约 30.3m。

通过定流量、定抽水时长，在固定井的距离为 10m 的基础上，通过抽水模拟试验可得到以下水位降深变化曲线（图 6-41）和水位情况（表 6-16）。

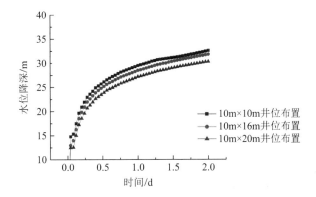

图 6-41　10m 井距直线形布置水位降深

10m 井位布置水位降深表　　　　　　　　　　　表 6-16

井距/ m	井距中线距离/ m	最大降深/ m	前期降水速度/ （m/h）	稳定降水速度/ （m/h）	平均降水速度/ （m/h）
	5	32.6	3.66	0.25	0.68
10	8	31.8	3.48	0.26	0.66
	10	30.3	3.27	0.25	0.63

在不同井距布置条件下，由水位降深曲线图（图 6-41）可知：

（1）两侧井距隧道中线距离越远，其降深越小。单侧井距隧道中线 10m 时，隧道中线水位最大降深为 30.3m，单侧井距隧道中线 5m 时，隧道中线水位最大降深为 32.6m。

（2）在降水前期 6h 内，隧道中线水位降深速度随两侧井距隧道中线距离的增大而减小。采用两侧井距隧道中线 10m 井位布置时，抽水前 6h 的水位降深速度约为 3.27m/h，采用两侧井距隧道中线 5m 井位布置时，抽水前 6h 的水位降深速度约为 3.66m/h，两者较为接近。

将不同井距和两侧井距隧道中线不同距离的试验总结如表 6-17、表 6-18 所示。

直线形不同井距布置水位降深表　　　　　　　　表 6-17

井距/ m	井距中线距离/ m	最大降深/ m	前期降水速度/ （m/h）	稳定降水速度/ （m/h）	平均降水速度/ （m/h）
	5	38.6	5.06	0.22	0.81
5	8	34.5	4.11	0.23	0.72
	10	31.7	3.6	0.23	0.62
	5	36.42	4.26	0.25	0.75
8	8	32.65	3.67	0.25	0.68
	10	31.5	3.44	0.26	0.65
	5	32.6	3.66	0.25	0.68
10	8	31.8	3.48	0.26	0.66
	10	30.3	3.27	0.25	0.63

直线形不同井位布置水位降深表   表 6-18

井位距中线距离/ m	井距/ m	最大降深/ m	前期降水速度/ （m/h）	稳定降水速度/ （m/h）	平均降水速度/ （m/h）
5	5	38.6	5.06	0.22	0.81
	8	36.42	4.26	0.25	0.75
	10	32.6	3.66	0.25	0.68
8	5	34.5	4.11	0.23	0.62
	8	32.65	3.67	0.25	0.68
	10	31.8	3.48	0.26	0.66
10	5	31.7	3.6	0.23	0.62
	8	31.5	3.44	0.26	0.65
	10	30.34	3.27	0.25	0.63

由以上水位降深表（表 6-17、表 6-18）可知：

（1）同一距离井距，距离隧道中线越近布置，水位降深越大，前期水位下降速度越快，井距在 8m 以内，平均水位下降速度差异较大在 0.2m/h 左右，而井距超过 8m 后，平均水位下降速度差异在 0.03m/h 范围内，这也说明在井距超过 8m 之后，两侧直线形布置井对隧道掘进区域的水位降深影响幅度明显减弱。

（2）抽水稳定之后，不同井位布置和井距，水位下降速度接近，说明该区域的地层分布较均匀。

（3）同一井位，两侧直线形布置井距越大，水位降深越小，前期水位下降速度也越慢，根据水位降深曲线可知，井距越大，中心最大降深影响范围越小。

（4）采用直线形井位布置，前期能做到较大降深，对水位变化影响明显，但水位降深变化明显，整个降水过程不够稳定。

7. 梅花形井位布置方式

在隧道两侧采用梅花形布置，可以看成是沿着隧道中线直线布置时再错位加一口井，由上一节可知，直线形布置井位时井距超过 8m 时，隧道中线上的平均水位埋深逐渐接近，其降深影响效果降低，因此，梅花形布置井位，采用两侧井距隧道中线井位距离 5m、8m 为基础，采用定流量 80m³/h 抽水量，持续抽水 2d，研究井距改变对降深的影响规律。

1）5m-5m×10m 井位布置

两侧井第一排距隧道中线距离为 5m，第二排井距第一排井距离为 5m，井位在前一排中点处，同一排井与井距离为 10m，井位布置图如图 6-42 所示，水位降深如图 6-43 所示。

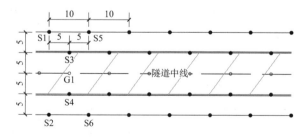

图 6-42　5m-5m×10m 井位布置图

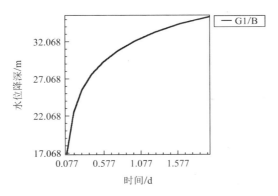

图 6-43 5m-5m×10m 水位降深曲线

通过图 6-42、图 6-43 可知，采用 5m-5m×10m 梅花形井位布置，隧洞中线位置最大降深为 35.4m。

2）5m-5m×16m 井位布置

两侧井第一排距隧道中线距离为 5m，第二排井距第一排井距离为 5m，井位在前一排中点处，同一排井与井距离为 16m，井位布置图如图 6-44 所示，水位降深如图 6-45 所示。

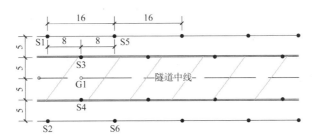

图 6-44 5m-5m×16m 井位布置图

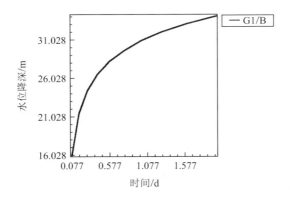

图 6-45 5m-5m×16m 水位降深曲线图

通过图 6-44、图 6-45 可知，采用 5m-5m×16m 梅花形井位布置，隧洞中线位置最大降深为 34.1m。

3）5m-5m×20m 井位布置

两侧井第一排距隧道中线距离为 5m，第二排井距第一排井距离为 5m，井位在前一排中点处，同一排井与井距离为 20m，井位布置图如图 6-46 所示，水位降深如图 6-47 所示。

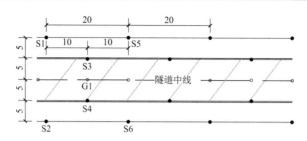

图 6-46　5m-5m×20m 井位布置图

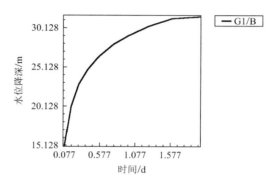

图 6-47　5m-5m×20m 水位降深曲线图

通过以上图可知,采用5m-5m×20m梅花形井位布置,隧洞中线位置最大降深为33.18m。

通过定流量、定抽水时长,在固定井的距离为 5m 的基础上,通过抽水模拟试验可得到以下水位降深变化曲线(图 6-48)和水位情况(表 6-19)。

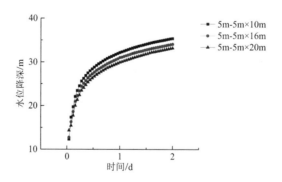

图 6-48　5m-5m 井距梅花形布置水位降深

5m-5m 梅花形井位布置水位降深表　　　　表 6-19

第一排距中线距离/m	第二排距第一排距离/m	井距/m	最大水位降深/m	前期水位降深速度/(m/h)	后期水位降深速度/(m/h)	平均水位降深速度/(m/h)
5m	5m	10m	35.4	4.09	0.25	0.74
		16m	34.1	3.89	0.26	0.71
		20m	33.18	3.73	0.26	0.69

通过数值模拟得到在采用第一排井距隧道中线 5m,第二排井距隧道中线 10m,并改变第二排井距 10m、16m、20m 的方案得到水位降深曲线图,由曲线图可知:

(1)在两侧井位到隧道中线距离相同情况下,井距越大,其水位降深越大。井距最大为 20m 时，其最大水位降深为 33.18m，井距最小为 10m 时，其最大水位降深为 35.4m。

（2）抽水开始 6h 水位降深趋于稳定状态，此阶段的水位下降速度与井距呈负相关，井距越大，水位降深速度越小。井距最小的布置方式，前期水位降深速度约为 4.09m/h，井距最大的布置方式，前期水位降深速度约为 3.73m/h。整体看，水位降深速度规律与前期水位降深规律相近，而抽水稳定后，三种井距布置方式的水位降深速度相近。与同距离直线形井位布置相比，梅花形井位布置水位降深曲线更平滑，说明梅花形布置井位抽水连续性更强，水位降深更稳定。

4）5m-8m×10m 井位布置

保持第一排井位距隧道中线距离为 5m 不变，增大第二排井位到第一排井位距离为 8m，改变井距 10m、16m、20m，研究该种梅花形井位布置方式的水位变化规律。不同排井与井之间错位中线位置对齐，井位布置图如图 6-49 所示，水位降深如图 6-50 所示。

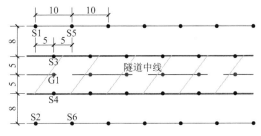

图 6-49　5m-8m×10m 井位布置图

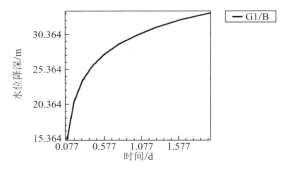

图 6-50　5m-8m×10m 水位降深曲线图

通过以上图可知，采用 5m-8m×10m 梅花形井位布置，隧洞中线位置最大降深为 33.42m。

5）5m-8m×16m 井位布置

两侧井第一排距隧道中线距离为 5m，第二排井距第一排井距离为 8m，井位在前一排中点处，同一排井与井距离为 16m，井位布置图如图 6-51 所示，水位降深如图 6-52 所示。

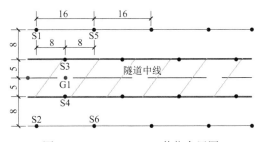

图 6-51　5m-8m×16m 井位布置图

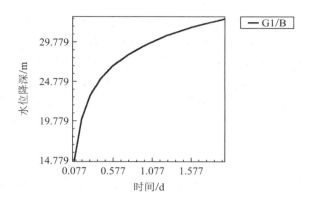

图 6-52　5m-8m×16m 水位降深曲线图

通过图 6-51、图 6-52 可知，采用 5m-8m×16m 梅花形井位布置，隧洞中线位置最大降深为 32.71m。

6）5m-8m×20m 井位布置

两侧井第一排距隧道中线距离为 5m，第二排井距第一排井距离为 8m，井位在前一排中点处，同一排井与井距离为 20m，井位布置图如图 6-53 所示，水位降深如图 6-54 所示。

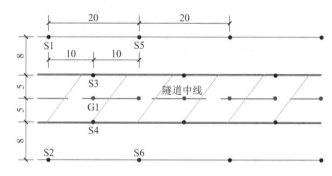

图 6-53　5m-8m×20m 井位布置图

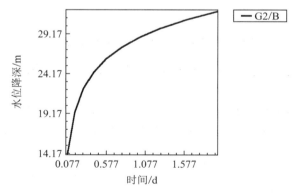

图 6-54　5m-8m×20m 水位降深曲线

通过图 6-53、图 6-54 可知，采用 5m-8m×20m 梅花形井位布置，隧洞中线位置最大降深为 31.98m。

通过定流量、定抽水时长，在固定井的距离为 8m 的基础上，通过抽水模拟试验可得到以下水位降深变化曲线（图 6-55）和水位情况（表 6-20）。

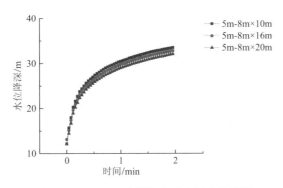

图 6-55　5m-20m 井距梅花形布置水位降深

5m-8m 梅花形井位布置水位降深表　　　　　　　　　表 6-20

第一排距中线 距离/m	第二排距第一排 距离/m	井距/m	最大水位 降深/m	前期水位降深 速度/（m/h）	后期水位降深 速度/（m/h）	平均水位降深 速度/（m/h）
		10	33.42	3.77	0.26	0.69
5	8	16	32.71	3.65	0.26	0.68
		20	31.98	3.53	0.26	0.66

通过数值模拟得到在采用第一排井距隧道中线 5m，第二排井距隧道中线 16m，并改变第二排井距 10m、16m、20m 的方案得到水位降深曲线图，由曲线图可知：

（1）隧道中心线的水位降深与两侧井距的增大而减小。井距最大的布置方式，隧道中线水位最大降深为 31.98m，井距最小的布置方式，隧道中线水位最大降深为 33.42m。

（2）水位降深变化趋势接近，井距最大布置方式抽水前 6h 水位下降速度约为 3.77m/h，而井距最小布置方式抽水前 6h 水位下降速度约为 3.53m/h，相差仅为 0.24m/h。而抽水稳定后三种井位布置方式的水位降深速度均在 0.26m/h，故整个抽水过程的水位降深速度接近。

7）8m-5m × 10m 井位布置

增大第一排井位距隧道中线距离为 8m，设置第二排井位到第一排井位距离为 5m，改变井距 10m、16m、20m，研究该种梅花形井位布置方式的水位变化规律。不同排井与井之间错位中线位置对齐，8m-5m × 10m 井位布置图如图 6-56 所示，水位降深如图 6-57 所示。

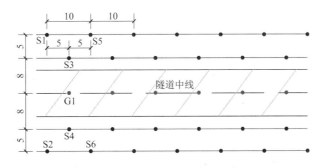

图 6-56　8m-5m × 10m 井位布置图

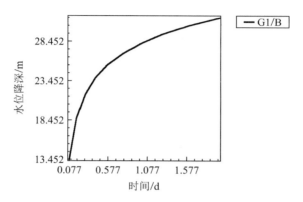

图 6-57　8m-5m×10m 水位降深曲线图

通过图 6-56、图 6-57 可知，采用 8m-5m×10m 梅花形井位布置，隧洞中线位置最大降深为 31.44m。

8）8m-5m×16m 井位布置

两侧井第一排距隧道中线距离为 8m，第二排井距第一排井距离为 5m，井位在前一排中点处，同一排井与井距离增大为 16m，井位布置图如图 6-58 所示，水位降深如图 6-59 所示。

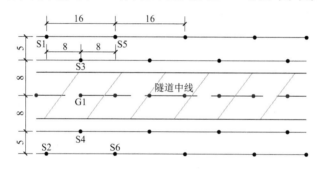

图 6-58　8m-5m×16m 井位布置图

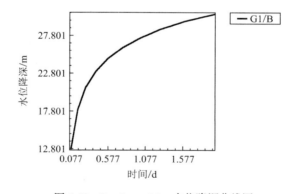

图 6-59　8m-5m×16m 水位降深曲线图

通过以上图 6-58、图 6-59 可知，采用 8m-5m×16m 梅花形井位布置，隧洞中线位置最大降深为 30.63m。

9）8m-5m×20m 井位布置

两侧井第一排距隧道中线距离为 8m，第二排井距第一排井距离为 5m，井位在前一排中点处，同一排井与井距离继续增大为 20m，井位布置图如图 6-60 所示，水位降深如图 6-61 所示。

通过图 6-60、图 6-61 可知，采用 8m-5m × 16m 梅花形井位布置，隧洞中线位置最大降深为 29.86m。

通过定流量、定抽水时长，在固定井的第一排井距隧道中线距离为 8m、第二排井距第一排井距 5m 的基础上，通过改变井与井之间距离抽水模拟试验可得到以下水位降深变化曲线（图 6-62）和水位情况（表 6-21）。

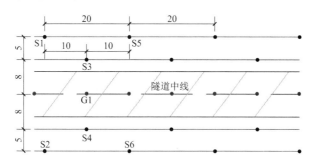

图 6-60　8m-5m × 20m 井位布置图

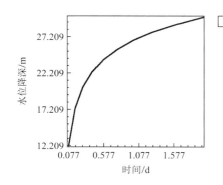

图 6-61　8m-5m × 20m 水位降深曲线图

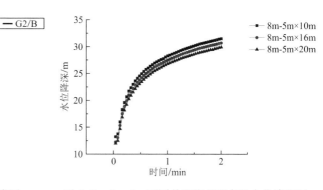

图 6-62　8m-5m 不同井距梅花形布置水位降深图

| 8m-5m 不同井距梅花形布置水位降深表 | | | | | | 表 6-21 |
第一排距中线距离/m	第二排距第一排距离/m	井距/m	最大水位降深/m	前期水位降深速度/（m/h）	后期水位降深速度/（m/h）	平均水位降深速度/（m/h）
8	5	10	31.44	3.43	0.25	0.65
		16	30.63	3.31	0.25	0.64
		20	29.86	3.19	0.25	0.62

此组模拟采用在隧道两侧梅花形布置，第一排井距隧道中线距离 8m，第二排井距第一排井距离 5m，井与井之间距离分别为 10m、16m、20m，通过定流量 80m³/d，持续抽水 2d，由上述数据和图 6-62 分析可知：

（1）在井位相同的情况下，水位降深随井距的增大而减小。井距最大的布置方式，最大水位降深为 29.86m，井距最小的布置方式，最大水位降深为 31.44m。

（2）抽水开始前 6h，水位降深速度随井距的增大而减小，井距最大的布置方式，水位降深速度约为 3.19m/h，井距最小的布置方式，水位降深速度约为 3.43m/h，抽水稳定后的水位降深速度接近，整体水位下降速度也接近。

10）8m-8m×10m 井位布置

保持第一排井位距隧道中线距离为 8m，增大第二排井位到第一排井位距离为 8m，改变井距 10m、16m、20m，研究该种梅花形井位布置方式的水位变化规律。不同排井与井之间错位中线位置对齐，8m-8m×10m 井位布置图如图 6-63 所示，水位降深如图 6-64 所示。

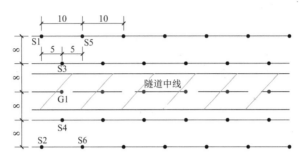

图 6-63　8m-8m×10m 井位布置图

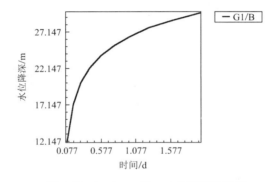

图 6-64　8m-8m×10m 水位降深曲线图

通过图 6-63、图 6-64 可知，采用 8m-8m×10m 梅花形井位布置，隧洞中线位置最大降深为 29.75m。

11）8m-8m×16m 井位布置

保持第一排井位距隧道中线距离为 8m、第二排井位到第一排井位距离为 8m，增加井距为 16m，研究该种梅花形井位布置方式的水位变化规律。不同排井与井之间错位中线位置对齐，井位布置图如图 6-65 所示，水位降深如图 6-66 所示。

通过图 6-65、图 6-66 可知，采用 8m-8m×16m 梅花形井位布置，隧洞中线位置最大降深为 29.36m。

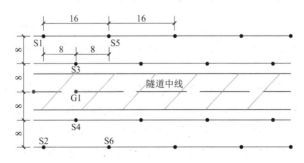

图 6-65　8m-8m×16m 井位布置图

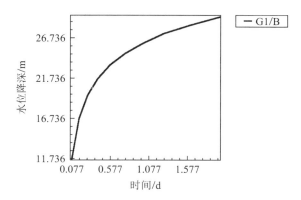

图 6-66　8m-8m×16m 水位降深曲线图

12）8m-8m×20m 井位布置

保持第一排井位距隧道中线距离为 8m、第二排井位到第一排井位距离为 8m，增加井距为 20m，研究该种梅花形井位布置方式的水位变化规律。不同排井与井之间错位中线位置对齐，井位布置图如图 6-67 所示，水位降深如图 6-68 所示。

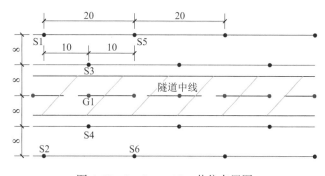

图 6-67　8m-8m×20m 井位布置图

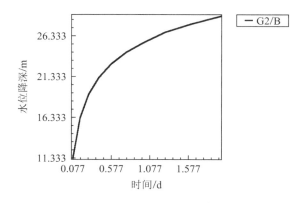

图 6-68　8m-8m×20m 水位降深曲线图

通过图 6-67、图 6-68 可知，采用 8m-8m×20m 梅花形井位布置，隧洞中线位置最大降深为 28.8m。

通过定流量、定抽水时长，在固定井的第一排井距隧道中线距离为 8m、第二排井距第一排井距 8m 的基础上，通过改变井与井之间距离抽水模拟试验可得到以下水位降深变化曲线（图 6-69）和水位情况（表 6-22）。

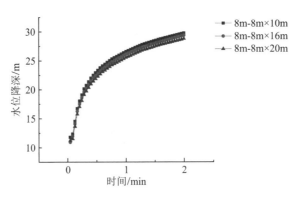

图 6-69　8m-8m 不同井距梅花形布置水位降深

8m-8m 不同井距梅花形布置水位降深表　　　　表 6-22

第一排距中线距离/m	第二排距第一排距离/m	井距/m	最大水位降深/m	前期水位降深速度/（m/h）	后期水位降深速度/（m/h）	平均水位降深速度/（m/h）
8	8	10	29.75	3.18	0.25	0.62
		16	29.36	3.1	0.25	0.61
		20	28.8	3.02	0.25	0.6

采用隧道两侧第一排井距隧道中线 8m，第二排井距第一排井 8m 的井位布置方式，井间距分别控制为 10m、16m、20m，通过额定流量为 80m³/h 的抽水泵持续抽水 2d，得到以上水位变化曲线，由模拟结果可知：

（1）隧道中心水位降深速度随井位距离的增大而减小。井距最小的布置方式，隧道中线位置水位降深约为 29.75m，井距最大的布置方式，隧道中线位置水位降深约为 28.8m。

（2）抽水前 6h 水位下降速度较快，井距 10m 布置时，前期水位降深速度约为 3.18m/h，后期水位降深速度约为 0.25m/h，差值在 10 倍以上。前期抽水时，井距越大，前期抽水水位下降速度越小，但差值不大，在 0.02m/h 以内，整个抽水过程该距离井位布置，平均水位降深速度接近。

通过改变常用管井（深井）井位梅花形布置的井距，研究在改变两排井之间的距离或井与井之间距离对隧道中线处水位降深的影响规律，通过数值模拟得到以下结果（表 6-23）。

梅花形井位布置水位降深表　　　　表 6-23

第一排距中线距离/m	第二排距第一排距离/m	井距/m	最大水位降深/m	前期水位降深速度/（m/h）	后期水位降深速度/（m/h）	平均水位降深速度/（m/h）
5	5	10	35.4	4.09	0.25	0.74
		16	34.1	3.89	0.26	0.71
		20	33.18	3.73	0.26	0.69
5	8	10	33.42	3.77	0.26	0.69
		16	32.71	3.65	0.26	0.68
		20	31.98	3.53	0.26	0.66

第一排距中线距离/m	第二排距第一排距离/m	井距/m	最大水位降深/m	前期水位降深速度/（m/h）	后期水位降深速度/（m/h）	平均水位降深速度/（m/h）
8	5	10	31.44	3.43	0.25	0.65
		16	30.63	3.31	0.25	0.64
		20	29.86	3.19	0.25	0.62
8	8	10	29.75	3.18	0.25	0.62
		16	29.36	3.1	0.25	0.61
		20	28.8	3.02	0.25	0.6

通过分析梅花形井位布置方式数值模拟结果可得到以下结论：

（1）两排井位近距离相同的情况下，井距越大，隧道中线水位降深越小，且随着井位的增大，水位降深影响程度减小。当采用第一排井距隧道中线 5m，第二排井距第一排井 5m 方式布置井时，最大水位降深与最小水位降深相差 2.22m，而采用第一排井距隧道中线 8m，第二排井距第一排井 8m 方式布置井时，最大水位降深与最小水位降深相差仅 0.95m。

（2）在井与井距相同情况下，第一道井位置距离隧道越近对隧道中线上水位的影响越明显。第二道井距隧道中线位置为 13m，当采用第一道井位距隧道中线 5m，第二道井位距第一道井位 8m 方式布置，井距 10m 时隧道中线水位最大降深在 33.42m，而采用第一道井位距隧道中线 8m，第二道井位距第一道井位 5m 方式布置，井距 10m 时隧道中线水位最大降深在 31.44m，相差接近 2m。

（3）随着井距的增大，整个抽水过程井与井之间的距离对平均水位下降速度的影响逐渐减小。当采用第一道井位距隧道中线 5m，第二道井位距第一道井位 5m 方式布置时，井距 10m 时隧道中线水位平均下降速度为 0.74m/h，井距 20m 时隧道中线水位平均下降速度为 0.69m/h，速度相差 0.05m/h，三种井位布置方式，对应平均水位下降速度差值为 0.03m/h、0.02m/h；当采用第一道井位距隧道中线 8m，第二道井位距第一道井位 8m 方式布置时，井距 5m 时隧道中线水位平均下降速度为 0.62m/h，井距 20m 时隧道中线水位平均下降速度为 0.6m/h，速度相差 0.02m/h，三种井位布置方式，对应平均水位下降速度差值为 0.01m/h。

（4）与直线形井位布置方式相比，梅花形布置水位下降速度平稳，中心降深效果明显，影响范围集中，但需要比直线形多布置一排井，增加井的数量。

6.3　高水压卵石层泥水盾构隧道滚动降水研究

依托小浪底引黄工程高水压卵石层泥水盾构隧道现场试验得到的地层参数建立的三维地层模型和井位比选得到的在该地层较适用的降水井位、井距布置方式，本章针对高水压卵石层"滚动降水＋盾构"的组合工法原理和方案进行研究，制定高水压卵石层"滚动降水＋盾构"的组合施工方案，并通过三维有限差分软件进行数值模拟，验证滚动降水工法的可行性与适应性。

1. 高水压卵石层盾构隧道滚动降水原理

结合盾构机的优势，将高水压卵石层水压控制在较低水平，并且防止全线降水造成地下水的大范围波动，采用只在掘进区域进行降水的方式，实现盾构机对地层的双向适应性，并且保证施工的影响达到最小、最优效果，其原理如图 6-70 所示。

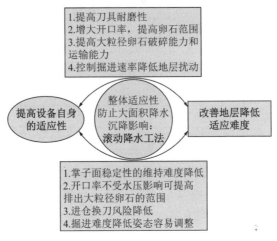

图 6-70　滚动降水法原理图

2. 施工工艺流程

在明确滚动降水的原理之后，要进行施工的方案制定，高水压卵石层的滚动降水主要涉及盾构和降水两个部分，而且这两个部分是一个整体不是独立存在的，只针对盾构机，则洞外降水变成辅助工法，就会出现滞后性，无法及时满足掘进状态下的盾构机水控制要求；而只谈隧道降水，对于盾构隧道的降水范围大，会造成不必要的抽水，导致地下水大范围下降引起地面沉降，故两者需结合配套施工，其施工工艺如图 6-71 所示。

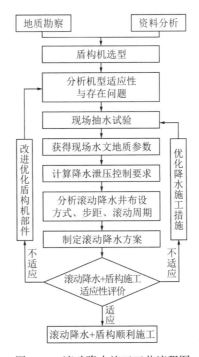

图 6-71　滚动降水施工工艺流程图

3. 滚动降水方案设计与数值模拟

根据上一章采用直线形井位布置和梅花形井位布置，对不同井距的降水数值模拟，得到的水位影响范围和水位下降的速度，结合现场施工要求，盾构段在典型预换刀地区要求水位埋深控制在隧道底（标高 482.8m）以上 15m 范围内（标高 497.8m），水位降深要求在 60m 以上，现场以盾构机为主体，一个试验区域整体考虑范围为 110m，"禹王号"盾构机前盾 3.95m，中盾 11.92m，盾尾 3.23m，盾体长 18.37m，故一个降水区域长度取 20m，根据第 2 章选型确定的海瑞克"禹王号"盾构机的掘进速度约为 5m/d，由于在典型地层考虑到卵石和水压影响施工进度和突发因素，掘进速度预设为 2m/d。考虑通过分阶段开启区域降水井，跟随盾构机掘进前进，减少降水范围，提高降水效果。

4. 直线形井位布置滚动降水模拟

根据直线形降水井位布置方案的对比分析，在 110m 一个降水单位内，采用 5m×16m 的直线形井位布置，一个降水阶段取 20m 同时开启两侧 5 排井，观测井每 5m 对应布置一口，降水井的参数如表 6-24 所示，降水井布置如图 6-72 所示，降水井开启步骤如表 6-25 所示。

直线形滚动降水井情况表　　　　　　　　　　　　　　　　表 6-24

井数/口	井与井间隔/m	井距中线距离/m	抽水量/（m³/h）	滤管位置/m
46	5	8	80	467～486

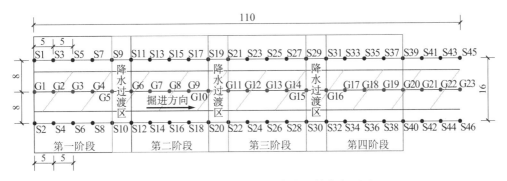

图 6-72　5m×16m 滚动降水直线形井位布置图

直线形井位布置滚动降水开启顺序　　　　　　　　　　　　表 6-25

降水阶段	开启时间	开启井号
第一阶段	0～15d	S1～S10
第二阶段	15～30d	S11～S20
第三阶段	30～45d	S21～S30
第四阶段	45～60d	S31～S40

以校正好的三维模型为基础，对上述直线形滚动降水进行模拟，其各阶段水位降深图和曲线如下：

第一阶段 0～15d，开启隧道两侧 5 排 S1～S10 共 10 口降水井，水位降深如图 6-73、图 6-74 所示。

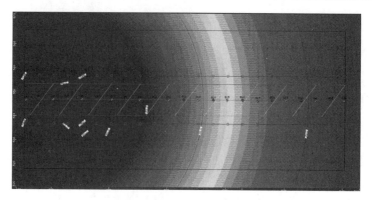

图 6-73　直线形井位布置第一阶段滚动降水降深平面图

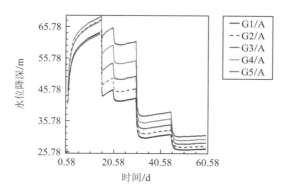

图 6-74　直线形井位布置第一阶段滚动降水降深曲线图

由图 6-73、图 6-74 可知，第一阶段的滚动降水，抽水 4d 时，本试验区第一口观测井 G1 水位降深达到 60m，满足高水压卵石层盾构的泄压降深要求，并在本阶段降水结束时水位降深维持在 60m 以上。根据井位距离设定 G1-G5 总长 20m，保证盾构在掘进过程掌子面、进仓作业面、盾尾密封式中处于控制降深内，以预设盾构掘进最小速度 2m/d，盾构穿越第一降水阶段需 10d，而第一阶段抽水各观测井控制水位维持时间如表 6-26 所示。

第一阶段抽水各观测井控制水位维持时间　　　　　　　　表 6-26

观测井位	G1	G2	G3	G4	G5
控制水位持续时间/d	8~15	7~15	7~15	3~15	7~20
阶段降深高度范围/m	60~63.95	60~67.72	60~68.86	60~67.43	60~63.42
平均水位降深速度/（m/h）	0.027	0.04	0.046	0.044	0.047

由表 6-26 可知，第一口观测井在抽水 4d 后隧道中线水位降深达到控制要求，即在盾构机刚开始从始发端开始掘进时，需对高水压掘进前段进行提前抽水以控制水压，并将后续各阶段抽水周期控制在 15d；在第一观测井掘进面达到降深要求时，可将群井看成一口大井抽水，直线形井位布置距离区域中心降深最大也最快，可知后续 G2、G3、G4 相对位置处于 5 口群井的中心位置，因此在抽水后第 2d 即达到控制降深位置，并且 G3 水位降深最大达到 68.86m；G5 作为群井降水边缘井，也是盾构掘进第一阶段最后一个掘进面位置井，在第 7d 达到控制降深位置，而 G4 距离 G1 的距离为 15m，盾构机最快速度掘进达到 G5 位置需要 7.5d，一次 G5 位置的降深依然满足第一阶段掘进对水位降深的控制要求；由

于后续阶段抽水，第一降水阶段区域内水位恢复大致呈阶梯状逐渐恢复，由于降水过渡的影响，故考虑滚动过程两个降水阶段抽水叠加 1d 以保证过渡区水位降深控制要求，故在第一阶段停抽后水位恢复有短暂反弹现象。

第二阶段 15～30d，开启隧道两侧 5 排 S11～S20，共 10 口降水井，水位降深如图 6-75、图 6-76 所示。

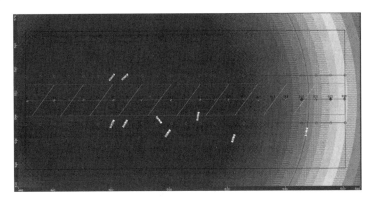

图 6-75　直线形井位布置第二阶段滚动降水降深平面图

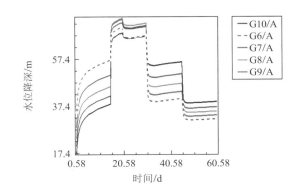

图 6-76　直线形井位布置第二阶段滚动降水降深曲线图

由以上两幅图（图 6-75、图 6-76）可知：由于土的渗透性和贮水率影响，在一个区抽水时，相邻区域地下水位会受到影响，并需要一定的时间才能恢复，并且两个降水阶段试验相邻井位仅为 5m，故第二阶段抽水开启仅需在第一阶段结束抽水前一天开始即可，而各观测井的具体控制水位降深维持情况见表 6-27。

第二阶段抽水各观测井控制水位维持时间　　　　　　　　表 6-27

观测井位	G6	G7	G8	G9	G10
控制水位持续时间/d	18～30	18～30	18～30	18～30	18～30
阶段降深高度范围/m	60～66.7	61～71.65	60～72	60～71.3	60～67
平均水位降深速度/（m/h）	0.0186	0.029	0.033	0.0313	0.019

根据图 6-75、图 6-76 和表 6-27 可知：随着第一阶段抽水结束，为保证降水过渡区的水位降深控制要求，第二阶段第一排两口井在第一阶段抽水结束前一天打开，保证降水过渡区水位处于稳定控制位置；整个第二阶段降水 5 口观测井的水位降深均在 60m 以上满足

要求，且在两个阶段叠加抽水过渡区水位在 61.41～67.36m，满足滚动要求；由于群井抽水的边界影响效应，在第一阶段抽水 15d 再进行第二阶段抽水时，第二阶段水位下降较第一阶段有更大幅度，区域中心位置观测井最大水位降深达到 72m，水位下降速度最大为 0.071m/h。

第三阶段 30～45d，开启隧道两侧 5 排 S21～S30，共 10 口降水井，水位降深如图 6-77、图 6-78 所示。

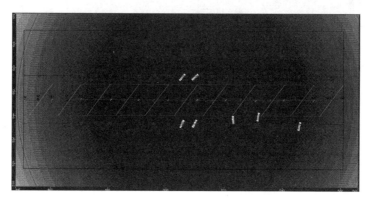

图 6-77　直线形井位布置第三阶段滚动降水降深平面图

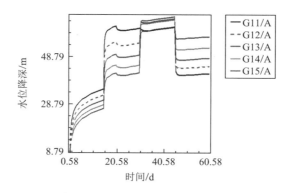

图 6-78　直线形井位布置第三阶段滚动降水降深曲线图

根据前两个阶段的降深情况，对于滚动降水关键区域即降水过渡区依然采用叠加 1d 抽水的方案，由降深平面图可知滚动降水第三阶段整体水位降深均在控制要求范围内，各观测井具体水位降深控制情况见表 6-28。

<table>
<tr><td colspan="6" style="text-align:center">第三阶段抽水各观测井控制水位维持时间　　　　　　　　　　表 6-28</td></tr>
<tr><th>观测井位</th><th>G11</th><th>G12</th><th>G13</th><th>G14</th><th>G15</th></tr>
<tr><td>控制水位持续时间/d</td><td>30～45</td><td>30～45</td><td>30～45</td><td>30～45</td><td>30～45</td></tr>
<tr><td>控制降深高度范围/m</td><td>60.8～61.35</td><td>63.7～64.8</td><td>68～65.7</td><td>62.23～64.5</td><td>60～61.45</td></tr>
<tr><td>平均水位降深速度/（m/h）</td><td>0.0024</td><td>0.0044</td><td>0.0047</td><td>0.0063</td><td>0.004</td></tr>
</table>

第二阶段降水结束后，叠加 1d 即在第二阶段结束抽水前一天同时开启第三阶段 5 排抽水井，由上表可知，第三阶段整个抽水过程区域内水位降深都在控制要求范围内；降水过渡区在第二阶段停抽前一天即第三阶段开始抽水时，叠加时间过渡区观测井水位 60.06～

67.08m，说明降水过渡区在两阶段滚动过程中地下水位始终处于控制降深位置；整个降水区域看，区域中心位置水位降深最大达到 65.7m，在整个第三阶段降水过程中，各观测井的水位降深都控制在 60m 以上，并且最大的水位降深变化幅度为 1.7m，说明此过程中水位控制较为稳定。

第四阶段 45～60d，开启隧道两侧 5 排 S31～S40，共 10 口降水井，水位降深如图 6-79、图 6-80 所示。

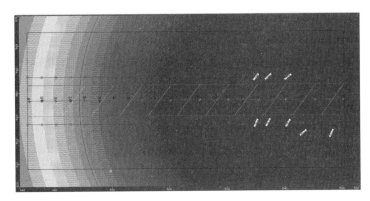

图 6-79　直线形井位布置第四阶段滚动降水降深平面图

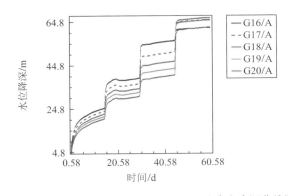

图 6-80　直线形井位布置第四阶段滚动降水降深曲线图

第四阶段的抽水井开启顺序依然采用前三个阶段的叠加 1d 的方式，在此过程中，降水过渡区的水位降深在 61m，满足滚动降水过渡区控制要求，第三阶段区域为试验段降深中心，各观测井水位降深情况见表 6-29。

第四阶段抽水各观测井控制水位维持时间　　　　表 6-29

观测井位	G16	G17	G18	G19	G20
控制水位持续时间/d	48～60	48～60	48～60	48～60	48～60
控制降深高度范围/m	61.03～62.51	62.98～66.05	68～66.94	62.67～65.9	60～62.55
平均水位降深速度/（m/h）	0.0041	0.0085	0.0081	0.0091	0.007

由图 6-79、图 6-80 和表 6-29 可知：在盾构掘进到第四降水阶段时，区域内各观测井的水位降深均在控制范围以内，区域中心位置水位降深最大达到 66.94m；由于受到邻近范围内抽水影响，作为试验段最后一个阶段的滚动降水区域，其区域内水位降深呈现阶梯状

变化，并且随着降水位置的靠近，影响越来越明显，在第一区域抽水时，第四阶段第一口隧道中线位置观测井 G16 水位降深至 25.39m，在盾构机掘进到第三区域开始抽水时，周期内 G16 水位降深变化至 56m。

通过以上四个阶段的滚动开启抽水的模式模拟滚动降水，并进行持续抽水水位降深稳定观测，见图 6-81。

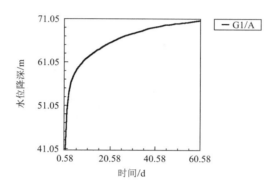

图 6-81　直线形井位布置持续抽水水位降深图

从模拟的曲线和结果可得到以下结论：

（1）采用隧道两侧直线形井位布置，井与井之间距离 5m，井与隧道中线距离 8m 的布置方式，一个降水阶段区域控制为 20m，共开启 5 排 10 口井进行抽水，由于第一个阶段为盾构始发区，地下水需从静止水位开始下降，因此第一阶段第一排井需提前抽水 4d 才能将始发区第一个掘进段水位降到 60m 以下。

（2）由于第一阶段群井降水，可将其视为一口大井抽水，区域中心位置的水位降深速度和水位降深程度都是最大的，这在后续三个阶段也得到了印证，但是由于第一阶段为始发区，所以区域内两侧的水位降深速度较慢，作为该阶段最后掘进区域 G5 的水位降深在 60～63.42m。

（3）在相邻两个阶段抽水交替开启降水时，降水过渡区域时控制的重点，为避免两个阶段抽水井开启时差造成水位恢复，采用阶段降水叠加一排井，增抽 1d 的方式，结果表明叠加的方式在此模型中能够确保降水过渡区的水位降深在 60～67.36m，满足水位降深要求。

（4）通过不同阶段水位降深平面图可清晰看到，随着盾构机向前掘进，降水井分阶段一次开启和关闭，中心降深区域也在随着向前滚动，实现了高水压盾构隧道滚动降水的工法。

（5）由各阶段水位降深曲线图可以看出，在第一阶段抽水时，水位降深曲线呈抛物线形状，并在第一阶段结束前 1d 由于第二阶段叠加开井造成水位时产生短暂反弹，第二阶段作为第一阶段直接降水边界影响和阶段抽水影响，水位降深变化幅度较大，水位降深变化最大差值达到 11.3m，水位最大降深范围较其他三个阶段也更大，是四个阶段中水位降深变化最大的阶段，而受到前面阶段的叠加降水影响，第三个阶段和第四个阶段在滚动抽水时，水位降深变化趋于稳定，降深控制也在大于 60m 要求范围以上，这也表明由于初始水位抽水和初始相邻区域抽水影响，滚动降水的水位降深起伏激烈期主要在前两个阶段，需保证前两个阶段的降水效果。

（6）此次滚动降水采用模拟盾构机最低掘进速度进行预测，而从各阶段的控制水位持续时间看，第二、三、四阶段均处于全周期满足水位降深要求条件下，对于一个降水阶段20m内，满足盾构机预测最大掘进速度5m/d，最小掘进速度2m/d的要求。对于第一降水阶段，在满足始发面降深时，阶段结束面还需3d才能满足降深要求，而始发面距结束面20m，盾构机以最快速度掘进需要4d才能到达，因此也符合实际要求。

（7）盾构机的实际掘进速度受掘进地层环境等各方面因素影响，以最快掘进速度贯通整个工程的情况少，多数会因换刀、孤石、漂石处理、姿态调整等原因降低掘进速度，遇到更换刀具则需要停机操作。根据第一阶段的持续60d抽水曲线可知，持续抽水4d后，水位降深达到60m，并且在以后54d时间里以大约0.2m/d的速度继续缓慢下降，即若不继续进行下一阶段叠加开启井进行往前滚动，该阶段水位降深能长时间稳定在要求降深范围，且不出现大的流量变化造成地面沉降，因此，当遇到盾构机卡刀盘或者进仓换刀需在某阶段停留较长时间时，需将该阶段抽水时间延长，而后续滚动降水只需按照降水过渡区的叠加时间顺延即可。

5. 梅花形井位布置滚动降水模拟

根据降水方案比选，梅花形井位布置采用缩小第一排井距隧道中线的方式，即降水井位布置采用第一排井距隧道中线6m，第二排井距第一排井5m，井与井之间距离10m，两排井错位布置中点位置对齐，具体井位布置详情见图6-82。梅花形滚动降水滤管及抽水量也做出相应调整，具体见表6-30。

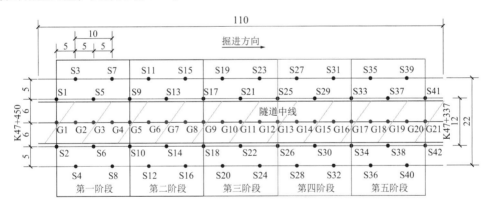

图6-82　6m-5m×10m滚动降水梅花形井位布置图

梅花形滚动降水井情况表　　　　表6-30

井数/口	第一排井距中线距离/m	第二排井距第一排井距离/m	同一排井与井间距/m	抽水量/(m³/h)	滤管位置/m
42	6	5	10	90	460～488

根据前期模拟结果看，梅花形井位布置降水控制效果更加稳定，且由于两排井位采用错位布置形式，降水影响区域互有重叠，因此采用梅花形井位布置进行滚动降水时，不使用直线形井位布置时的降水过渡区，一个降水阶段依然采用20m距离，整个试验范围选110m，共5个滚动降水阶段，依次开启各阶段降水井，具体开启顺序见表6-31。

梅花形井位布置滚动降水开启顺序　表 6-31

降水阶段	开启时间	开启井号
第一阶段	0～15d	S1～S10
第二阶段	15～30d	S11～S18
第三阶段	30～45d	S19～S26
第四阶段	45～60d	S27～S34
第五阶段	60～75d	S35～S42

以上一节校正好的三维模型为基础，对上述梅花形滚动降水进行模拟，其各阶段水位降深图和曲线如下：

第一阶段 0～15d，开启隧道两侧 4 排降水井 S1～S10 共 10 口降水井进行抽水，水位降深如图 6-83、图 6-84 所示。

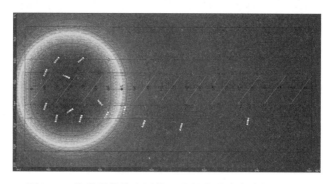

图 6-83　梅花形井位布置第一阶段滚动降水降深平面图

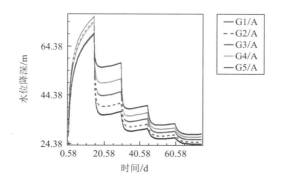

图 6-84　梅花形井位布置第一阶段滚动降水降深曲线图

由于梅花形井位布置降深最大处位于区域中心，故第一个试验段第一个降水阶段的始发位置井的水位降深要满足控制要求水位下降 60m，需进行前期抽水工作，在水位到达控制水位高度后再进行掘进作业，具体各掘进面第一阶段水位降深情况见表 6-32。

第一阶段抽水各观测井控制水位维持时间　表 6-32

观测井位	G1	G2	G3	G4	G5
控制水位持续时间/d	8～15	8～15	3～15	8～15	6～16
阶段降深高度范围/m	60～69.8	60～74.73	60～76.74	60～74.07	60～69.43
平均水位降深速度/（m/h）	0.04	0.055	0.058	0.053	0.039

由以图 6-83、图 6-84 和表 6-32 可知：采用梅花形井位布置进行滚动降水模拟，第一个降水阶段的水位降深由于是刚开始抽水，水位较高，因此第一个掘进面的水位需要持续抽水 5d 后达到水位控制要求，故在第 5 天开始掘进施工，后续 G2、G3、G4 位置的水位降深时间和下降要求均能满足控制要求，对于本阶段最后一个掘进位置，G5 位置的水位降深尽管在第 6 天达到要求位置，但是满足始发位置水位降深时已至少进行 5d 持续抽水，而一个降水阶段区域距离为 20m，最快也需要 4d 才能掘进到位，因此 G5 位置的水位降深依然满足滚动水要求。

第二阶段开启时间为 15～30d，将区域内 S11～S18 抽水井均打开同时开始抽水。由第一阶段最后掘进面 G5 的观测曲线可知，G5 位置的水位控制在第二阶段开始抽水后第 16 天依然满足要求，即在第二阶段开始抽水时，不再出现由于从静止水位开始抽水第一阶段第一掘进面水位下降时间问题，具体第二阶段水位降深情况见图 6-85、图 6-86。

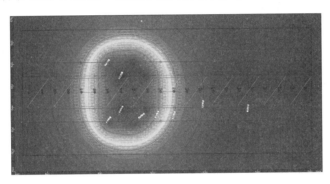

图 6-85　梅花形井位布置第二阶段滚动降水降深平面图

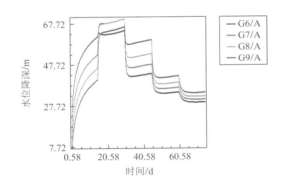

图 6-86　梅花形井位布置第二阶段滚动降水降深曲线图

由图 6-85、图 6-86 可以看出，在滚动降水过程中，由于第一阶段的降水影响，第二阶段的地下水位处于持续下降的趋势，并在开启第二阶段降水井后水位迅速降到控制水位以下，且维持较稳定状态，各观测井的水位降深情况见表 6-33。

第二阶段抽水各观测井控制水位维持时间　　　　　　　　　　　表 6-33

观测井位	G6	G7	G8	G9
控制水位持续时间/d	17～30	18～30	18～30	18～42
阶段降深高度范围/m	60～64.5	63.58～70.15	61.68～70.24	60～66.35
平均水位降深速度/（m/h）	0.0125	0.018	0.023	0.017

由表 6-33 第二阶段降水各观测井水位情况可知，整个第二阶段抽水，各掘进位置均处于控制水位以下，第二阶段第一掘进位置 G6 由于距离第一阶段降水区最近受第一阶段降水影响，其在第 12 天水位降深即满足水位控制要求，这也说明在两个阶段滚动开启降水井时，梅花形布置没有出现直线形井位布置在第一、第二两个降水阶段出现的水位反弹现象，而第二阶段最后掘进面 G9 的控制水位可以持续到该阶段抽水结束后第 42 天，保证了滚动到第三阶段的水位控制要求。

第三阶段在第二阶段抽水结束时即 30~45d 开启井 S19~S26 抽水，第三阶段水位降深见图 6-87、图 6-88。

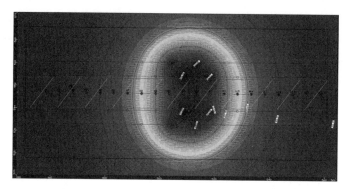

图 6-87　梅花形井位布置第三阶段滚动降水降深平面图

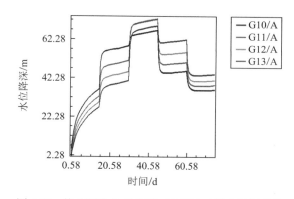

图 6-88　梅花形井位布置第三阶段滚动降水降深曲线图

由图 6-87、图 6-88 可以看出，在第二阶段抽水结束后，受前两个阶段的抽水影响，第三阶段水位处于连续下降趋势，第一阶段抽水时，该阶段由初始水位开始下降水位变化幅度较为明显，第二阶段抽水时，该阶段水位继续下降，但下降速度放缓，直到第三阶段滚动抽水，水位继续明显变化，其水位变化见表 6-34。

<table>
<tr><td colspan="5" align="center">第三阶段抽水各观测井控制水位维持时间</td><td>表 6-34</td></tr>
<tr><td align="center">观测井位</td><td align="center">G10</td><td align="center">G11</td><td align="center">G12</td><td colspan="2" align="center">G13</td></tr>
<tr><td>控制水位持续时间/d</td><td align="center">27~45</td><td align="center">30~45</td><td align="center">30~45</td><td colspan="2" align="center">30~60</td></tr>
<tr><td>阶段降深高度范围/m</td><td align="center">63~66.9</td><td align="center">66.8~72.79</td><td align="center">64.88~72.98</td><td colspan="2" align="center">60~69.39</td></tr>
<tr><td>平均水位降深速度/（m/h）</td><td align="center">0.01</td><td align="center">0.017</td><td align="center">0.022</td><td colspan="2" align="center">0.026</td></tr>
</table>

由图 6-87、图 6-88 和表 6-34 可知，第三阶段整个抽水过程，区域内水位均满足水位控制要求。区域中心位置降深最大，最大降深为 72.98m，其位置水位降深速度也最快为 0.022m/h。第三阶段最后掘进位置 G13 受相邻阶段降水影响，可以在 30～60d 均保持水位降深要求，保证了抽水井滚动向前的阶段交汇处水位控制要求。

第四阶段在第三阶段结束后开启，该区域降水井为 S27～S34，抽水时间控制在 45～60d，该阶段水位降深见图 6-89、图 6-90。

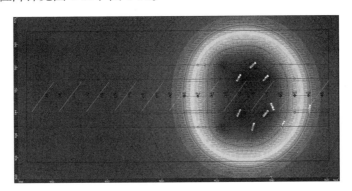

图 6-89　梅花形井位布置第四阶段滚动降水降深平面图

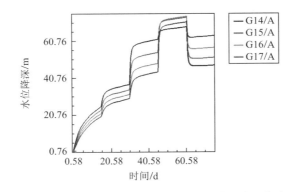

图 6-90　梅花形井位布置第四阶段滚动降水降深曲线图

由上第三阶段水位降深曲线图可看出，受前三个阶段的抽水影响，该阶段的水位也处于阶段性下降趋势，并且随着降水阶段的靠近，该阶段水位降深变化越来越明显，以该区域第一掘进位置 G14 而言，尤其第三阶段抽水开启时，受影响水位最大下降约 24m。在滚动开启第四阶段区域内降水井时，该区域内水位为维持在稳定区间，其具体降深见表 6-35。

第四阶段抽水各观测井控制水位维持时间　表 6-35

观测井位	G14	G15	G16	G17
控制水位持续时间/d	36～60	48～60	48～60	48～75
阶段降深高度范围/m	65.61～68.9	71.31～73.96	71.66～74.6	64.21～71.54
平均水位降深速度/（m/h）	0.009	0.0073	0.0081	0.024

由图 6-89、图 6-90 和表 6-35 可知，在整个第四阶段抽水过程中，该区域水位降深均满足水位控制要求。区域内中心位置水位下降最大，最大降深为 74.6m，该位置水位降深速度也是

最大的，平均最大水位下降速度为0.04m/h。受前面阶段降水影响，该阶段第一掘进面G14在第36d即达到控制降深水位，滚动降水开启降水井过程交汇阶段水位满足控制要求。

第五阶段为本试验区域最后一个滚动降水试验阶段，抽水井S35～S42同时开启在60～75d持续抽水，阶段水位降深见图6-91、图6-92。

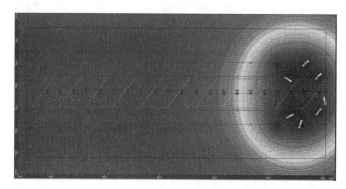

图6-91　梅花形井位布置第五阶段滚动降水降深平面图

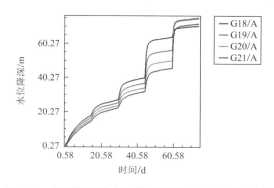

图6-92　梅花形井位布置第五阶段滚动降水降深曲线图

由图6-91、图6-92可知，同样受邻近阶段降水影响，第五阶段抽水前，该区域地下水位处于下降趋势，临近抽水区域间隔较远时，即第一、二、三阶段抽水时，该阶段水位呈缓慢下降趋势，第四阶段抽水开始后，该阶段水位产生较明显变化，在该阶段开启抽水时，水位稳定在控制水位以下，具体各掘进面水位情况见表6-36。

第五阶段抽水各观测井控制水位维持时间　　　表6-36

观测井位	G18	G19	G20	G21
控制水位持续时间/d	48～75	60～75	60～75	60～75
阶段降深高度范围/m	69～70.84	73.29～75.56	72.56～75.3	70.38～72.1
平均水位降深速度/（m/h）	0.005	0.0063	0.0076	0.0048

由以上图6-91、图6-92和表6-36可知，滚动开启降水井到第五阶段，整个阶段水位均处于控制水位以下。该阶段第一掘进位置G18控制水位持续时间在48～75d，能保证滚动降水交汇时水位控制要求。区域内中心位置G20水位降深最大为75.3m，水位降深速度也最大为0.0076m/h。通过分步开启降水井实现梅花形井位布置滚动降水，并且实现整个试验周期内水位控制在要求位置，持续阶段抽水降深见图6-93。

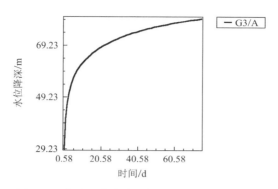

图 6-93　梅花形井位布置持续抽水水位降深曲线图

通过五个阶段的滚动降水水位变化情况可得到以下结论：

（1）在滚动降水始发区即滚动降水开始第一阶段，由于地下水位从静止水位开始，且群井降水区域中间位置降深最大，水位下降速度也最快，位置距离中心位置越远，水位下降越慢，降深相对也越小。因此第一阶段需连续抽水 4d 第一阶段第一掘进面水位降深才能满足水位控制要求，故实际现场抽水时，建议始发区提前进行抽水，或者在始发区加密井位布置。

（2）通过直线形井位布置滚动降水模拟可知，在滚动开启井时，降水阶段有一个过渡区，直线形井位布置采用过渡区叠加井处理，而梅花形井位布置由于其井位交叉布置的特殊性，采用接续开井不设置过渡区，第一阶段与第二阶段滚动开启抽水时，G5 的水位控制水位持续时间为 6～16d，G6 的水位控制时间为 12～30d，受前面阶段抽水影响，第三阶段开启抽水时，该阶段第一掘进面提前 3d 进入控制水位位置，第四阶段开启抽水时，该阶段第一掘进面提前 8d 进入控制水位位置，后续每个阶段均如此且提前时间越来越早，故两个阶段其交汇水位在滚动时均满足水位控制要求。

（3）在第一阶段开始抽水之后，后续阶段地下水位均受到影响，且影响下的水位降深呈阶梯状变化，降水阶段越靠近本阶段，水位影响越明显，以第五阶段为例，第二阶段抽水结束时，本阶段水位变化约为 11.36m，而在第四个阶段抽水结束时，本阶段水位变化约为 21.7m。且当本阶段抽水结束滚动到下一阶段，本阶段的水位恢复也呈阶梯状，并且在后面阶段降水滚动交汇时水位有不大幅度反弹，这也说明在阶段交汇时水位依然处于控制水位以下。

（4）由各阶段水位降深图可以看出，随着滚动开启各阶段降水井，最大降深范围也跟着向前滚动，并且受前一阶段抽水影响，下一阶段降水水位降深图呈 D 形，即滚动到本阶段抽水时，水位降深影响区域偏向上一阶段区域，这也说明了在两个阶段交汇时交汇面水位依然处于控制要求位置。

（5）第一阶段在持续抽水 4d 后到达控制水位要求，并在后续阶段进行该阶段持续抽水后 15d 后地下水位降深速度逐渐放缓，前 15d 地下水位下降速度约为 0.18m/h，后面持续抽水 60d 水位下降速度约为 0.008m/h，水位下降速度稳定，即在滚动降水过程中，如遇极端情况需长时间停机维持开挖面时水位降深，则将该区域内井进行持续抽水即能维持较稳定的控制水位高度，后续滚动在井开启时间上顺延即可。

6.高水压卵石层泥水盾构隧道滚动降水法适应性评价

通过以上小节的模拟可知，通过滚动降水的方式实现盾构掘进过程中水压的控制，并且能够实现仅对盾体区域进行抽水，减少了地表的沉降问题，利用盾构机选型评价指标体系，对小浪底引黄工程泥水盾构隧道采用"滚动降水＋盾构"的施工方式进行适应性评价，其基准变量指标如表6-37所示。

滚动降水小浪底盾构机选型基准变量

表 6-37

一级指标	地层复合程度 X1	水压 X2	地层颗粒粒径 X3	地层颗粒强度 X4	渗透性 X5	地面沉降控制要求 X6
二级指标	软硬复合层 δ（13）	低水压δ（21）	中颗粒δ（32）	硬δ（42）	强δ（53）	严格δ（61）

将以上基准变量代入到盾构选型适应性评价数学模型中得到式(6-5)：

$$\Upsilon = 0.6088 \cdot \delta(1,3) - 0.2023 \cdot \delta(2,1) + 0.4789 \cdot \delta(3,2) +$$
$$0.3059 \cdot \delta(4,3) + 0.2392 \cdot \delta(5,3) - 0.145 \cdot \delta(6,1) = 1.2855 \tag{6-5}$$

根据模型计算结果，对比评价指标表可知，使用"滚动降水＋盾构"的组合施工工法，高水压卵石层泥水盾构的适应性为Ⅱ级别，适应性良好，说明滚动降水的工法在高水压卵石层泥水盾构隧道中的施工优化效果明显。

第 **7** 章

盾构施工智能管控平台

7.1 盾构工程安全风险管理智能决策平台研发

1. 盾构工程安全风险管理系统研发

盾构工程安全风险管理系统通过收集盾构行业内的安全风险源、工程关键工序、安全事故案例、风险应急预案/专项方案等安全风险相关管理知识，进行安全风险管理经验总结，形成盾构安全风险管理知识库，利用知识图谱技术，将不同类型的风险源、应急预案/专项方案、安全事故案例形成一套底层安全风险管理关联知识图谱。通过连接底层安全风险管理关联知识图谱与盾构工程一线施工的进程信息，在施工各关键环节给予前置风险预测，对掘进过程风险给予实时监控，并针对该预警结果提出应对措施。

盾构工程安全风险管理系统各功能主要将大量的安全风险案例数据作为案例知识底层，用于分析实际施工工程案例中遇到的故障预测与诊断以及掘进预警等一线业务问题，以及结合一线专业专家的实践经验，提供一线业务的专家解决策略规则，并应用至盾构工程安全风险管理支持系统。风险管理应用技术构架见图 7-1。

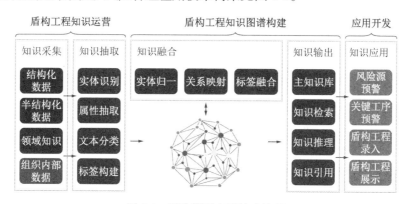

图 7-1 风险管理应用技术构架

尽管城市轨道交通建设行业已经积累了大量的数据资料，但施工现场管理人员在遇到具体的安全问题时，如何能从众多的数据资料中快速、准确地获取所需的知识，至今还缺乏有效的解决途径。为此，王莉提出从知识支持的角度引入人工智能领域的相关技术和方法，并开展了基于知识图谱的安全管理智能知识支持理论模型和方法体系的研究工作。该系统的核心技术以知识图谱技术为基础，依托盾构工程案例数据，其核心价值在于盾构工程案例数据中包含了大量的盾构工程施工安全知识，施工安全知识是盾构施工的重要依据，能较好地与施工作业场景深度融合，从而有效地实现知识在施工过程中各环节中的应用。大数据背景下，为了让知识得到最大化利用，产生了"知识融合"和"知识图谱"等概念。知识融合是将多源异构的分布式知识进行组织提取，以知识需求作为最终目的进行转化融合，并将结果用于相关问题的解决。知识图谱是用结构化的形式描述客观世界中概念、实体及其关系，将互联网的信息表达成更接近人类认知世界的形式，并提供了一种更好地组织、管理和理解互联网海量信息的能力。作为自然语言领域发展的重要成果，知识图谱被视为人工智能的重要基石，其强大的语义处理和开放组织能力，可以更好地实现自然语言类知识和行业场景下业务流程的紧密结合，进而与行业智能化升级紧密联系。经过数十年的信息化建设，很多行业都基本上完成了数据采集与管理使命，为各行业智能化升级与转型奠定了良好的基础。在轨道交通业实现智能化的过程中，迫切需要将行业知识赋予机器，让机器具备一定程度的行业认知能力，以代替人从事简单知识工作，而人则可以运用知识进行更高一级的分析、决策工作。建设基于知识图谱技术的分析系统，沉淀行业知识，实现简单知识工作自动化，能够有效地促进行业的智能化升级。

城市轨道交通安全风险管理支持系统的核心目标是通过收集到的轨道交通行业数据，快速构建知识图谱，并基于构建的知识图谱进行业务分析研判，在平台上完成数据输入、数据到知识的转化、知识应用及应用结果输出这样的一个完整流程。

城市轨道交通安全风险智能管理支持系统包括平台层和应用层两部分。其中，平台层是由大数据、人工智能（ML、NLP、OCR 平台组成）、知识图谱等平台组成的基础平台；应用层则是对数据的构建应用，通过调用不同的基础平台实现对数据的处理。

2. 系统建设过程

该系统在实施建设过程中分为 4 个阶段：

（1）阶段 1：主要进行系统建设前期的数据调研。根据盾构工程风险源和工序预警内容，对收集到的盾构工程案例数据按照图谱设计要求进行结构化清洗，形成结构化内容；对图谱主体数据，包括盾构机、施工方、施工地、事故、工程项目图谱关系等，进行盾构适应性评估、盾构工程建设安全风险事故分析、盾构机适应性评估智能决策支持、盾构工程风险管理智能分析、盾构施工安全风险应急处置决策支持分析等图谱模型构建；通过知识图谱工具产品，实现知识的加工、融合等知识图谱构建功能，同时提供数据资源、图谱等管理模块，完成从数据到知识的整个过程。在构建知识图谱之后，提供基于主知识库的融合搜索、图谱探索等功能。

（2）阶段 2：主要构建风险案例知识库，包括：盾构风险源案例图谱知识库、盾构施工环节风险案例图谱知识库等。以盾构选型适应性知识图谱为底层，依托强大的数据标签能力，实现盾构案例数据赋予多维标签贴合业务分析，完成风险源知识图谱的存储，并基于知识图谱底层提供发散、关联、智能的上层应用功能。以盾构关键工序风险源监测为例，可围绕盾构始发、掘进、接收等具体环节提供风险决策支撑。以盾构过程预警知识图谱为底层，依托过程参数及应对知识库的能力，实现盾构过程预警标签贴合施工场景的分析，包括知识图谱的结构存储，参数和知识库的计算及预警过程。例如，盾构施工中经常遇到体积较大的孤石、漂石，其强度较高且与周围地层特性差异较大，因此常常造成盾构施工换刀工序困难，易引发地层沉陷等安全事故。安全风险图谱知识库的主要内容包括历史案例下风险数据收集及施工过程风险预警反馈，风险源主要包括案例主体信息、关联工程信息、具体事故描述及处治措施和方案等，基于风险数据可构建风险指标体系，另支持更为精准多维的融合搜索，使其能更精准地从海量数据检索出相应结果。

（3）阶段 3：主要进行安全风险管理应用建设。安全风险管理可以辅助决策，其主要功能包括：规则引擎配置、预警提醒通知、决策提醒反馈、智能报告等功能，其详细建设内容包括盾构风险决策模型理论构建、盾构风险决策样例工程决策输出、盾构风险决策规则固化、盾构风险决策页面设计、辅助决策功能建设需求确认、系统页面及功能开发、盾构工程现场实际反馈数据收集，风险反馈学习功能构建等。智能决策报告的主要功能是基于盾构工程数据资源和原始资料（含数据明细）提供报告聚合生成功能，且广泛应用于与案例分析相关的日报、周报、月报、专报等场景，提升了报告撰写、信息收集、现状分析等方面的工作效率。系统内智能报告类型包括：盾构选型适应性评估建议报告（建议、风险等）、智能决策分析报告、历史案例分析报告等。

（4）阶段 4：主要进行系统管理。其内容包括：①图谱配置，是对盾构工程图谱相关的各项信息和参数进行配置；②权限控制和系统对接，主要是完成系统对接接口，以实现页面集成的权限认证设置，确保用户数据的安全；③数据接口，主要完成更多外部数据接入，包括实时数据反馈及线下数据收集导入等。

系统建设前期，应对数据进行调研。根据盾构工程风险源、工序预警内容，对收集到的盾构工程案例数据按照图谱设计要求进行结构化清洗，并形成结构化内容；应用图谱主体数据，包括盾构机、施工方、施工地、事故、工程项目图谱关系等，进行图谱中盾构适应性评估、盾构工程建设安全风险事故分析、盾构机适应性评估智能决策支持、盾构工程风险管理智能分析、盾构施工安全风险应急处置决策支持分析等模型的构建；通过知识图谱工具产品，实现加工、融合等知识图谱构建功能，同时提供数据资源、图谱等管理模块，完成从数据到知识的整个过程。在构建知识图谱之后，基于主知识库可以提供融合搜索、图谱探索等功能。

3. 建立安全风险知识库

基于预判、应急、常见几个维度围绕施工环节、设备常见、应急处置等场景构建安全风险管理决策知识库，最终形成安全风险、传导原因、处置措施等指标体系，对同一风险源在实体下的不同安全表现或安全实体下的不同风险源实现了知识融合，对交叉风险下的不同应急处置措施进行了关联，包括知识图谱的结构存储、面向不同场景的标签分类、支持单一型、组合型、交叉型的知识关联等。

知识库建设过程包含模型构建、数据处理、图谱构建、图谱应用配置等 4 个步骤，最终直接输出盾构安全风险管理图谱知识库。盾构安全风险管理图谱知识库包含安全风险库、应急预案库、法律法规库等，可为下一步安全风险管理辅助决策工具提供图谱及模型基础。

安全风险管理辅助决策工具模块整体流程如图 7-2 所示，对于某个项目，用户参考基本信息和风险源点梳理统计表等材料填写安全风险录入模板并上传至系统。

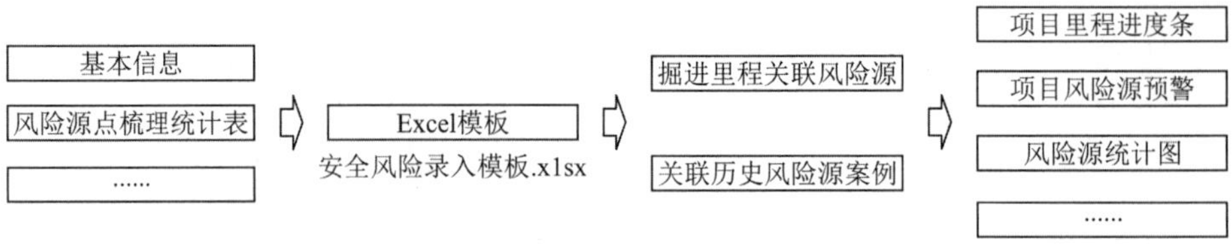

| 基本信息 |
| 风险源点梳理统计表 |
| …… |

⇨

| Excel模板 |
| 安全风险录入模板.x1sx |

⇨

| 掘进里程关联风险源 |
| 关联历史风险源案例 |

⇨

| 项目里程进度条 |
| 项目风险源预警 |
| 风险源统计图 |
| …… |

图 7-2　安全风险流程图

1）安全风险图谱知识库模型构建

安全风险图谱知识库模型主要由工程项目、盾构机、风险源案例、风险源类别、施工工序组成，其中不同的领域之间由线上线下收集来的国内实际安全风险案例进行关联。

2）安全风险图谱知识库模型数据处理

相关图谱领域表见表 7-1～表 7-5。

风险源类别图谱领域表　　　　　　　　　　　　　表 7-1

风险源类别编号	风险源类别	描述
R00100	穿铁路	
R00200	穿江河湖海	
R00300	穿建（构）筑物	
R00400	穿地下管线	
R00500	穿公路	
R00600	既有线	
R00700	地层风险	
R00800	进出洞风险	
R00900	文物	
R01000	其他	

施工工序图谱领域表　　　　　　　　　　　　　表 7-2

施工工序编号	施工工序	描述
P00200	盾构机组装起吊	
P00300	始发洞门破除	
P00400	盾构机试掘进段	
P00500	始发装置拆除	
P00600	中间换刀（保压）	
P00700	中间换刀（常压）	
P00800	接收洞门破除	
P00900	接收装置安装	
P01000	盾构机接收	
P01100	盾构机拆解起吊	
P01200	其他工序	

盾构机图谱领域表　表 7-3

数据名称	数据内容（样例）	备注
盾构机编号	TBM00001	
盾构机名称	德国海瑞克 AVN2440DS 型气压复合式泥水加压平衡盾构机	
盾构机型	气压复合式泥水加压平衡盾构机	
其他参数	尺寸：主机长 15.338m；总长 65m；主机质量：144t； 刀盘直径：3210mm 最大扭矩：902kN·m 开口率：32%，功率 250kW 变压器容量：850kV·A	

盾构项目图谱领域表　表 7-4

数据名称	数据内容（样例）	备注
项目编号	PJ000001	
项目名称	北京地铁 10 号线二期 12 标	
地区	北京市	
盾构机名称	中铁 3 号、4 号盾构	
工程概况	北京地铁 10 号线二期 12 标包括公主坟站、公主坟站—西钓鱼台站 + 西钓鱼台站、西钓鱼台站—慈寿寺站盾构区间。 公主坟站—西钓鱼台站区间（以下简称"公—西区间"）起止里程 K48 + 664.895～K50 + 863.784，区间左线，右线分别长 2200.34m、2200.341m。线路平面呈 S 形，线间距 12～70.5m，线路最小曲线半径 350m，曲线段长度占整个线路长度的 80%。线路纵向呈 V 形，最大纵坡 26‰，区间覆土厚度 10～22m。 西钓鱼台站—慈寿寺站区间（以下简称"西—慈区间"）线路平面呈 S 形，线间距 12～22m，线路最小曲线半径 500m，曲线段长度约占整个线路长度的 80%。线路纵向呈 V 形，最大纵坡 28‰	
地质水文概况	公—西区间盾构主要穿越卵石⑤层、卵石⑦层。卵砾石层较厚，地层中经常夹杂大粒径的漂石，且卵石、漂石以坚硬岩为主（⑤层卵石单轴抗压强度平均值 108MPa，⑦层卵石单轴抗压强度平均值 160MPa）。 西—慈区间地层主要为卵石⑤层、粉质黏土⑥层、卵石⑦层。颗粒物最大粒径不小于 390mm，卵石、漂石主要成分为石英砂岩、辉绿岩、安山岩、硅质白云岩等坚硬岩类，对盾构施工工艺和刀盘选择影响较大。盾构穿越地层主要为卵石⑤层、粉质黏土⑥层、卵石⑦层，全段连续分布，局部为粉细砂⑤₂层、粉质黏土⑤₄层、粉土⑥₂层、粉细砂⑦₂层，呈透镜体分布	
周边环境	下穿城市繁华道路，周边环境复杂，管线较多	

风险源案例图谱领域表　表 7-5

数据名称	数据内容（样例）	备注
风险源案例编号	00000001	
项目名称	西气东输城陵矶长江穿越隧道	
风险源类别	地层风险	
施工工序	其他工序	

续表

数据名称	数据内容（样例）	备注
描述	（1）盾尾拖不动。 城陵矶施工中出现过 3 次盾尾拖不动的情况，根据各种参数分析，围岩坍塌压在了盾尾上，而盾尾铰接油缸不足以拖动盾尾，造成盾尾铰接油缸的行程达到了最大行程仍然拖不动。 （2）吸浆口堵塞，主排浆泵无法吸浆。 城陵矶施工中出现过吸浆口堵塞，主排浆泵无法吸浆的情况，原因有以下几种：开挖面坍塌，渣土涌入到刀盘后部，掘削的岩石长时间沉积没有排出，砾石堵塞吸浆口等	
预防措施	（1）依据工程特性，做好盾构选型设计以及适应性改造工作，提高上软下硬复合地层盾构适应性。 （2）根据同类工程施工经验，在盾构掘进过程中，合理控制盾构姿态，预设上浮量，保证成型隧道质量。 （3）采用复合式刀盘，结构设计具有足够的刚度和强度，刀具采用大块合金，并堆焊耐磨层，防止在上软下硬地层刀具快速磨损。 （4）土压平衡盾构：为防止螺旋输送机出现喷涌现象，螺旋输送机采用轴式结构，出土闸门为双闸门；泡沫注入系统采用单管单泵设计，每路泡沫均可独立工作，不受土仓压力和管道阻力的影响，采用成熟的防阻塞设计，保证渣土改良效果。 （5）泥水平衡盾构：盾构在上软下硬泥岩地层掘进时，为防止刀盘结泥饼、泥浆密度上升快等问题，盾构配置了泥浆离心处理设备和刀盘全断面冲刷系统，可有效控制泥浆密度，保证刀盘冲刷效果，防止刀盘形成泥饼。 （6）根据实测管片上浮数据，合理选择同步注浆浆液配比及注入量，防止由于浆液初凝时间过长及注浆量不足而造成的管片上浮，将盾构轴心控制在隧道实际轴心线以下掘进	
控制措施	（1）为了防止盾尾铰接油缸的损坏，首先将铰接油缸稍微拖回一些（保证在报警停机范围内），在盾尾与支撑环之间焊接了钢板，然后进行掘进。掘进过坍塌段后，割开钢板即可正常掘进。 （2）处理方法：刀盘转动，利用送泥泵通过盾构旁通反冲吸浆口；如不行，关闭盾构旁通，直接利用排浆泵进行排浆；如再不行，必须在压缩空气下派人进入刀盘内进行清理（压缩空气下作业）	

安全风险图谱知识库模型图谱构建

由线上、线下收集来的国内实际安全风险案例进行关联。例如：武汉地铁 8 号线一期工程土建施工部分 BT 项目 3 标段，风险源案例为：在长江二桥上游约 450m 处下穿长江，越江区间隧道长约 3185.545m，风险源类别为"常压换刀"；关键工序为"开仓"，使用盾构机为 12.55m 德国海瑞克的泥水加压盾构型号，在安全风险图谱知识库模型中就会将这些领域进行关联连线起来。安全风险预警主界面见图 7-3。

图 7-3　安全风险预警主界面

4.盾构工程安全风险管理系统应用

为提高盾构施工过程中的风险管控力度，增加盾构施工参数控制的精细化程度，安全风险管理系统除了应用盾构安全风险管理图谱知识库外，还接入了从井下盾构机上采集的设备运行实时参数，同时第三方监测单位也在风险管控工作上起到了推动作用。由设备、项目、选型等基本信息和实时掘进参数信息这两部分数据构成了安全风险管理系统的主要分析数据来源。

安全风险管理辅助决策系统应用还包括：①轨道交通安全风险知识库信息的在线维护、录入更新；②不限于多条件、多模式的知识库信息查询功能；③盾构工程安全预警功能，包括盾构工程施工过程中不同类型风险源的安全风险预警，以及盾构始发、换刀等关键工序的风险预警；④自动化工程运行报告。

该应用系统通过工控 PC 获取盾构机的实时运行参数，再通过掘进里程匹配风险源信息以及风险源的类别关联历史风险源案例，最终在页面上体现为项目里程进度条、项目风险源预警、风险源统计图等。施工过程实时监控页面见图 7-4。

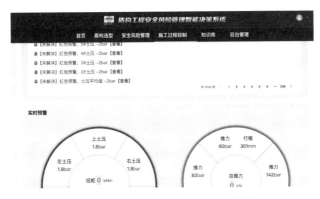

图 7-4　施工过程实时监控页面截图

安全风险管理模块中，通过获取的实际里程关联录入的风险源，可在掘进过程中提示当前区间的风险源；通过风险源类别关联历史风险源案例，用户可以查看案例信息及控制措施等。在掘进过程中可动态地发现当前阶段的风险源并给予提示，控制台大屏页面上可显示、汇总项目的风险源统计结果，点击单个项目的安全风险管理页面，即可展示该项目的详细风险源信息。

基于风险源的智能决策分析功能，可在盾构工程智能支持系统中，生成月度工程决策报告。月度工程决策报告主要包括进度信息、风险源状况、掘进参数统计、报警信息以及效益评估 5 个章节。其中，风险源状况包括当前风险源、历史风险源案例以及尚未进入的风险源；掘进参数统计包括推力、扭矩、土压力以及推进速度等统计信息；报警信息包括历史报警信息、报警信息及建议措施等；效益评估包括耗材、泡沫/水/电、刀具以及故障记录统计等。

7.2　泥浆处理系统智能化管控平台研发

通过对泥水处理设备的运行过程以及盾构机掘进的相关信息进行数据搜集，将形成的汇总报表、相关的趋势图上传到云平台，建立了盾构工程泥浆处理系统智能化管控平台（图 7-5）。能够通过后台对运行的工程项目的运行过程进行远程、实时、动态监控，数据收集，远程诊断，及时解决问题。

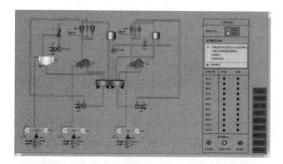
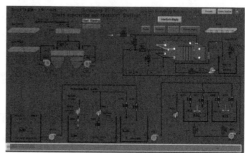
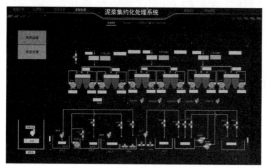
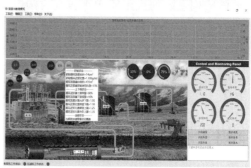

图 7-5 盾构工程泥浆处理系统智能化管控平台

参考文献

[1] 中国城市轨道交通协会. 城市轨道交通 2021 年度统计和分析报告[R]. 北京: 中国城市轨道交通协会, 2022.

[2] 汪国锋. 北京砂卵石地层土压平衡盾构土体改良技术试验研究[D]. 北京: 中国地质大学(北京), 2011.

[3] 蒋龙. 砂卵石地层泥水盾构泥浆材料选择及配比优化分析[D]. 北京: 北京交通大学, 2014.

[4] 郭军. 兰州地铁浅埋砂卵石地层盾构掘进稳定性分析[D]. 兰州: 兰州交通大学, 2015.

[5] 李潮. 砂卵石地层土压平衡盾构关键参数计算模型研究[D]. 北京: 中国矿业大学, 2013.

[6] 白永学. 富水砂卵石地层盾构施工诱发地层塌陷机理及对策研究[D]. 成都: 西南交通大学, 2012.

[7] 胡敏. 砂卵石土物理力学特性及盾构施工响应的数值模拟研究[D]. 广州: 华南理工大学, 2014.

[8] 张佩. 砂卵石地层隧道开挖模拟及分析方法研究[D]. 北京: 北京工业大学, 2018.

[9] 陈首超. 卵石层隧道变形离散元分析和物理模型试验研究[D]. 重庆: 重庆交通大学, 2018.

[10] 尹进. 砂卵石土的流变特性及工程应用研究[D]. 长沙: 中南大学, 2014.

[11] 郑珠光. 盾构施工砂卵石地层特性及改良试验研究[D]. 郑州: 华北水利水电大学, 2016.

[12] 路军富, 章春炜, 钟英哲, 等. 不同含水率砂卵石围岩宏细观力学特性研究[J]. 地下空间与工程学报, 2018, 14(6): 1568-1570.

[13] 朱向阳. 北京地区典型砂卵石地层硬化土本构模型参数试验研究[D]. 北京: 北京交通大学, 2021.

[14] 曾远. 土体破坏细观机理及颗粒流数值模拟[D]. 上海: 同济大学, 2006.

[15] 王俊, 王闯, 何川, 等. 砂卵石地层土压盾构掘进掌子面稳定性室内试验与三维离散元仿真研究[J]. 岩土力学, 2018, 38(8): 1-10.

[16] 徐金明, 黄大勇, 朱洪昌. 基于细观组分实际分布的花岗岩宏细观参数关系[J]. 岩石力学与工程学报, 2016, 35(S1): 2635-2643.

[17] 夏明, 赵崇斌. 簇平行黏结模型中微观参数对宏观参数影响的量纲研究[J]. 岩石力学与工程学报, 2014, 33(2): 117-128.

[18] 张国凯, 李海波, 夏祥, 等. 岩石细观结构及参数对宏观力学特性及破坏演化的影响[J]. 岩石力学与工程学报, 2016, 35(7): 1341-1352.

[19] 吴琪, 赵凯, 王秋哲, 等. 砂砾土颗粒三维形态分布特征及其离散元模拟[J]. 应用基础与工程科学学报, 2021, 29(2): 277-281.

[20] 刘爽. 成都砂卵石地层盾构隧道开挖面稳定性研究[D]. 重庆: 重庆交通大学, 2020.

[21] 李澄清, 刘天为, 张海洋, 等. 基于 BP 神经网络的土体细观力学参数反演分析[J]. 工程地质学报, 2015, 23(4): 609-615.

[22] Khorasani E, Amini M, Hossaini M, et al. Statistical analysis of bimslope stability using physical and numerical models[J]. Engineering Geology, 2019, 254: 13-24.

[23] Napoli M, Barbero M, Ravera E, et al. A stochastic approach to slope stability analysis in bimrocks[J]. International Journal of Rock Mechanics and Mining Sciences, 2018, 101: 41-49.

[24] Napoli M, Barbero M, Scavia C. Tunneling in heterogeneous rock masses with a block-in-matrix fabric[J]. International Journal of Rock Mechanics and Mining Sciences, 2021, 138: 104655.

[25] 徐文杰, 王永刚. 土石混合体细观结构渗流数值试验研究[J]. 岩土工程学报, 2010, 32(4): 547-550.

[26] 陈立, 张朋, 郑宏. 土石混合体二维细观结构模型的建立与数值流形法模拟[J]. 岩土力学, 2017, 38(8): 2407-2411.

[27] Zhang S, Tang H, Zhan H, et al. Investigation of scale effect of numerical unconfined compression strengths of virtual colluvial-deluvial soil-rock mixture[J]. International Journal of Rock Mechanics and Mining Sciences, 2015, 77: 208-219.

[28] 罗伟, 王优, 张帅浩, 等. 土石混合体随机结构模型生成与直剪强度数值试验研究[J]. 铁道科学与工程学报, 2019, 16(7): 1681-1689.

[29] 杜修力, 张佩, 金浏, 等. 基于分形理论的北京地区砂砾石地层细观建模[J]. 岩石力学与工程学报, 2017, 36(2): 181-189.

[30] Chen R P, Li J, Kong L G, et al. Experimental study on face instability of shield tunnel in sand[J]. Tunnelling and Underground Space Technology, 2013, 33: 17-21.

[31] 刘海宁, 张亚峰, 刘汉东, 等. 砂土地层中泥水盾构开挖面主动破坏模式试验研究[J]. 岩石力学与工程学报, 2019, 38(3): 577-581.

[32] Hu X Y, Fu W, Woody J J, et al. Face stability conditions in granular soils during the advancing and stopping of earth-pressure-balanced-shield machine[J]. Tunnelling and Underground Space Technology, 2021, 109: 103755.

[33] Hu X Y, He C, Walton G, et al. Response of sandy soil to the volume losses at the tunnel face level[J]. Soils and Foundations, 2021, 61(5): 1399-1418.

[34] Xiang Y Z, Liu H L, Zhang W G, et al. Application of transparent soil model test and DEM simulation in study of tunnel failure mechanism[J]. Tunnelling and Underground Space Technology, 2018, 74: 178-184.

[35] Lin Q T, Lu D C, Lei C M, et al. Model test study on the stability of gravel strata during shield under-crossing[J]. Tunnelling and Underground Space Technology, 2021, 110: 103807.

[36] Zhang C P, Min B, Wang H L, et al. Mechanical properties of the tunnel structures with cracks around voids behind linings[J]. Thin-Walled Structures, 2022, 181: 110117.

[37] Sun Z Y, Zhang D L, Li A, et al. Model test and numerical analysis for the face failure mechanism of large cross-section tunnels under different ground conditions[J]. Tunnelling and Underground Space Technology, 2022, 130, 104735.

[38] 米博, 项彦勇. 砂土地层浅埋盾构隧道开挖渗流稳定性的模型试验和计算研究[J]. 岩土力学, 2020, 41(3): 837-848.

[39] Lü X L, Zhou Y C, Huang M S, et al. Experimental study of the face stability of shield tunnel in sands under seepage condition[J]. Tunnelling and Underground Space Technology, 2018, 74: 195-205.

[40] Ma S K, Duan Z B, Huang Z, et al. Study on the stability of shield tunnel face in clay and clay-gravel stratum through large-scale physical model tests with transparent soil[J]. Tunnelling and Underground Space Technology, 2022, 119: 104199.

[41] 吕玺琳, 赵庚成, 曾盛. 砂层中盾构隧道开挖面稳定性物理模型试验[J]. 隧道与地下工程灾害防治, 2022, 4(3): 67-76.

[42] 付亚雄, 贺雷, 马险峰, 等. 软黏土地层盾构隧道开挖面稳定性离心试验研究[J]. 地下空间与工程学报, 2019, 15(2): 387-393.

[43] Weng X L, Sun Y F, Yan B H, et al. Centrifuge testing and numerical modeling of tunnel face stability considering longitudinal slope angle and steady state seepage in soft clay[J]. Tunnelling and Underground Space Technology, 2020, 101: 103406.

[44] Chen R P, Yin X S, Tang L J, et al. Centrifugal model tests on face failure of earth pressure balance shield

induced by steady state seepage in saturated sandy silt ground[J]. Tunnelling and Underground Space Technology, 2018, 81: 315-325.

[45] 金大龙, 袁大军, 郑浩田, 等. 高水压条件下泥水盾构开挖面稳定离心模型试验研究[J]. 岩土工程学报, 2019, 41(9): 1653-1660.

[46] Yin X S, Chen R P, Meng F Y. Influence of seepage and tunnel face opening on face support pressure of EPB shield[J]. Computers and Geotechnics, 2021, 135: 104198.

[47] Zhang C P, Han K H, Zhang D L. Face stability analysis of shallow circular tunnels in cohesive-frictional soils[J]. Tunnelling and Underground Space Technology, 2015, 50: 345-357.

[48] Han K H, Zhang C P, Zhang D L. Upper-bound solutions for the face stability of a shield tunnel in multilayered cohesive-frictional soils[J]. Computers and Geotechnics, 2016, 79: 1-9.

[49] Zhong J H, Hou C T, Yang X L. Three-dimensional face stability analysis of rock tunnels excavated in Hoek-Brown media with a novel multi-cone mechanism[J]. Computers and Geotechnics, 2023, 154: 105158.

[50] Zhang J H, Wang W J, Zhang D B. Safe range of retaining pressure for three-dimensional face of pressurized tunnels based on limit analysis and reliability method[J]. KSCE Journal of Civil Engineering, 2018, 22: 4645-4656.

[51] 王子健, 刘腾, 冀晓东, 等. 斜坡条件下盾构隧道开挖面稳定极限上限研究[J]. 现代隧道技术, 2022, 59(6): 47-50.

[52] Li Z W, Yang X L, Li T Z. Face stability analysis of tunnels under steady unsaturated seepage conditions[J]. Tunnelling and Underground Space Technology, 2019, 93: 103095.

[53] Yang X L, Zhong J H. Stability analysis of tunnel face in nonlinear soil under seepage flow[J]. KSCE Journal of Civil Engineering, 2019, 23(10): 4553-4563.

[54] Li W, Zhang C P, Tan Z B, et al. Effect of the seepage flow on the face stability of a shield tunnel[J]. Tunnelling and Underground Space Technology, 2021, 112: 103900.

[55] Chen R P, Tang L J, Yin X S, et al. An improved 3D wedge-prism model for the face stability analysis of the shield tunnel in cohesionless soils[J]. Acta Geotechnica, 2015, 10(5): 683-692.

[56] Han K H, Wang L, Su D, et al. An analytical model for face stability of tunnels traversing the fault fracture zone with high hydraulic pressure[J]. Computers and Geotechnics, 2021, 140: 104467.

[57] Zhang Y, Tao L J, Zhao X, et al. An analytical model for face stability of shield tunnel in dry cohesionless soils with different buried depth[J]. Computers and Geotechnics, 2022, 142: 104565.

[58] 黎春林. 盾构开挖面三维曲面体破坏模型及支护力计算方法研究[J]. 岩土力学, 2022, 43(8): 2097-2102.

[59] 乔金丽, 张义同, 高健. 考虑渗流的多层土盾构隧道开挖面稳定性分析[J]. 岩土力学, 2010, 31(5): 1497-1502.

[60] 吕玺琳, 李冯缔, 黄茂松, 等. 渗流条件下三维盾构隧道开挖面极限支护压力[J]. 岩土工程学报, 2013, 35(S1): 108-112.

[61] Huang M S, Li Y S, Shi Z H, et al. Face stability analysis of shallow shield tunneling in layered ground under seepage flow[J]. Tunnelling and Underground Space Technology, 2022, 119: 104201.

[62] Huang M S, Li Y S, Shi Z H, et al. Tunnel face stability model for layered ground with confined aquifers[J]. Tunnelling and Underground Space Technology, 2023, 132: 104916.

[63] Li P F, Chen K Y, Wang F, et al. An upper-bound analytical model of blow-out for a shallow tunnel in sand considering the partial failure within the face[J]. Tunnelling and Underground Space Technology, 2019, 91: 102989.

[64] Li W, Zhang C P, Zhang D L, et al. Face stability of shield tunnels considering a kinematically admissible velocity field of soil arching[J]. Journal of Rock Mechanics and Geotechnical Engineering, 2022, 14(2): 505-526.

[65] Yin X S, Chen R P, Meng F Y, et al. Face stability of slurry-driven shield with permeable filter cake[J]. Tunnelling and Underground Space Technology, 2021, 111: 103841.

[66] 张孟喜, 张梓升, 王维, 等. 正交下穿盾构开挖面失稳的离散元分析[J]. 上海交通大学学报, 2018, 52(12): 1598-1602.

[67] Wu L, Zhang X D, Zhang Z H, et al. 3D discrete element method modelling of tunnel construction impact on an adjacent tunnel[J]. KSCE Journal of Civil Engineering, 2020, 24(2): 657-669.

[68] Zhang Z H, Xu W S, Nie W T, et al. DEM and theoretical analyses of the face stability of shallow shield cross-river tunnels in silty fine sand[J]. Computers and Geotechnics, 2021, 130: 103905.

[69] Fu Y B, Zeng D Q, Xiong H, et al. Seepage effect on failure mechanisms of the underwater tunnel face via CFD-DEM coupling[J]. Computers and Geotechnics, 2022, 146: 104591.

[70] 金大龙, 袁大军. 考虑动态泥膜效应的盾构开挖面稳定理论研究[J]. 岩土力学, 2022, 43(11): 2957-2962.

[71] 毛家骅, 袁大军, 杨将晓, 等. 砂土地层泥水盾构开挖面孔隙变化特征理论研究[J]. 岩土力学, 2020, 41(7): 2283-2292.

[72] 张亚洲, 闵凡路, 孙涛, 等. 硬塑性黏土地层泥水盾构停机引起的地表塌陷机制研究[J]. 岩土力学, 2017, 38(4): 1141-1147.

[73] 叶伟涛, 王靖禹, 付龙龙, 等. 福州中粗砂地层泥水盾构泥浆成膜特性试验研究[J]. 岩石力学与工程学报, 2018, 37(5): 1260-1269.

[74] Liu X Y, Wang F M, Fang H Y, et al. Dualfailure-mechanism model for face stability analysis of shield tunneling in sands[J]. Tunnelling and Underground Space Technology, 2019, 85: 196-208.

[75] 张孟喜, 戴治恒, 张晓清, 等. 考虑主应力轴偏转的深埋盾构隧道开挖面主动极限支护压力计算方法[J]. 岩石力学与工程学报, 2021, 40(11): 2366-2376.

[76] Chen T L, Pang T Z, Zhao Y, et al. Numerical simulation of slurry fracturing during shield tunnelling [J]. Tunnelling and Underground Space Technology, 2018, 74: 153-166.

[77] Xu T, Bezuijen A. Bentonite slurry infiltration into sand: filter cake formation under various conditions[J]. Geotechnique, 2019, 69(12): 1095-1106.

[78] 宋洋, 李昂, 王韦颐, 等. 泥岩圆砾复合地层泥水平衡盾构泥浆配比优化研究与应用[J]. 岩土力学, 2020, 41(12): 4058-4062, 4072.

[79] 尹鑫晟, 朱彦华, 魏纲, 等. 泥水盾构开挖面前泥浆渗透距离预测算法[J]. 浙江大学学报(工学版), 2021, 55(12): 2238-2242.

[80] 刘学彦, 王复明, 袁大军, 等. 泥水盾构支护压力设定范围及其影响因素分析[J]. 岩土工程学报, 2019, 41(5): 908-917.

[81] 吴迪, 周顺华, 李尧臣. 饱和砂土中泥浆渗透的变形-渗流-扩散耦合计算模型[J]. 力学学报, 2016, 47(6): 1026-1036.

[82] 刘晶晶, 陈铁林, 姚茂宏, 等. 砂层盾构隧道泥水劈裂试验与数值研究[J]. 浙江大学学报(工学版), 2020, 54(9): 1715-1726.

[83] Dong K J, Zou R P, Yang R Y, et al. DEM simulation of cake formation in sedimentation and filtration[J]. Minerals Engineering, 2009, 22(11): 921-930.

[84] 刘成, 孙钧, 杨平, 等. 泥膜形成状态划分细观分析及模型试验研究[J]. 岩土工程学报, 2014, 36(3): 435-442.

[85] 刘成, 陆杨, 刘磊, 等. 加砂泥浆在砂性地层中的堵塞机制及成膜结构分析[J]. 现代隧道技术, 2018, 55(5): 245-253.

[86] 金大龙, 袁大军. 考虑动态泥膜效应的盾构开挖面稳定理论研究[J]. 岩土力学, 2022, 43(11): 2957-2962.

[87] 毛家骅, 袁大军, 杨将晓, 等. 砂土地层泥水盾构开挖面孔隙变化特征理论研究[J]. 岩土力学, 2020, 41(7): 2283-2292.

[88] 赵洪洲, 张明俭. 饱和粉细砂地层中泥水平衡盾构施工泥浆配制室内试验研究[J]. 铁道建筑, 2020, 60(8): 77-81.

[89] 房倩, 张顶立, 李鹏飞, 等. 基于施工安全性的海底隧道断面优化研究[J]. 北京工业大学学报, 2010, 36(3): 321-327.

[90] 曾锋, 苏华友, 宋天田. 复合地层中盾构机滚刀寿命预测研究[J]. 地下空间与工程学报, 2016, 12(S2): 755-759.

[91] Zhang D M, Chen S, Wang R C, et al. Behaviour of a large-diameter shield tunnel through multi-layered strata[J]. Tunnelling and Underground Space Technology, 2021(6): 11.

[92] Zhang M X, Dai Z H, Zhang X Q, et al. Active failure characteristics and earth pressure distribution around deep buried shield tunnel in dry sand stratum[J]. Tunnelling and Underground Space Technology, 2022, 23: 15-10.

[93] 何川, 陈凡, 黄钟晖, 等. 复合地层双模盾构适应性及掘进参数研究[J]. 岩土工程学报, 2021, 43(1): 43-52.

[94] 陈建福, 王凯, 陈中天, 等. 跨海隧道孤石、漂石密集及基岩凸起段盾构适应性分析[J]. 地下空间与工程学报, 2021, 17(3): 856-863.

[95] Yan T, Shen S L, Zhou A N, et al. Construction efficiency of shield tunnelling through soft deposit in Tianjin, China[J].Tunnelling and Underground Space Technology, 2021, 103917.

[96] 吴波, 刘维宁, 索晓明, 等. 北京地铁转弯段施工对近邻桥基的影响研究[J]. 岩土力学, 2007(9): 1908-1908.

[97] 张义, 刘钟, 李保健, 等. 厦门海底隧道帷幕降水工程信息化施工技术[J]. 地下空间与工程学报, 2008(4): 690-695.

[98] Di Q G, Li P F, Zhang M J, et al. Three-dimensional theoretical analysis of seepage field in front of shield tunnel face[J]. Underground Space, 2021, 11, 006.

[99] Shi J K, Wang F, Zhang D M, et al. Refined 3D modelling of spatial-temporal distribution of excess pore water pressure induced by large diameter slurry shield tunneling[J]. Computers and Geotechnics, 2021(6): 129-134.